◆校级课程思政示范教材

大学物理实验

主 编◎潘云 朱娴 杨强

重庆大学出版社

内容提要

本书分为4章,第1章为绪论,主要介绍学习物理实验的意义、任务和基本要求;第2章为测量误差及数据处理,主要介绍误差、不确定度、有效数字和数据处理的基本方法;第3章为物理实验基本知识,介绍了物理实验的种类、测量方法和实验的基本仪器;第4章为实验项目,详细地介绍了22个实验项目。

本书可作为应用型本科院校理工类专业的物理实验指导用书,也可作为其他自学者的参考用书。

图书在版编目(CIP)数据

大学物理实验/潘云,朱娴,杨强主编. --重庆:重庆大学出版社,2021.2(2024.1重印)
高等学校实验课系列教材
ISBN 978-7-5689-2546-4

Ⅰ.①大… Ⅱ.①潘… ②朱… ③杨… Ⅲ.①物理学—实验—高等学校—教材 Ⅳ.①O4-33

中国版本图书馆CIP数据核字(2021)第012639号

大学物理实验
主 编 潘 云 朱 娴 杨 强
策划编辑:杨粮菊
责任编辑:范 琪 版式设计:杨粮菊
责任校对:万清菊 责任印制:张 策
*
重庆大学出版社出版发行
出版人:陈晓阳
社址:重庆市沙坪坝区大学城西路21号
邮编:401331
电话:(023)88617190 88617185(中小学)
传真:(023)88617186 88617166
网址:http://www.cqup.com.cn
邮箱:fxk@cqup.com.cn(营销中心)
全国新华书店经销
重庆华林天美印务有限公司印刷
*
开本:787mm×1092mm 1/16 印张:13.5 字数:349千
2021年2月第1版 2024年1月第4次印刷
印数:6 001—7 700
ISBN 978-7-5689-2546-4 定价:39.80元

前言

大学物理实验是理工科学生必修的一门重要的基础实验课程。2006 年南京航空航天大学金城学院实验中心(现并入基础教学部)成立之初,大学物理实验课程就从南航分离出来,独立授课。由于学院新购置了大批的实验仪器,且其中不少实验内容与南京航空航天大学相同,所以采用了南京航空航天大学刘小廷老师主编的《大学物理实验》教材;但是有部分的实验内容是该教材上没有收录的,于是结合仪器厂家提供的资料,编写了一本《大学物理实验讲义(补充)》,作为教材的补充。为了提高教学效果,经过多年的教学实践,结合自己现有的仪器条件,根据学院学生的特点和新的教学大纲,将所教学的实验编写在一起。

全书共 4 章,22 个实验项目。参与本书编写的分别是南航金城学院基础教学部物理实验室潘云、朱娴和杨强。潘云负责编写第 1 章、第 3 章、第 4 章的实验 4. 8、4. 12、4. 13、4. 17、4. 18、4. 19、4. 20;朱娴负责编写第 2 章、第 4 章的实验 4. 1、4. 2、4. 6、4. 10、4. 14、4. 16、4. 21、4. 22;杨强负责编写第 4 章的实验 4. 3、4. 4、4. 5、4. 7、4. 9、4. 11、4. 15。

在过去的教学和教材编写过程中,南京航空航天大学物理实验室刘白鸽付出了许多艰辛的劳动,吴平审阅了初稿,两位老师都提出了许多宝贵的意见和建议,在此一并表示深深的感谢!同时要感谢一直关心和支持本书编写工作的南航金城学院基础教学部的领导和同事们!

本书可供本科类高校各专业大学物理实验教学使用,也可作为物理实验类参考书。由于时间紧凑,编者水平有限,书中难免有错漏之处,在此诚挚希望读者批评指正。

编　者

2020 年 9 月于南京

目录

第1章 绪论

物理学是研究物质世界最基本的结构、最普遍的相互作用、最一般的运动规律及所使用的实验手段和思维方法的自然科学。现在，物理学已成为自然科学中最基础的学科之一，是当代科学技术的前沿，它的发展与突破总是标志着人类征服自然界的新的里程碑。同时，物理学是建立在实验基础上的实验科学，物理实验教学和物理理论教学具有同等重要的地位。它们既有深刻的内在联系和配合，又有各自的任务和作用。无论是物理概念的建立还是物理规律的发现都必须以严格的科学实验为基础，并通过今后的科学实验来证实。

大学物理实验课是高等教育中理工科学生的一门重要的必修基础课。它的知识内容具有很强的逻辑性、思想性和方法性，蕴含着朴素但深刻的辩证唯物主义思想，物理实验很多过程是人类物理知识获得过程的浓缩再现，在引导学生掌握理论学习和实验科学结合的意识和方法，注重学思结合、知行统一，增强学生勇于探索的创新精神、善于解决问题的实践能力，培养学生科学素养、创新能力等方面具有明显优势。

(1)物理实验在物理学发展史上的重要性

整个物理学的发展过程经历了积累和变革的交替发展过程，不论在哪一个阶段，物理实验都起着重要的作用。16世纪意大利物理学家伽利略首先把科学实验方法引入到物理学研究中，从而使物理学走上真正的科学道路。在他所设计的斜面实验中，有意识地忽略了空气阻力，以便抓住主要问题；改变斜面倾角(即变更实验条件)，观测实验结果的变化。在此基础上，他还运用推理概括的方法，得出了超越实验本身的更为普遍的规律，即物体在光滑水平面上的运动是等速直线运动；各种物体沿铅直方向自由下落均做等加速直线运动，且具有相同的加速度。伽利略的这种丰富的实验思想和实验方法对当今的物理实验仍有着重要的启示。17世纪，牛顿正是在伽利略、开普勒工作的基础上，建立了完整的经典力学理论。

电磁学研究的真正开创人是开文迪许和库仑，他们用自己试制出的各种测量仪器对静电现象进行定量测量，在1785年总结出了电磁理论的基础——库仑定律。电与磁之间相互联系的突破性实验是奥斯特在1820年发现的，他在一次课堂教学中，观察到通电导线会引起附近小磁针的偏转，这个实验轰动了整个欧洲。接着安培又设计研究了通电导线之间的相互作用，并在1822年建立了安培定律。既然电能产生磁，磁能否产生电呢？理所当然是当时很多科学家的研究课题。其中法拉第进行了10年之久的实验研究，终于在1831年首次发现了电磁感应现象，总结出了电磁感应定律，并建立了场的概念。麦克斯韦将电磁现象统一成完整的电磁场理论，且预言了电磁波的存在，并指出光也是一种电磁波，这是物理学史上一次重大的变革。但这只是一种假说，问题的焦点又回到了实验，1878 年夏季在柏林大学任教的亥姆霍兹向他的学生们提出一个物理竞赛题，希望有人用实验来验证电磁波的存在。这一实验课题终于由他的学生赫兹在 9 年之后完成了。使电磁场理论的地位得以确立。

物理学中的任何理论，都必须由实验来验证，正确的就会得到发展，错误的就会被摒弃。例如，在对光的本性的认识中，牛顿倡导的微粒说和惠更斯主张的波动说进行了长期争论。最后托马斯·杨在 1800 年发表了双缝干涉实验，才使波动说得以确认。由于光电效应实验揭示了光的粒子性，人们又认识到光具有波粒二象性。19 世纪初，多数物理学家对光和电磁波的传播不需要媒质的观点是不能接受的，因此假设宇宙空间存在着一种称为"以太"的媒质，它具有许多异常而又不合理的特性。正是在这种情况下，1887 年迈克尔逊和莫雷合作，用干涉仪进行了有名的"以太风"实验，从而否定了"以太"的存在。

在物理学发展过程中，常常出现由于旧理论不能解释新的实验现象，从而促使新理论的诞生。19 世纪以来，对黑体辐射、电磁波能量的测量，人们找不到适当理论来解释，普朗克提出量子化的观点，圆满地解释了实验结果，这就是量子理论的开端。又如赫兹在电磁波存在的实验中，还发现了光电效应现象，电磁波理论却不能解释它，这就促使爱因斯坦提出了光量子假说。

当代获得诺贝尔物理学奖的成果均是物理学中划时代的、里程碑级的重大发现和发明。从 1901 年第一次授奖至今已有百余年的历史，有近 150 名获奖者。其中因物理实验方面的伟大发现或发明而获奖的占 2/3 以上。如 1901 年，首届诺贝尔物理学奖得主德国人伦琴因发现 X 射线而获奖。著名的美籍华人杨振宁、李政道于 1956 年发现在弱相互作用下没有任何实验能说明宇称守恒，这一学说当时震惊了世界物理学界。以世界著名的物理大师朗道、泡里为代表的反对派公开反对这一学说，然而另一位美籍华人吴健雄率领的课题组于 1956 年完成的 ^{60}Co 衰变实验结果显示：弱相互作用下宇称不守恒。从而杨振宁和李政道于第二年即 1957 年获得诺贝尔物理学奖。而爱因斯坦的具有划时代意义的相对论却没有获得诺贝尔奖。究其根本原因是当时这一理论缺乏实验支持。随着实验技术的提高和完善，经过 1959 年"光谱线的引力红移"实验及 1964 年"雷达回波延迟"实验的完成，相对论才最终被人们接受。伟大的物理学家爱因斯坦在 1921 年因光电效应定律的发现而获得诺贝尔物理学奖。这些历史事实雄辩地说明了物理实验结果在物理学概念的提出、理论规律的确立及被公认的过程中所占的重要地位和所起的关键作用。

可以毫不夸张地说，没有物理实验就没有物理学的发展。正是由于实验手段的不断进步、仪器精度的不断提高、实验设计思想的巧妙创新等，才使得人类在认识自然界的历程中不断探索、发现，进而攀登上更高的高峰。现在，物理实验的方法、思想、仪器和技术已经被普遍地应用在从物理学中不断分化出的新分支（如粒子物理、原子核物理、原子分子物理、凝聚态物理、激光物理、电子物理、等离子体物理等），以及从物理学和其他学科的交叉中生长出来的众多交叉学科（如天体物理、地球物理、化学物理、生物物理等）和各自然科学领域、技术部门，是推动科学技术发展的有力工具。计量、激光、半导体、大规模集成电路、电子学、真空等技术无一不与物理实验有着直接或间接的联系。因有赫兹的电磁波实验，才导致了马可尼和波波夫无线电的发明；没有 1909 年卢瑟福的 α 粒子散射实验，就不可能有 40 年后核能的利用。单一波长激光器的问世，带来巨大的技术变革；半导体的实验结果引起大规模集成电路和计算机技术的出现;霍尔效应的实验结果,产生大量以此效应为基础的新元件和新产品。当然,强调实验的重要性,绝不意味着轻视理论。特别是物理学发展到今天,用已经确立的理论来指导实验向新的未来领域探索,就显得更加重要。比如,只有1917年爱因斯坦提出受激发射理论,才可能有1960年第一台激光器的诞生。又如1895年伦琴在实验中发现了新的电磁辐射,被称为X射线。X射线的发现进一步推动了气体中电传导的研究。汤姆孙提出了被X射线照射的气体具有导电性是由于气体因分子电离而带有电荷,这给洛伦兹创立电子论提供了实验基础,而电子理论又给塞曼效应,即光谱线在磁场中会分裂这一事实以理论解释。这一连串的事实展示了物理实验和理论之间的密切关系和相互激励而共同推进物理学发展的进程。因此任何轻视实验或轻视理论的想法都是错误的。

(2)物理实验课对于理工科学生的重要性

科学实验是科学理论的源泉,是工程技术的基础。例如,从事材料制作、加工、运转以及生产条件的控制等工程技术领域都离不开测量,这些测量方法和技巧多是物理实验中测量方法与技巧的移置或推广。同时,工程技术要不断地探索新理论、新材料、新工艺,以求提高质量,降低成本,为此要进行科学实验。有关实验设计、方法确定、仪器选择、数据处理等同样也多是物理实验的移置与推广。正因如此,作为培养具有全面素质的高级工程人才的高等学校,不仅要使学生具备比较深广的理论知识,而且要使学生具有从事科学实验的较强能力,不断培养学生运用实验手段去发现、观察、分析、研究、解决问题的能力,提高学生科学素养方面,为学生在今后的进一步学习和工作中打下良好的实验基础,以适应科学技术不断进步和社会主义建设迅速发展的需要。

大学物理实验是一门独立设课且对高等学校学生进行科学实验能力培养的必修课程,是学生进入大学后接受系统的实验理论、实验方法和实验技能训练的开端,是工科类各专业对学生进行系统科学实验能力培养的重要基础。

物理实验在素质教育中充当重要角色。素质培养的核心是思维和创造能力的培养。从实验的角度看,人的思维和创造能力有“硬”和“软”两个方面。“硬”的方面表现为基本实验技能与动手能力、现代技术的应用水平。“软”的方面表现为实验课题的选择、实验的设计思想和实验方法等。几十年来,物理实验教学的课程体系和教学内容正是从“硬”和“软”两个方面培养学生的思维和创造能力,激发他们强烈的求知欲望、严谨的科学作风和坚韧不拔的苦干精神。

(3)大学物理实验课的任务

大学物理实验是一门理论联系实际的课程,主要将学生对目前已经掌握的物理理论知识,通过对相应的实验现象的观察、分析和对物理量的测量及最终获得的实验结论及结果去证实所学习的物理理论,从理论和实践的结合上加深对物理学原理的理解。

其通过不同的途径和方法培养和提高学生基本的科学实验能力,通过实验主要培养学生以下能力:

①理论联系实际的能力。根据学生的理论知识,使其通过实验及实践过程,检验和验证相关的理论,从而达到理论与实践的统一。

②独自分析和解决问题的能力。大学物理实验多数要求学生单独完成某个实验的所有过程,从实验目的到实验结果分析,都要求学生自己独立完成,培养其独立思考、动手操作及问题分析和解决的习惯。

③自学及动手能力。通过学生自行阅读实验教材和其他资料，能正确概括出实验内容、方法和要求，做好实验前的准备；并且借助教材和仪器说明书，正确调整和使用常用的基本仪器；安排实验顺序，把握主要实验条件，排除实验故障，以提高学生动手能力。

④数据处理及表达能力。对于实验数据要求学生能正确记录和处理，绘制曲线，正确表达实验结果，撰写合格的实验报告。

⑤设计及创新能力。对于某些综合设计类实验，学生可以根据实验要求和课题要求，确定实验方法，合理选择仪器，拟定具体实施方案，完成简单的设计性实验，在锻炼学生自主设计能力的同时，可以增强学生的创新能力。

⑥培养和提高学生科学实验素养。要求学生养成理论联系实际和实事求是的科学作风，严肃认真的工作态度，主动研究的探索精神和遵守纪律、遵守操作规程、爱护公共财产、团结协作的优良品德。

(4)大学物理实验课的基本要求

大学物理实验是借助实验仪器完成的一门课程，与相关理论课不同，其要求学生在教师指导下独立进行一种实践活动。因此，其每次的实验教学内容不可能让学生同步进行，其教学方式主要是学生自己动手，完成实验内容规定的任务，教师只是在关键的地方给予提示和指导。因此学习物理实验就要求学生花比较多的功夫，做较强的独立工作能力训练。学生要顺利完成好每一个实验，学好大学物理实验这门课程必须要做到以下基本要求：

1)做好实验内容的提前预习

预习至关重要，它决定着实验能否取得主动和收获的大小。为此，学生在实验前必须了解实验的概要。要认真阅读实验教材，明确该实验的目的要求、实验原理、待测物理量及其测量方法，并对所用仪器的构造原理、操作方法和注意事项做到心中有数。在此基础上书写预习报告。预习报告内容主要包括以下几方面：实验名称、实验目的、原理摘要（包括主要原理公式、各量代表的物理含义及有关的测量条件。电磁学实验应绘出电路原理图、光学实验应绘出光路图）；主要仪器设备、实验步骤、数据记录表格。上课时，指导教师检查学生的预习情况，对于没有预习和未完成预习报告的学生，指导教师有权停止该生本次实验。

2)认真完成实验中的每项操作

实验操作是实验的主要内容。进入实验室后，首先对所使用的仪器设备进行检查，看其是否完备、齐全，如有问题，应向指导教师提出并解决。将主要仪器的名称、型号、规格和编号记录下来。实验时应遵守实验室规章制度，仔细阅读仪器说明书或有关仪器使用的注意事项，在教师指导下正确地组装和调试仪器。不要盲目操作、急于求成。实验时要先观察实验现象后进行精确测量。做好实验记录是科学实验的一项基本功。在观察、测量时，要做到正确读数，用钢笔或圆珠笔将原始数据如实记录在事先准备好的表格中。原始数据要做到整洁而有条理，以便于计算和复合。如确系记错，应轻轻划上一道，在旁边写上正确值，使正误数据都能清晰可辨，以供在分析测量结果和不确定度时参考。

不要忘记完成书后思考题中需要观察或测量的实验内容。

实验中遇到故障时要积极思考，在教师指导下学习排除故障的方法。实验结束时，将实验数据交指导教师审阅，经确认实验数据正确并签字，对本人的实验器材及仪器进行整理、还原仪器后方可离开实验室。如果发现验数据错误，要求学生重新进行实验测试更改，并由指导教师再次确认签字。

3)撰写实验报告

实验后要对实验数据及时处理并撰写出一份简洁明了、工整、有见解的实验报告。其目的是为了培养和训练学生书面形式总结工作或报告科学成果的能力,是物理实验基本功训练的重要组成部分。实验报告最起码应该做到字迹清楚、文理通顺、图表正确、数据完备和结论明确。报告应给人以清晰的思路、见解和新的启迪。一般要用统一的实验报告纸书写,除填写实验名称、日期、姓名等项外,一般还包括以下几个部分:

①实验目的。

②实验原理。在理解实验原理的基础上,用自己的语言简要叙述有关物理内容。一般应写出测量中所依据的主要公式,式中各量的物理含义及单位,公式成立所应满足的实验条件。必要时画出电路图或光路图。

③主要仪器设备。

④实验步骤。根据实际的实验过程写明关键步骤和安全注意要点。

⑤实验数据与数据处理。以列表形式来反映完整而清晰的原始测量数据。数据处理是对原始数据整理的过程,数据处理过程包括计算、作图、不确定度分析等。计算要有计算式,代入的数据都要有根据,既让别人看懂,也便于自己检察。作图要按作图规则,图线要规矩、美观。最后给出实验结果。

⑥小结或讨论。内容不限,可以是对实验中观察到的现象进行分析,对结果和误差原因进行分析,对实验中的关键问题或感兴趣的问题的研究讨论,也可解答思考题,提出收获或建议等。

实验报告的撰写和完成是对本实验内容的学习和掌握的一项重要内容,是指导教师给予每个学生实验成绩认定的重要依据。同时,对于培养学生良好的实验习惯起着非常重要的作用。

(5)怎样学好大学物理实验

大学物理实验是一门实践性课程,学生是在自己独立工作的过程中增长知识、提高能力。

1)要注意掌握基本的实验方法和测量技术

基本的实验方法和测量技术在实际工作中会经常遇到,并且是复杂的方法和技术的基础。学习时不但要搞清它们的基本道理,还应该逐步地熟悉和记牢它们,且能运用这些方法和技术设计一些简单的实验。任何一种实验方法和测量技术都有着它应用的条件、优缺点和局限性,只有亲自做了一定数量的实验后,才会对这些条件、优缺点和局限性有切身的体会。虽然方法和手段会随着科学技术和工业生产的进步而不断改进,但历史积累的方法仍是人类知识宝库精华的一部分,有了积累才能有创新,因此,从一开始就应十分重视实验方法知识的积累。

2)要有意识地培养良好的实验习惯

学生进入实验室要遵守实验室操作规程和安全规则。在开始做实验之前,应当先认真阅读实验教材和有关仪器资料,这样才有可能对将要做的实验工作有具体而清楚的了解。在实验过程中要求认真并重视观察实验现象,一丝不苟地记录实验数据。要求记录数据要原始、完整、全面、清楚,要有必要的说明注释等。这样才有可能在需要时随时查阅这些记录,从而在处理数据、分析结果时,有足够的第一手资料。在实验过程中,凡有必要,应重复测量若干次。注意记录实验的环境条件(如室温、气压、湿度、仪表名称、规格、量程和精度等),注意实验仪器在安置和使用上的要求和特点,还要注意纠正自己不正确的操作习惯和姿势。需要两人合作时，要密切配合。良好的习惯需要经过很多次实验后的总结、反思和回顾以后才能形成。而良好的实验习惯，对保证实验的正常进行，确保实验中的安全，防止差错的发生，都有很好的作用。无数实践证明，良好习惯的养成，只有在实验的过程中有意识地去锻炼自己才行。

3）要注意养成善于分析的习惯

实验中要善于捕捉和分析实验现象，力争独立排除实验中各种可能出现的故障，并锻炼自主发现问题、分析问题和解决问题的能力。如实验数据是否合理、正确？实验结果的可靠性和正确性又如何？这些问题主要依靠分析实验方法是否正确、合理，可能引入的误差，实验仪器带来的误差，实验环境和条件的影响来解决。

为了帮助初学者克服实验经验少、还没有掌握一整套分析实验的方法等实际情况，作为大学基础教学实验的物理实验课往往在实验教材中安排少数已有十分确切理论结论的实验课题，使初学者便于判断实验结果的正确性。但千万不要误认为做实验的目的只是为了得到一个标准的实验结果。如果获得的实验数据与标准数据符合了就高兴，一旦有所差别，就大失所望，抱怨仪器或装置不好，甚至拼凑数据，这些表现都是不正确的，是违背科学的。事实上，任何理论公式和结论都是经过一定的理论上的抽象并被简化了的，而客观事实与实验所处的环境条件则要复杂得多，实验结果与理论公式、结论之间发生差别是必然会有的，问题是差异有多大，是否合理。不论实验结果或数据的好坏，都应养成分析的习惯。当然也不要贸然下结论。首先要检查自己的操作和读数，注意实验装置和环境条件。若操作和读数经检查正确无误，那么毛病可能出现在仪器和装置本身。小的故障、小的毛病，实验者应力求自己动手去排除，起码也应留意指导教师或实验室工作人员是怎么着手解决的。学习指导教师如何去判定仪器失灵或故障所在、怎样修复。在此还应着重指出，能否发现仪器装置的故障、能否及时迅速修复，正是一个人实验能力强弱的重要表现，初学者应要求自己逐步提高这方面的能力。

4）要掌握好每个实验的重点

每个实验的内容都是有弹性的，首先应完成基本内容，这既是基础，也是重点。所以必须注意实验的目的，这样可以提高学习效率。完成基本内容后，如果时间许可，可以根据具体情况，进一步完成其他内容。尝试去分析实验可能存在的一些问题，如使用仪器的精度、可靠性、实验条件是否已被满足？怎样给予证实？或进一步提出改进实验的建议，试做一些新的实验内容等。

5）要注意创新能力的培养

教学实验虽然是经过安排设计的，但同学仍然要多思考些问题。如每一项实验内容为什么要通过这样的途径（方法）进行测量，有什么改进建议等。激发求知欲望和学习热情，从而提高创新意识、增强创新能力。

（6）大学物理实验课程学生须知

①进入实验室，要爱护一切公物，保持实验室安静，严禁大声喧哗；不随地扔垃圾，严禁在实验室吃零食和带液体类饮料进入实验室饮用，保持实验室良好卫生。

②上实验课前要求提前5分钟进入实验室。不迟到，不早退，不旷课。迟到超过20分钟的学生禁止进入实验室，指导教师有权终止其本次实验资格；一学期旷课3次及以上者取消考试资格。

③学生进入实验室后，根据相应座位号就座，实验中学生不得相互串位、互相调试仪器。实验前要仔细检查所用实验仪器是否齐全、完好，如有缺损，要及时报告指导教师进行处理，不

得擅自更换及搬弄其他仪器设备。

④实验过程中，要严格遵守所用仪器的操作规程和注意事项，不得擅自拆装仪器，以防止发生人身事故和仪器损坏。对于违反操作规程而损坏仪器者，指导教师按学校相关规定进行处理。

⑤因特殊情况无法正常上实验课的学生，需要填写请假条并有辅导员及部分负责人的签字，方可补做实验；补做实验者需和指导教师联系，统一安排补做实验事宜。

⑥学生做实验前，要求撰写实验预习报告，经指导教师课前检查通过后，方可进行实验。未写预习报告者，指导教师有权终止学生此次实验。

⑦实验过程中，学生必须严肃认真，总结实验规律。对于课本中和黑板上已经说明的问题，指导老师一般不予作答；实验中途不得擅自离开，否则做旷课处理。

⑧实验原始数据应记录在原始数据记录纸上，实验数据不得抄袭他人的实验结果，若发现严重涂改、捏造实验数据实验成绩记为零分，并不得补做。原始数据不允许使用铅笔记录。

⑨实验完成以后，原始数据经指导教师查阅并签字后，学生应负责将仪器整理还原，摆放整齐后，方可离开实验室。

⑩课后请将原始数据经整理后填写在实验报告上，并作数据分析和处理，原始数据记录必须粘贴在实验报告背面，并在一周后提交指导教师查阅；在实验过程及撰写实验报告过程中，如发现篡改数据、抄袭等情况，实验成绩一律记为零分，指导教师有权终止本次实验。

第 2 章 测量误差及数据处理

> 汉·荀悦《汉纪·文帝纪下》:“上功幕府,误差六级,文吏以法绳之,陛下下之吏,削爵罚及之。”
>
> 唐·赵璘《因话录·徵》:“谈话之误差尚可,若著于文字,其误甚矣。”

物理实验离不开对物理量的测量。由于测量仪器、测量方法、测量条件、测量人员等因素的限制,测量结果不可能绝对准确。所以需要对测量结果的可靠性做出评价,对其误差范围作出估计,并能正确地表达实验结果。

本章主要介绍误差和不确定度的基本概念,测量结果不确定度的计算,实验数据处理和实验结果表达等方面的基本知识。这些知识不仅在每个实验中都要用到,而且是今后从事科学实验工作所必须了解和掌握的。

测量误差和数据处理的内容涉及面较广,不可能在一两次的学习中掌握。通过本章的学习,使读者对这些问题有一个初步的了解,然后结合每一个具体实验再细读有关内容,通过运用加以掌握。应当指出的是,对这些内容的深入讨论是计量学和数理统计学的任务,本章只引用其中的某些结论和计算公式,不作详细的证明和探讨。

2.1 测量与误差

2.1.1 测量

物理实验是以测量为基础的。物理实验不仅要定性地观察物理现象,更重要的是找出有关物理量之间的定量关系,因此就需要进行定量地测量。测量就是借助仪器用某一计量单位把待测量的大小表示出来。

注意:物理量单位的重要性。火星气候轨道探测器(The Mars Climate Orbiter)是第一款星际气象卫星,但却在 1999 年意外丢失,原因是美国宇航局采用了英制单位,而一家承包商却使用的是公制单位。这颗造价 1.25 亿美元的探测器在尝试进入火星轨道时靠得太近,结果被火星的大气摧毁。调查结果显示,导致这次损失的"根本原因"在于一款地面软件"未能将英制单位转换成公制"。

根据获得测量结果方法的不同,测量可分为直接测量和间接测量:由仪器或量具可以直接读出测量值的测量称为直接测量,如用米尺测量长度,用天平称质量;另一类需依据待测量和某几个直接测量值的函数关系通过数学运算获得测量结果,这种测量称为间接测量,如用伏安法测电阻,已知电阻两端的电压和流过电阻的电流,依据欧姆定律求出待测电阻的阻值。大多数物理量需要间接测量。

直接测量是一切测量的基础。一个物理量能否直接测量不是绝对的。随着科学技术的发展,测量仪器的改进,很多原来只能间接测量的物理量,现在可以直接测量了。比如车速的测量,可以直接用测速仪进行直接测量,而不再需要用路程除以时间来间接测量。

但在实际测量时,测量值与真值总有一定的偏离,一般用精确度综合评定偏离的大小。精确度高,测量数据较集中在真值附近。

如果在多次测量某一物理量时,每次测量的条件相同(仪器、方法、操作者和环境均不变),则称这种测量为等精度测量。等精度测量得到的一组数据 $x_1, x_2, x_3, \cdots, x_n$ 称为测量列,如 2.01,2.00,2.02,…,1.99。尽管每一次测量的结果不同,但无任何理由判断哪一次测量更精确,只能认为它们的测量精度是完全相同的。严格地说,实验中保持完全相同的条件是非常困难的,但当某一条件的变化对测量结果影响不大,甚至可以忽略时,可视为等精度测量。

2.1.2　误差

在一定条件下,某一物理量所具有的客观大小称为真值。测量的目的就是力图得到真值。由于受测量方法、测量仪器、测量条件以及观测者水平等多种因素的限制,测量结果与真值之间总有一定的差异,即总存在测量误差。设测量值为 x,相应的真值为 x_0,测量值与真值之差 Δx

$$\Delta x = x - x_0 \tag{2.1.1}$$

称为测量误差,又称为绝对误差,简称误差。

误差存在于一切测量之中,测量与误差形影不离,分析测量过程中产生的误差,将影响降低到最低程度,并对测量结果中未能消除的误差作出估计,是实验测量中不可缺少的一项重要工作。

绝对误差与真值之比的百分数称为相对误差,用 E 表示,即

$$E = \frac{\Delta x}{x_0} \times 100\% \tag{2.1.2}$$

由于真值无法知道,所以计算相对误差时常用 x 代替 x_0。在这种情况下,x 可能是公认值,或高一级精密仪器的测量值,或测量值的平均值。相对误差用来表示测量的相对精确度,相对误差用百分数表示,保留两位有效数字。

实验中要用误差分析的方法来指导实验的全过程,包括以下两个方面:

①为了从测量中正确认识客观规律,必须分析产生误差的原因和性质,正确地处理测量数据,尽量消除、减小误差,确定误差范围,以便能在一定条件下得到接近真值的结果。

②在设计一项实验时,先对测量结果确定一个误差范围,然后用误差分析方法来合理选择测量的方法、仪器和条件,以便能在最有利的条件下,获得恰到好处的预期结果。

> 哈勃太空镜因它拍摄的美丽太空图像而闻名,被公认是美国宇航局最伟大的成就之一。然而,它在升空之后就遇到了不小的挫折。太空镜发回的第一张照片非常模糊,原因是太空镜的主镜片太平了。误差其实也不大——只有 2.2 μm,相当于人类头发丝直径的 1/50。然而,这一点小小的误差却足以导致整个计划失败。一种理论认为,用于测试镜面的某仪器上的一个油漆斑导致了测量差错。幸运的是,科学家们设法在 1993 年纠正了错误,通过安装 COSTAR 修正光学组件修复了主镜片的屈光度。

2.1.3 误差的分类

根据误差的性质和产生的原因,误差可分为 3 类:系统误差、随机误差和过失误差。

(1)系统误差

系统误差是指在同一条件(指方法、仪器、环境、人员)下多次测量同一物理量时,结果总是向一个方向偏离,其数值一定或按一定规律变化。系统误差的特征是具有一定的规律性。

系统误差的来源有以下几个方面:

①仪器误差:它是由于仪器本身的缺陷或没有按规定条件使用仪器而造成的误差,如螺旋测微器的零点不准,天平不等臂等。

②理论误差:它是由于测量所依据的理论公式本身的近似性,或实验条件不能达到理论公式所规定的要求,或测量方法不当等所引起的误差。如实验中忽略了摩擦、散热、电表的内阻、单摆的周期公式 $T=2\pi\sqrt{l/g}$的成立条件等。

③个人误差:它是由于观测者本人生理或心理特点造成的误差,如有人用秒表测时间时,总是使之过快。

④环境误差:它是外界环境性质(如光照、温度、湿度、电磁场等)的影响而产生的误差,如环境温度升高或降低,使测量值按一定规律变化。

产生系统误差的原因通常是可以被发现的,原则上可以通过修正、改进加以排除或减小。分析、排除和修正系统误差要求测量者有丰富的实践经验。这方面的知识和技能通过以后的实验可以逐步地学习和掌握。

(2)随机误差

在相同测量条件下,多次测量同一物理量时,误差的绝对值时大时小,符号时正时负,以不可预期方式变化着的误差称为随机误差,有时也叫偶然误差。

引起随机误差的原因也很多,与仪器精密度和观察者感官灵敏度有关,如无规则的温度变化,气压的起伏,电磁场的干扰,电源电压的波动等。这些因素均可引起测量值的变化。这些因素不可控制又无法预测和消除。

(3)过失误差

由于测量者过失,如实验方法不合理,用错仪器,操作不当,读错数值或记错数据等引起的误差,是一种人为的过失,不属于测量误差。只要测量者采用严肃认真的态度,过失误差是可以避免的。在数据处理中要把含有过失误差的异常数据予以剔除。

2.1.4 仪器的量程、精密度和准确度

测量要通过仪器或量具来完成,所以必须对仪器的量程、精密度、准确度等参数有一定的了解和认识。

> 1628年,在人们惊恐的注视下,首次下水的新战舰瓦萨号在离港不到1英里就沉没了,导致船上30人死亡。装备有64门黄铜大炮的瓦萨被认为是当时世界上最强大的战舰。1961年被打捞上岸后,专家们对它进行了反复研究,发现它建造得不对称,左舷比右舷厚重,导致这一结果的原因可能是,两边的工人使用了不同的测量系统。考古学家们找到了建造瓦萨号的工匠们所使用的4把尺子。其中两把采用的是瑞典尺,一尺相当于12英尺,而另外两把尺子采用的是阿姆斯特丹尺,相当于11英尺。

1)量程

仪器所能测量的范围。对仪器量程的选择要适当,当被测量值超过仪器的量程时会损坏仪器,这是不允许的。同时也不应一味选择大量程,因为如果仪器的量程比测量值大很多,测量的误差往往会比较大。

2)精密度

仪器所能分辨物理量的最小值。仪器精密度一般与仪器的最小分度值一致,最小分度值越小,仪器的精密度越高。如螺旋测微器(千分尺)的最小分度值为0.01 mm,即其分辨率为0.01 mm/刻度,或仪器的精密度为100刻度/mm。

3)准确度

仪器本身的准确程度。测量是以仪器为标准进行比较的,要求仪器本身要准确。由于测量的目的不同,对仪器准确程度的要求也不同。按国家规定,电气测量指示仪表的准确度等级 α 分为0.1,0.2,0.5,1.0,1.5,2.5,5.0共7级,在规定条件下使用时,其量程的最大绝对误差为

$$\Delta = \pm \text{量程} \times \text{准确度等级}\ \alpha/\% \tag{2.1.3}$$

例如,0.5级电压表量程为3 V时,

$$\Delta U = \pm 3 \times 0.5\%\ \text{V} = \pm 0.015\ \text{V} \tag{2.1.4}$$

2.2 随机误差的处理

对某一物理量进行多次重复测量时,其测量结果服从一定的统计规律,在许多情况下,测量的随机误差服从正态分布规律。

2.2.1 随机误差的正态分布规律

设在一组测量值中,n 次测量的值分别为 $x_1, x_2, \cdots, x_n$。标准化的正态分布曲线如图

2.2.1 所示。图中横轴 $\Delta x = x_i - x_0$ 表示测量随机误差值，纵轴表示对应误差出现的概率密度 $f(\Delta x)$，有

$$f(\Delta x) = \frac{1}{\sigma\sqrt{2\pi}} e^{-\frac{\Delta x^2}{2\sigma^2}} \tag{2.2.1}$$

其中

$$\sigma = \sqrt{\frac{\sum_{i=1}^{n} \Delta x^2}{n}} \quad (n \to \infty) \tag{2.2.2}$$

σ 称为正态分布的标准误差，是表征测量分散性的一个重要参量。

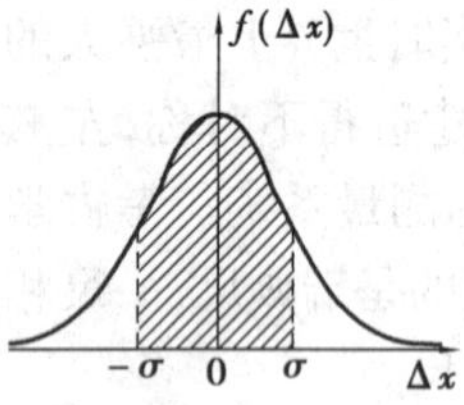

图 2.2.1　随机误差的正态分布

图 2.2.1 所示曲线就是概率密度分布曲线。曲线和 x 轴之间的面积为 1，可以用来表示随机误差在一定范围内的概率。图中阴影部分的面积就是随机误差在 $\pm\sigma$ 范围内的概率，即测量值落在 $(-\sigma, +\sigma)$ 区间的概率为 P。由定积分计算可得出，其值 $P = 68.3\%$。如将区间扩大到 2 倍，则 x 落在 $(-2\sigma, +2\sigma)$ 区间中的概率为 95.4%。x 落在 $(-3\sigma, +3\sigma)$ 区间中的概率为 99.7%。

归一化曲线下的总面积表示各种误差出现的总概率，为 100%。在区间 $(-3\sigma, +3\sigma)$ 内的置信概率为 99.7%，也就是说在 1 000 次测量中，只有 3 次测量值落在该曲线之外，而一般的测量次数为 5～10 次，几乎不可能出现在区间之外，所以将 3σ 称为极限误差，也称误差限。

由上述可以看出，以前介绍的 Δx 是实在的误差值，是真误差，可正可负；而标准误差不是测量值的实际误差，也不是真实的误差范围，它只是对一组测量数据可靠性的估计。标准误差小，测量的可靠性就大一些，反之测量就不大可靠。由于标准误差随测量次数 n 的变化小，且具有一定的稳定性，而且多数计算器都有计算标准误差的功能，所以在科学论文及实验中都用标准误差去评价数据。σ 值小，曲线陡且峰值高，说明测量值的误差集中，小误差占优势，各测量值的分散性小，重复性好；反之，σ 值大，曲线较平坦，各测量值的分散性大，重复性差。

图 2.2.1 中，服从正态分布的随机误差具有以下几个特点：

①有界性：在一定测量条件下，绝对值很大的误差出现的概率趋于零。

②单峰性：绝对值小的误差出现的概率大于绝对值大的误差出现的概率。

③对称性：绝对值相等的正误差和负误差出现的概率相等。

④抵偿性：当 $n \to \infty$ 时，曲线完全对称，因此随机误差的算术平均值随着测量次数的增加而趋于零，即

$$\lim_{n\to\infty} \frac{1}{n} \sum_{i=1}^{n} \Delta x_i = 0 \tag{2.2.3}$$

2.2.2　测量结果的最佳值——算术平均值

设通过 n 次等精度独立测量得到一列测量值为 $x_1, x_2, x_3, \cdots, x_n$，假定实验中的系统误差已被消除，则根据最小二乘法原理，一个等精度测量列的最佳值是能使各次测量值与该值之差的平方和为最小的那个值。设最佳值为 X，则

$$f(x_0) = \sum_{i=1}^{n}(x_i - X)^2 = \text{最小值}$$

取$f(x_0)$的一阶导数,并令其等于零,即

$$\frac{\mathrm{d}f(x_0)}{\mathrm{d}x_0} = -2\sum_{i=1}^{n}(x_i - X) = 0$$

$$\sum_{i=1}^{n} x_i = nX$$

从而得到

$$X = \frac{1}{n}\sum_{i=1}^{n} x_i = \bar{x} \tag{2.2.4}$$

也就是说,这一组测量数据 x_i 的算术平均值 $\bar{x}$ 就是这一测量列真值的最佳估计值,所以测量结果用算术平均值来表示。对于有限次测量,平均值会随测量次数的不同而有所变化,当测量次数无限增加时,算术平均值将无限接近于真值。所以可认为算术平均值是真实值的最佳近似值。

2.2.3　随机误差的估算——标准偏差

根据随机误差的高斯理论可以证明,在有限次测量情况下,测量值的标准偏差为

$$S_x = \sqrt{\frac{\sum_{i=1}^{n}(x_i - \bar{x})^2}{n-1}}\text{(贝塞尔公式)} \tag{2.2.5}$$

通常称 $\Delta x_i' = x_i - \bar{x}$ 为偏差。S_x 表示测量列的标准偏差,它是 σ 的估计值,表征对同一被测量在同一条件下作 n 次(在大学物理实验中,通常取 $5 \leqslant n \leqslant 10$)有限测量时,其结果的分散程度。标准偏差 S_x 小,表示测量值密集,即测量的精密度高;标准偏差 S_x 大,表示测量值分散,即测量的精密度低。

标准偏差 S_x 表示的是取得 $\bar{x}$ 的一组数据的离散性,如果在完全相同的条件下再重复测量一组数据,由于随机误差的影响,不一定能得到完全相同的 $\bar{x}$,这说明算术平均值本身也具有离散性,为了评定算术平均值的离散性,需引入算术平均值的标准偏差 $S_{\bar{x}}$,可以证明

$$S_{\bar{x}} = \frac{S_x}{\sqrt{n}} = \sqrt{\frac{\sum_{i=1}^{n}(x_i - \bar{x})^2}{n(n-1)}} \tag{2.2.6}$$

算术平均值的标准偏差表示算术平均值的误差(即 $\bar{x} - x_0$)落在 $-S_{\bar{x}} \sim +S_{\bar{x}}$之间的概率为68.3%,或者说在 $\bar{x} - S_{\bar{x}} \sim \bar{x} + S_{\bar{x}}$ 的范围内含真实值的概率为68.3%,$\pm S_{\bar{x}}$ 并不表示 $\bar{x}$ 的误差,$\bar{x}$ 的误差为多大并不知道,即使 $S_{\bar{x}}$很大,误差也可能很小。

由于算术平均值比任何一次测量值都更接近于真值,也就是 $\bar{x}$ 的可靠性比任一次测量值 x_i 都高,所以算术平均值的标准偏差 $S_{\bar{x}}$就理所当然地小于标准偏差 S_x,因此,标准偏差的计算都用算数平均值的标准偏差公式来计算,但实际叙述中仍用标准误差一词。

目前各种函数计算器都具备误差统计功能,可以直接计算测量列的算术平均值、标准偏差等。同学们应熟练使用函数计算器对实验数据进行处理。

2.2.4 间接测量的标准偏差传递

实际测量中，大多数测量是间接测量，间接测量结果是由直接测量结果通过一定的函数关系式计算出来的。由于直接测量值存在误差，而由直接测量值运算得到的间接测量值也必然存在误差，这就是误差的传递。表达直接测量误差与间接测量误差之间的关系式，称为误差传递公式。

设间接测量量 N 与各独立的直接测量量 $x,y,z,\cdots$ 的函数关系为 $N=f(x,y,z,\cdots)$，在对 $x,y,z,\cdots$ 进行有限次测量的情况下，间接测量的最佳值为

$$\overline{N} = f(\overline{x},\overline{y},\overline{z},\cdots) \tag{2.2.7}$$

在只考虑随机误差的情况下，每次直接测量的结果为

$$\overline{x} \pm S_{\overline{x}},\overline{y} \pm S_{\overline{y}},\overline{z} \pm S_{\overline{z}},\cdots \tag{2.2.8}$$

由于误差是微小量，因此由数学中全微分公式可以推导出标准误差的传递公式为

$$\sigma_N = \sqrt{\left(\frac{\partial f}{\partial x}\right)^2 \sigma_x^2 + \left(\frac{\partial f}{\partial y}\right)^2 \sigma_y^2 + \left(\frac{\partial f}{\partial z}\right)^2 \sigma_z^2 + \cdots} \tag{2.2.9}$$

同样标准偏差的传递公式为

$$S_{\overline{N}} = \sqrt{\left(\frac{\partial f}{\partial x}\right)^2 S_{\overline{x}}^2 + \left(\frac{\partial f}{\partial y}\right)^2 S_{\overline{y}}^2 + \left(\frac{\partial f}{\partial z}\right)^2 S_{\overline{z}}^2 + \cdots} \tag{2.2.10}$$

式(2.2.10)不仅可以用来计算间接测量量 N 的标准偏差，而且还可以用来分析各直接测量量的误差对最后结果的误差的影响大小，从而为改进实验提出了方向。在设计一项实验时，误差传递公式能为合理地组织实验、选择测量仪器提供必要的依据。

2.3 不确定度与测量结果不确定的表达

由于误差的存在，使得测量结果具有一定程度的不确定性。为了加强国际间的交流与合作，1996 年，中国计量科学研究院在国际权威文件《测量不确定度表达指南》的基础上，制定了我国的《测量不确定度规范》。从此，物理实验的不确定度评定有了国际公认的准则。下面将结合对测量结果的评定对不确定度的概念、分类、合成等问题进行讨论。

2.3.1 不确定度的概念

不确定度是评价测量质量的一个新概念，是表达测量结果具有分散性的一个参数，它是被测量的真值在某个量值范围内的一个评定。不确定度反映了可能存在的误差分布范围，是误差的数字指标。不确定度越小，测量结果可信赖程度越高；不确定度越大，测量结果可信赖程度越低。在实验和测量工作中，不确定度是作为估计而言的，因为误差是未知的，不可能用指出误差的方法去说明可信赖程度，而只能用误差的某种可能的数值去说明可信赖程度，所以不确定度更能表示测量结果的性质和测量的质量。用不确定度评定实验结果的误差，其中包含了各种来源不同的误差对结果的影响，而它们的计算又反映了这些误差所服从的分布规律，这更准确地表述了测量结果的可靠程度，因而有必要采用不确定度的概念。

1889年第一届国际计量大会确定实物基准“米原器”为国际长度基准,所有国家的米基准必须溯源到国际米原器。但随着工业生产水平的提高,特别是大规模流水线生产方式的采用,米原器的精度已不能满足需要,而且实物基准的易损性和不易复制性也使得米原器一旦损毁就将造成尺度紊乱,必将对世界经济社会造成难以估量的影响。人们逐渐认识到,必须确定一个能够在宇宙生灭的时间跨度内不会变化的米定义。经过了1960年、1983年两次修订,国际单位制(SI)基本单位米的定义最终确定为:光在真空下1/299 792 458秒中走过的距离。米定义最初是用碘稳频激光波长复现的。但由于气体分子的热力学运动和多普勒效应的影响,其精度极限为10～12量级。中国计量院铯原子喷泉钟已经达到了10～15量级的相对不确定度,大大优于碘稳频激光波长的精度。

目前,高度工业化国家已将全部劳动力的大约10%用于担任测量检测任务;高性能制造装备中的测量系统成本已达到装备总成本的30%～50%,而且越高水平的制造对测量的要求就越高。已是制造大国的中国要实现可持续发展,就必须成为制造强国。随着智能时代的到来,无论是新一代信息技术、高档数控机床和机器人、航天航空航海和轨道交通,还是与人类活动密切相关的地理空间位置属性等,都对计量提出了新的挑战。这些挑战包括尺度的扩展、参量的增加、更高的测量精度,设备状态动态测量与控制,多传感器原位在线校准、互联网+远程化校准技术,海量测量数据实时处理与智能生产控制、相关测量技术融合及数据溯源等。计量领域的不断创新发展,将为我国向制造强国迈进提供有力的技术保障。

2.3.2　测量结果的表示和合成不确定度

在做物理实验时,要求表示出测量的最终结果。在这个结果中既要包含待测量的近似真实值$\bar{x}$,又要包含测量结果的不确定度U_x,还要反映出物理量的单位。因此,要写成物理含义深刻的标准表达形式,即

$$x = \bar{x} \pm U_x(\text{单位}) \tag{2.3.1}$$

式中,x为待测量;$\bar{x}$是测量的近似真实值;U_x是合成不确定度。这种表达形式反应了3个基本要素:测量值、合成不确定度和单位。

①合成不确定度的数字取舍规则。

a.一般仅保留一位有效数字,若首位数是1或2时可取两位。

b.尾数采用“只进不舍,非零进一”的取舍规则。

②测量值的数字取舍规则。

a.尾数采用“四舍六入五凑偶”的取舍规则。

b.测量值的末位数要与合成不确定度的末位数对齐。

在物理实验中,直接测量时若不需要对被测量进行系统误差的修正,一般就取多次测量的算术平均值$\bar{x}$作为近似真实值;若在实验中有时只需测一次或只能测一次,该次测量值就为被测量的近似真实值。如果要求对被测量进行一定系统误差的修正,通常是将一定系统误差(即绝对值和符号都确定的可估计出的误差分量)从算术平均值$\bar{x}$或一次测量值中减去,从而求得被修正后的直接测量结果的近似真实值。

在上述的标准式中,近似真实值、合成不确定度、单位3个要素缺一不可,否则就不能全面表达测量结果。同时,近似真实值 $\bar{x}$ 的末尾数应该与不确定度的所在位数对齐,近似真实值 $\bar{x}$ 与不确定度 U_x 的数量级、单位要相同。在开始实验中,测量结果的正确表示是一个难点,必须引起重视,在实验过程中,养良好的实验习惯,逐步克服难点,正确书写测量结果的标准形式。

由于误差的来源很多,测量结果的不确定度一般包含几个分量。在修正了可定系统误差之后,把余下的全部误差归为A、B两类不确定度分量。

①A类分量(A类不确定度)U_A:在同一条件下,多次重复测量时,用统计分析方法评定的不确定度。

②B类分量(B类不确定度)U_B:用其他方法(非统计分析方法)评定的不确定度。

测量结果的总不确定度由"方和根"方法合成

$$U = \sqrt{U_A^2 + U_B^2} \tag{2.3.2}$$

2.3.3 直接测量结果的不确定度估算

不确定度的评定方法是一个比较复杂的问题,在多数普通物理实验教学中,为了简便,在进行直接测量的不确定度的合成时,对A类不确定度主要讨论在多次等精度测量条件下,读数分散对应的不确定度,并且用"贝塞尔公式"式(2.2.5)计算A类不确定度,即 $U_A = S_x$;对B类不确定度,主要讨论仪器不准确对应的不确定度,即 $U_B = \Delta_{仪}$,最后将测量(包括后面介绍的间接测量)结果写成标准形式

$$x = \bar{x} \pm U_x(单位) \tag{2.3.3}$$

则总不确定度的合成

$$U_x = \sqrt{S_x^2 + \Delta_{仪}^2} \tag{2.3.4}$$

式(2.3.4)是物理实验中常用的不确定度估算公式。常用仪器的仪器误差如表2.3.1所示。

表2.3.1 常用仪器的仪器误差表

仪器名称	量程	分度值(准确度等级)	仪器误差
钢直尺	0~300 mm	1 mm	±0.1 mm
钢卷尺	0~1 000 mm	1 mm	±0.5 mm
游标卡尺	0~300 mm	0.02,0.05,0.1 mm	分度值
螺旋测微器(一级)	0~100 mm	0.01 mm	±0.004 mm
TW-1 物理天平	1 000 g	100 mg	±50 mg
WL-1 物理天平	1 000 g	50 mg	±50 mg
TG928A 矿山天平	200 g	10 mg	±5 mg
水银温度计	-30~300 ℃	0.2,0.1 ℃	分度值
读数显微镜		0.01 mm	±0.004 mm
数字式测量仪器			最末一位的一个单位或按仪器说明估算
指针式电表		A=0.1,0.2,0.5,1.0,1.5,2.5,5.0	±量程×a%

为了比较测量结果精确度的高低，常常使用相对不确定度这一概念，其定义为

$$E_x = \frac{U_x}{X} \times 100\% \tag{2.3.5}$$

式中，X 为测量值，它可以是单次测量值，也可以是多次测量的算术平均值 $\overline{X}$。这是因为在实际测量过程中，有的被测量无法对其进行重复测量，只能进行单次测量，或测量精度要求不高，只需进行单次测量就可以满足实验要求了。在单次测量中，用单次测量值 $x_{测}$ 作为被测量的最佳估计值。

在一般情况下，对随机误差很小的测量，可以只估计不确定度的 B 类分量，用仪器误差 $\Delta_{仪}$ 作为 $x_{测}$ 的总不确定度，测量结果表示为

$$x = x_{测} \pm \Delta_{仪} \tag{2.3.6}$$

如果是多次测量，则总不确定度是合成不确定度式（2.3.4）。因此，实验结果的获得，应包括待测量近似真实值的确定，A、B 两类不确定度以及合成不确定度的计算。

应该指出，单次测量的不确定度估算是一个近似或粗略的估算方法。因为测量的随机分布特征是客观存在的，不随测量次数的不同而变化。也不能由此得出结论"单次测量的不确定度小于多次测量的不确定度"的结论。

下面举例说明直接测量不确定度的估算方法。

【例 2.1】　用螺旋测微器测量小钢球的直径，8 次的测量值 d 分别为

2.125，2.131，2.121，2.127，2.124，2.126，2.123，2.129 mm

螺旋测微器的零点读数 d_0 为 0.008 mm、最小分度数值为 0.01 mm，试写出测量结果的标准式。

解：(1) 求直径 d 的算术平均值

$$\overline{d'} = \frac{1}{n}\sum_{1}^{8} d_i = \frac{1}{8}(2.125 + 2.131 + 2.121 + 2.127 + 2.124 + 2.126 + 2.123 + 2.129)$$

$$= 2.126(\text{mm})$$

(2) 修正螺旋测微器的零点误差

$$\overline{d} = \overline{d'} - d_0 = (2.126 - 0.008) = 2.118(\text{mm})$$

(3) 计算 B 类不确定度

螺旋测径器的仪器误差为 $\Delta_{仪} = \pm 0.004(\text{mm})$

$$U_{\text{B}} = \Delta_{仪} = \pm 0.004(\text{mm})$$

(4) 计算 A 类不确定度

$$S_d = \sqrt{\frac{\sum_{1}^{8}(d_i - \overline{d'})^2}{n-1}}$$

$$= \sqrt{\frac{(2.125 - 2.126)^2 + (2.131 - 2.126)^2 + \cdots}{8-1}} = 0.003(\text{mm})$$

(5) 合成不确定度为

$$U_d = \sqrt{S_d^2 + \Delta_{仪}^2} = \sqrt{0.003^2 + 0.004^2} = 0.005(\text{mm})$$

(6) 测量结果为

$$d = \overline{d} \pm U_d = 2.118 \pm 0.005(\text{mm})$$

(7)相对不确定度为

$$E_d = \frac{U_d}{d} \times 100\% = \frac{0.005}{2.118} \times 100\% = 0.24\%$$

当有些不确定度分量的数值很小时,相对而言可以略去不计。在计算合成不确定度中求"方和根"时,若某一平方值小于另一平方值的1/9,则这一项就可以略去不计。这一结论叫作微小误差准则。在进行数据处理时,利用微小误差准则可减少不必要的计算。

不确定度的计算结果,通常约定最多用两位数字表示,且仅当首位为1或2时保留两位。尾数采用"只进不舍"的原则,在运算过程中只需取两位数字计算即可。

2.3.4 间接测量结果的不确定度传递

设 N 为间接测量的量,它有3个直接测量的互相独立的物理量 x,y,z,各直接观测量的测量结果分别为

$$x = \bar{x} \pm U_x, y = \bar{y} \pm U_y, z = \bar{z} \pm U_z \tag{2.3.7}$$

若将各个直接测量量的近似真实值 $\bar{x}$ 代入函数表达式中,即可得到间接测量的结果

$$\bar{N} = F(\bar{x},\bar{y},\bar{z}) \tag{2.3.8}$$

不确定度 U_N 可套用标准误差传递公式进行估算,即

$$U_N = \sqrt{\left(\frac{\partial F}{\partial x}U_x\right)^2 + \left(\frac{\partial F}{\partial y}U_y\right)^2 + \left(\frac{\partial F}{\partial z}U_z\right)^2} \tag{2.3.9}$$

当间接测量的函数表达式为积和商(或含和差的积商)的形式时,为了使运算简便,可先将函数式两边同时取自然对数,然后再求全微分,可得到计算相对不确定度的公式如下

$$E_N = \frac{U_N}{\bar{N}} = \sqrt{\left(\frac{\partial \ln F}{\partial x}U_x\right)^2 + \left(\frac{\partial \ln F}{\partial y}U_y\right)^2 + \left(\frac{\partial \ln F}{\partial z}U_z\right)^2} \tag{2.3.10}$$

已知 E_N、$\bar{N}$,由式(2.3.10)可以求出合成不确定度

$$U_N = \bar{N} \cdot E_N \tag{2.3.11}$$

这样计算间接测量的统计不确定度时,特别对函数表达式很复杂的情况,尤其显示出它的优越性。今后在计算间接测量的不确定度时,对函数表达式仅为"和差"形式,可以直接利用式(2.3.9),求出间接测量的合成不确定度 U_N;若函数表达式为积和商(或积商和差混合)等较为复杂的形式,可直接采用式(2.3.10),先求出相对不确定度,再用式(2.3.11)求出合成不确定度 U_N。

【例2.2】 已知电阻 $R_1=50.2\pm0.5(\Omega)$,$R_2=149.8\pm0.5(\Omega)$,求它们串联的电阻 R 合成不确定度 U_R,以及相对不确定度,并写出完整的表达式。

解:(1)串联电阻的阻值为

$$R = R_1 + R_2 = 50.2 + 149.8 = 200.0(\Omega)$$

(2)合成不确定度为

$$U_R = \sqrt{\left(\frac{\partial R}{\partial R_1}U_1\right)^2 + \left(\frac{\partial R}{\partial R_2}U_2\right)^2}$$

$$= \sqrt{U_1^2 + U_2^2} = \sqrt{0.5^2 + 0.5^2} = 0.7(\Omega)$$

(3)相对不确定度为

$$E_R = \frac{U_R}{R} = \frac{0.7}{200.0} \times 100\% = 0.35\%$$

(4)测量结果为

$$R = 200.0 \pm 0.7(\Omega)$$

间接测量的不确定度计算结果一般应保留一位有效数字,相对不确定度一般应保留两位有效数字。

【例 2.3】 测量金属环的内径 $D_1 = 2.880 \pm 0.004(\mathrm{cm})$,外径 $D_2 = 3.600 \pm 0.004(\mathrm{cm})$,厚度 $h = 2.575 \pm 0.004(\mathrm{cm})$。试求环的体积 V 和测量结果。

解:环体积公式为

$$V = \frac{\pi}{4} h(D_2^2 - D_1^2)$$

(1)环体积的近似真实值为

$$V = \frac{\pi}{4} h(\overline{D}_2^2 - \overline{D}_1^2) = \frac{3.141\,6}{4} \times 2.575 \times (3.600^2 - 2.880^2) = 9.436(\mathrm{cm}^3)$$

(2)首先将环体积公式两边同时取自然对数后,再求全微分

$$\ln V = \ln\left(\frac{\pi}{4}\right) + \ln h + \ln(D_2^2 - D_1^2)$$

$$\frac{\mathrm{d}V}{V} = 0 + \frac{\mathrm{d}h}{h} + \frac{2D_2 \mathrm{d}D_2 - 2D_1 \mathrm{d}D_1}{D_2^2 - D_1^2}$$

则相对不确定度为

$$E_V = \frac{U_V}{\overline{V}} = \sqrt{\left(\frac{U_h}{\overline{h}}\right)^2 + \left[\frac{2D_2 U_{D_2}}{\overline{D}_2^2 - \overline{D}_1^2}\right]^2 + \left[\frac{-2D_1 U_{D_1}}{\overline{D}_2^2 - \overline{D}_1^2}\right]^2}$$

$$= \left[\left(\frac{0.004}{2.575}\right)^2 + \left(\frac{2 \times 3.600 \times 0.004}{3.600^2 - 2.880^2}\right)^2 + \left(\frac{-2 \times 2.880 \times 0.004}{3.600^2 - 2.880^2}\right)^2\right]^{\frac{1}{2}}$$

$$= 0.008\,1 = 0.81\%$$

(3)总合成不确定度为

$$U_V = V \cdot E_V = 9.436 \times 0.008\,1 = 0.08(\mathrm{cm}^3)$$

(4)环体积的测量结果为

$$V = 9.44 \pm 0.08(\mathrm{cm}^3)$$

注:V 的标准式中,$V = 9.436(\mathrm{cm}^3)$ 应与不确定度的位数取齐,因此将小数点后的第三位数 6,按照数字修约原则进到百分位,故为 9.44。

2.4　有效数字及其运算法则

2.4.1　有效数字的概念

任何一个物理量都存在不确定度,该物理量的数值位数不能任意的取舍,要由不确定度来

决定，即测量值的末位数要与不确定度的末位数对齐。例如，算得长度 $L=1.368\ 2$ cm，其不确定度 $U_L=0.02$ cm。由不确定度的定义及 U_L 的数值可知，测量值在小数点后的百分位“6”上已有误差，在它以后的数字便没有意义了。因此，测量结果只写到有误差的那一位数，并且在位数以后按“四舍六入五凑偶”的法则取舍，应写为 $L=(1.37\pm0.02)$ cm。最后一位虽然有误差，但在一定程度上也能反映出被测量的客观大小，也是有效的。

所以，能反映出被测量实际大小的全部数字称为有效数字。或者说，测量结果中可靠的几位数字加上有误差的一位数字，统称为测量结果的有效数字。有效数字的个数叫作有效数字的位数，如上述的1.37 cm称为三位有效数字。

有效数字的位数与十进制单位的变换无关，即与小数点的位置无关。物理量的数值与数学上的数也有着不同的含义。例如，在数学上 $4.60=4.600$，但在物理测量中（如长度测量），$4.60\text{ cm}\neq4.600\text{ cm}$。因为4.60 cm中前两位“4”和“6”是准确数，最后一位“0”是欠准确数，共三位有效数字。而4.600 cm则有四位有效数字。实际上这个两种写法表示了两种不同精度的测量结果，所以在记录实验测量数据时，有效数字位数不能随意增减。有效数字的位数多少大致反映相对不确定度的大小。有效数字位数越多，相对不确定度越小，测量结果的精确度越高。

2.4.2 如何确定有效数字

当给出（或求出）不确定度时，测量结果的有效数字由不确定度来确定。由于不确定度本身只是一个估计值，一般情况下，有如下的规则：

①不确定度的有效数字只取一位（若首位为1、2时，不确定度可取两位）。

②不确定度的尾数采用“只进不舍，非零进一”的取舍规则。

③测量值的最后一位要与不确定度的最后一位取齐。

一次直接测量结果的有效数字可以由仪器误差或估计的不确定度来确定；多次直接测量结果（算术平均值）的有效数字，由计算得到的A类和B类不确定度来确定；对于间接测量结果的有效数字，也是先由传递函数计算出结果的不确定度，再由不确定度来确定。

当未给出（或未求出）不确定度时，直接测量或间接测量结果的有效数字位数也不能任意选取。对于直接测量量，在一般情况下，有效数字取决于仪器的最小分度是否估读以及估读的程度。如对于有分度式的仪表，读数要根据人眼的分辨能力读到最小分度的十分之几，即读到最小分度值以下一位。

对于间接测量量，其有效数字位数由参与运算的各直接测量量的有效数字位数以及运算方式来估计。

为了达到不因计算而引进误差，影响结果，同时又尽量简洁，不做徒劳的运算，有效数字的运算结果一般只保留一位欠准确数字，并约定下列规则。

(1)加法和减法运算

对于加减类型的运算，由于运算结果的不确定度总是大于或等于运算分量中最大的不确定度，所以运算结果的有效数字位数应由这个具有最大不确定度的分量来确定，即运算结果的末位应与参与运算的有效数字中最后一位的位数最高的分量相同。

下面例题中在数字上方加一短线的为欠准确数字。

【例2.4】 $32.1+3.235$ 和 $116.9-1.652$ 的计算结果各应保留几位数字？

解:先观察一下具体计算过程:

$$\begin{array}{r} 32.\bar{1} \\ +\quad 3.23\bar{5} \\ \hline 35.\bar{3}\bar{3}\bar{5} \end{array} \qquad \begin{array}{r} 116.\bar{9} \\ -\quad 1.65\bar{2} \\ \hline 115.\bar{2}\bar{4}\bar{8} \end{array}$$

可见,一个数字与一个欠准确数字相加或相减,其结果必然是欠准确数字。按照运算结果保留一位欠准确数字的原则

$$32.1+3.235=35.3, 116.9-1.652=115.2$$

分别为三位有效数字和四位有效数字。

推论:若干个直接测量值进行加法或减法计算时,选用精度相同的仪器最为合理。

(2)**乘法和除法运算**

乘除运算结果的相对不确定度,等于参与运算各量的相对不确定度平方和的开方,因此运算结果的相对不确定度总是大于参与运算各量中的最大相对不确定度。有效数字位数越少,其相对不确定度越大。所以乘除运算结果的有效数字位数,应与参与运算各量中有效数字位数最少的分量相同。

【**例2.5**】 1.111 1×1.11 的计算结果应保留几位数字?

解:计算过程如下:

$$\begin{array}{r} 1.111\bar{1} \\ \times\qquad 1.1\bar{1} \\ \hline \bar{1}.\bar{1}\bar{1}\bar{1}\bar{1} \\ 1.111\bar{1} \\ 1.111\bar{1} \\ \hline 1.2\bar{3}\bar{3}\bar{3}\bar{2}\bar{1} \end{array}$$

因为一个数字与一个欠准确数字相乘,其结果必然是欠准确数字。所以,由上面的运算过程可见,小数点后面的第二位的“3”及其后的数字都是欠准确数字,所以

$$1.111\,1\times1.11=1.23$$

为三位有效数字,与上面叙述的乘除运算法则是一致的。

除法是乘法的逆运算,取位法则与乘法相同,这里不再举例说明。

对于一个间接测量,如果它是由几个直接测量值通过相乘除运算而得到的,那么在进行测量时各直接测量值的有效数字位数要基本相仿,或者说它们的相对不确定度要比较接近。如果相差悬殊,那么精度过高的测量就失去意义。

(3)**乘方、立方和开方运算**

乘方、立方和开方运算的有效数字的位数与其底数的有效数字的位数相同。

例如:

$$(7.325)^2=53.66 \qquad \sqrt{32.8}=5.73$$

(4)**函数运算**

有效数字的四则运算规则,是根据不确定度合成理论和有效数字的定义总结出来的。所以对于三角函数、对数和指数等函数运算,原则上也要从不确定度传递公式出发来寻找其运算

规则。

【例 2.6】 已知 $a=3\,068\pm2$，$y=\ln a$，求 y。

解：按照不确定度传递公式

$$U_y=\frac{1}{a}U_a=\frac{1}{3\,068}\times2=0.000\,7$$

$$y=\ln a=8.028\,78$$

所以 $$y=8.028\,8\pm0.000\,7$$

【例 2.7】 已知 $\theta=60°0'\pm3'$，$x=\sin\theta$，求 x。

解：由不确定度传递公式

$$U_x=|\cos\theta|U_\theta=|\cos 60°|\frac{3\times\pi}{60\times180}=0.000\,4$$

$$x=\sin 60°0'=0.866\,02$$

所以 $$x=0.866\,0\pm0.000\,4$$

当直接测量的不确定度未给出时，上述过程可简化为通过改变自变量末位的一个单位，观察函数运算结果的变化情况来确定其有效数字。例如，$\alpha=20°6'$ 中的"6′"是欠准确数字，由计算器运算结果为 $\sin 20°6'=0.343\,659\,695\cdots$，$\sin 20°7'=0.343\,932\,851\cdots$，两个结果在小数点后面第四位出现了差异，所以 $\sin 20°6'=0.343\,6$。

同理 $\ln 598=6.393\,590\,754\cdots$，$\ln 599=6.395\,261\,598\cdots$，所以 $\ln 598=6.394$。但是，这种方法是较粗糙的，有时与正确结果会出现明显差异。

(5)**常数**

公式中的常数，如 π、e、$\sqrt{2}$ 等，它们的有效数字位数是无限的，运算时一般根据需要，比参与运算的其他量多取一位有效数字即可。例如：

①$S=\pi r^2$，$r=6.042$ cm，π 取为 3.141 6，所以 $S=3.141\,6\times6.042^2\ \text{cm}^2=114.7\ \text{cm}^2$

②$\theta=(129.3+\pi)$ rad，π 取为 3.14 rad，$\theta=(129.3+3.14)$ rad $=132.4$ rad

2.4.3 测量结果数字取舍规则

数字的取舍才采用"四舍六入五凑偶"规则，即若欲舍去数字的最高位为 4 或 4 以下的数，则"舍"；若为 6 或 6 以上的数，则"入"；被舍去数字的最高位为 5 时，前一位数为奇数，则"入"，前一位数为偶数，则"舍"。其目的在于使"入"和"舍"的机会均等，以避免用"四舍五入"规则处理较多数据时，因入多舍少而引入计算误差。

例如，将下列数据保留到小数点后第二位：

8.086 1→8.09，8.084 5→8.08，8.085 0→8.08，8.075 4→8.08

通常约定不确定度最多用两位数字表示，且仅当首位为 1 或 2 时保留两位，尾数采用"只进不舍"的原则，在运算过程中只需取两位数字计算即可。例如，

0.032 3→0.04，0.003 63→0.004，0.012 3→0.013，0.243→0.25

有效数字运算规则和数字取舍规则的采用，目的是保证测量结果的准确度不因数字取舍不当而受到影响。同时，也可以避免因保留一些无意义的欠准确数字而做无用功，浪费时间和精力。

2.5 实验数据处理基本方法

物理实验中测量得到的许多数据需要处理后才能表示测量的最终结果。对实验数据进行记录、整理、计算、分析和绘制图表等,从中获得实验结果和寻找物理量变化规律或经验公式的过程就是数据处理。它是实验方法的一个重要组成部分,是实验课的基本训练内容。下面主要介绍列表法、图解法、逐差法和最小二乘法。

2.5.1 列表法

列表法就是将一组实验数据和计算的中间数据依据一定的形式和顺序列成表格。列表法可以简单明确地表示出物理量之间的对应关系,便于分析和发现资料的规律性,也有助于检查和发现实验中的问题,这就是列表法的优点。

列表没有统一的格式,但所设计的表格要能充分反映上述优点,应注意以下几点:

①各栏目均应注明所记录的物理量的名称(符号)和单位。

②栏目的顺序应充分注意数据间的联系和计算顺序,力求简明、齐全、有条理。

③表中的原始测量数据应正确反映有效数字,数据不应随便涂改,确实要修改数据时,应将原来数据画条杠以备随时查验。

④对于函数关系的数据表格,应按自变量由小到大或由大到小的顺序排列,以便于判断和处理。

2.5.2 图解法

图线能够直观地表示实验数据之间的关系,找出物理规律。图解法有简明、形象、直观、便于比较研究实验结果等优点,它是一种最常用的数据处理方法。图解法处理数据,首先要画出合乎规范的图线,其要点如下:

(1)选择图纸

作图纸有直角坐标纸(即毫米方格纸)、对数坐标纸和极坐标纸等,根据作图需要选择。在物理实验中比较常用的是毫米方格纸,其规格多为 17 cm×25 cm。

(2)曲线改直

由于直线最易描绘,且直线方程的两个参数(斜率和截距)也较易算得。所以对于两个变量之间的函数关系是非线性的情形,在用图解法时应尽可能通过变量代换将非线性的函数曲线转变为线性函数的直线。下面为几种常用的变换方法:

①$xy=c$(c 为常数)。令 $z=\dfrac{1}{x}$,则 $y=cz$,即 y 与 z 为线性关系。

②$x=c\sqrt{y}$(c 为常数)。令 $z=x^2$,则 $y=\dfrac{1}{c^2}z$,即 y 与 z 为线性关系。

③$y=ax^b$(a 和 b 为常数)。等式两边取对数得,$\lg y=\lg a+b\lg x$。于是,$\lg y$ 与 $\lg x$ 为线性关系,b 为斜率,$\lg a$ 为截距。

④$y=ae^{bx}$(a 和 b 为常数)。等式两边取自然对数得,$\ln y=\ln a+bx$。于是,$\ln y$ 与 x 为线

性关系，b 为斜率，$\ln a$ 为截距。

(3)确定坐标比例与标度

合理选择坐标比例是作图法的关键所在。作图时通常以自变量作横坐标(x 轴)，因变量作纵坐标(y 轴)。坐标轴确定后，用粗实线在坐标纸上描出坐标轴，并注明坐标轴所代表物理量的符号和单位。

坐标比例是指坐标轴上单位长度(通常为 1 cm)所代表的物理量的大小。坐标比例选取应注意以下几点：

①原则上做到数据中的可靠数字在图上应是可靠的，即坐标轴上的最小分度(1 mm)对应于实验数据的最后一位准确数字。坐标比例选得过大会损害数据的准确度。

②坐标比例的选取应以便于读数为原则，常用的比例为 1∶1，1∶2，1∶5(包括 1∶0.1，1∶10，…)，即每厘米代表 1，2，5 倍率单位的物理量。切勿采用复杂的比例关系，如 1∶3，1∶7，1∶9等。这样不但不易绘图，而且读数困难。

坐标比例确定后，应对坐标轴进行标度，即在坐标轴上均匀地(一般每隔 2 cm)标出所代表物理量的整齐数值，标记所用的有效数字位数应与实验数据的有效数字位数相同。标度不一定从零开始，一般用小于实验数据的某一数作为坐标轴的起始点，用大于实验数据的最大值的某一数作为终点，这样图纸可以被充分利用。

(4)数据点的标出

实验数据点在图纸上用“+”符号标出，符号的交叉点正是数据点的位置。若在同一张图上作几条实验曲线，各条曲线的实验数据点应该用不同符号(如×、⊙等)标出，以示区别。

(5)曲线的描绘

由实验数据点描绘出平滑的实验曲线，连线要用透明直尺或三角板、曲线板等拟合。根据随机误差理论，实验数据应均匀分布在曲线两侧，与曲线的距离尽可能小。个别偏离曲线较远的点，应检查所标数据点是否错误，若无误表明该点可能是错误数据，在连线时不予考虑。对于仪器仪表的校准曲线和定标曲线，连线时应将相邻的两点连成直线，整个曲线呈折线形状。

(6)注解与说明

在图纸上要写明图线的名称、坐标比例及必要的说明(主要指实验条件)，并在恰当的地方注明作者姓名、日期等。

(7)直线图解法求待定常数

直线图解法首先是求出斜率和截距，进而得出完整的线性方程。其步骤如下：

①选点。在直线上紧靠实验数据两个端点内侧取两点 $A(x_1,y_1)$，$B(x_2,y_2)$，并用不同于实验数据的符号标明，在符号旁边注明其坐标值(注意有效数字)。若选取的两点距离较近，计算斜率时会减少有效数字的位数。这两点既不能在实验数据范围以外取点，因为它已无实验根据，也不能直接使用原始测量数据点计算斜率。

②求斜率。设直线方程为 $y=a+bx$，则斜率为

$$b=\frac{y_2-y_1}{x_2-x_1} \tag{2.5.1}$$

③求截距。截距的计算公式为

$$a=y_1-bx_1 \tag{2.5.2}$$

【例 2.8】 金属电阻与温度的关系可近似表示为 $R=R_0(1+\alpha t)$，R_0 为 $t=0$ ℃时的电阻，

α 为电阻的温度系数。实验数据见表 2.5.1,试用图解法建立电阻与温度关系的经验公式。

表 2.5.1　实验数据

i	1	2	3	4	5	6	7
t/℃	10.5	26.0	38.3	51.0	62.8	75.5	85.7
R/Ω	10.423	10.892	11.201	11.586	12.025	12.344	12.679

解:选取 17 cm×25 cm 的坐标纸,温度 t 起点 10.0 ℃,电阻 R 起点 10.300 Ω。按比例测算,t 轴 $\frac{90.0-10.0}{17}=4.7$,故取为 5.0 ℃/cm;R 轴 $\frac{12.700-10.300}{25}=0.096$,故取为 0.100 Ω/cm。对照比例选择原则知,选取的比例满足要求。所绘图线如图 2.5.1 所示。

在图线上取两点 $A(13.0,10.500)$ 和 $B(83.5,12.600)$,斜率和截距计算如下:

$$b=\frac{y_2-y_1}{x_2-x_1}=\frac{12.600-10.500}{83.5-13.0}\,\Omega\cdot℃^{-1}=\frac{2.100}{70.5}\,\Omega\cdot℃^{-1}=0.0298\ \Omega\cdot℃^{-1}$$

$$R_0=R_1-bt_1=(10.500-0.0298\times13.0)\,\Omega=(10.500-0.387)\,\Omega=10.113\ \Omega$$

$$\alpha=\frac{b}{R_0}=\frac{0.0298}{10.113}\,℃^{-1}=2.95\times10^{-3}\,℃^{-1}$$

所以,铜丝电阻与温度的关系为

$$R=10.113(1+2.95\times10^{-3}t)\ \Omega$$

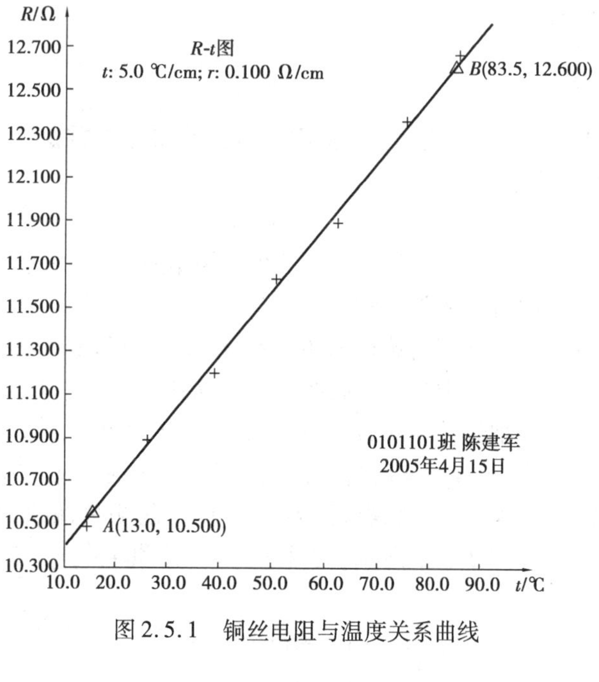

图 2.5.1　铜丝电阻与温度关系曲线

2.5.3　逐差法

当两个变量之间存在线性关系,且自变量为等差级数变化的情况下,用逐差法处理数据,既能充分利用实验数据,又能减小误差。具体做法是将测量得到的偶数组数据分成前后两组,将对应项分别相减,然后再求平均值。

例如,在弹性限度内,弹簧的伸长量 x 与所受的载荷(拉力) F 满足线性关系

$$F = kx$$

实验时等差地改变载荷,测得一组实验数据如表2.5.2所示:

表2.5.2 实验数据

砝码质量/kg	1.000	2.000	3.000	4.000	5.000	6.000	7.000	8.000
弹簧伸长位置/cm	x_1	x_2	x_3	x_4	x_5	x_6	x_7	x_8

求每增加1 kg砝码弹簧的平均伸长量 Δx。

若不加思考进行逐项相减,很自然会采用式(2.5.3)计算:

$$\Delta x = \frac{1}{7}[(x_2 - x_1) + (x_3 - x_2) + \cdots + (x_8 - x_7)] = \frac{1}{7}(x_8 - x_1) \tag{2.5.3}$$

结果发现除 x_1 和 x_8 外,其他中间测量值都未用上,它与一次增加7个砝码的单次测量等价。若用多项间隔逐差,即将上述数据分成前后两组,前一组(x_1,x_2,x_3,x_4),后一组(x_5,x_6,x_7,x_8),然后对应项相减求平均,即

$$\Delta x = \frac{1}{4 \times 4}[(x_5 - x_1) + (x_6 - x_2) + (x_7 - x_3) + (x_8 - x_4)] \tag{2.5.4}$$

这样全部测量数据都用上,保持了多次测量的优点,减少了随机误差,计算结果比前面的要准确些。逐差法计算简便,特别是在检查具有线性关系的数据时,可随时"逐差验证",及时发现数据规律或错误数据。

2.5.4 最小二乘法

由一组实验数据拟合出一条最佳直线,常用的方法是最小二乘法。设物理量 y 和 x 之间满足线性关系,则函数形式为

$$y = a + bx$$

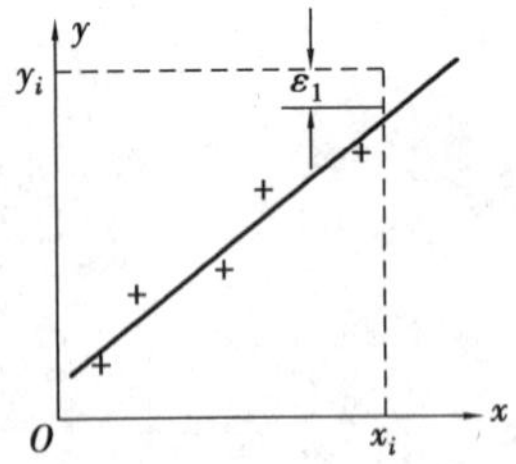

图2.5.2 y_i 的测量偏差

最小二乘法就是用实验数据来确定方程中的待定常数 a 和 b,即直线的斜率和截距。

下面讨论最简单的情况,即每个测量值都是等精度的,且假定 x 和 y 值中只有 y 有明显的测量随机误差。如果 x 和 y 均有误差,只要把误差相对较小的变量作为 x 即可。由实验测量得到一组数据为($x_i,y_i;i=1,2,\cdots,n$),其中 $x=x_i$ 时对应的 $y=y_i$。由于测量总是有误差的,将这些误差归结为 y_i 的测量偏差,并记为 $\varepsilon_1,\varepsilon_2,\cdots,\varepsilon_n$,如图2.5.2所示。这样,将实验数据($x_i,y_i$)代入方程 $y=a+bx$ 后,得到

$$\begin{cases} y_1 - (a + bx_1) = \varepsilon_1 \\ y_2 - (a + bx_2) = \varepsilon_2 \\ \vdots \\ y_n - (a + bx_n) = \varepsilon_n \end{cases} \tag{2.5.5}$$

要利用上述的方程组来确定 a 和 b,那么 a 和 b 要满足什么要求呢?显然,比较合理的 a

和 b 是使 $\varepsilon_1,\varepsilon_2,\cdots,\varepsilon_n$ 数值都比较小。但是,每次测量的误差不会相同,即 $\varepsilon_1,\varepsilon_2,\cdots,\varepsilon_n$ 大小不一,而且符号也不尽相同。所以只能要求总的偏差最小,即

$$\sum_{i=1}^{n}\varepsilon_i^2 \to \min$$

令

$$S=\sum_{i=1}^{n}\varepsilon_i^2=\sum_{i=1}^{n}(y_i-a-bx_i)^2 \tag{2.5.6}$$

使 S 为最小的条件是

$$\frac{\partial S}{\partial a}=0,\frac{\partial S}{\partial b}=0,\frac{\partial^2 S}{\partial a^2}>0,\frac{\partial^2 S}{\partial b^2}>0 \tag{2.5.7}$$

由一阶微商为零得

$$\begin{cases}\dfrac{\partial S}{\partial a}=-2\sum\limits_{i=1}^{n}(y_i-a-bx_i)=0\\ \dfrac{\partial S}{\partial b}=-2\sum\limits_{i=1}^{n}(y_i-a-bx_i)x_i=0\end{cases} \tag{2.5.8}$$

解得

$$a=\frac{\sum\limits_{i=1}^{n}x_i\sum\limits_{i=1}^{n}(x_iy_i)-\sum\limits_{i=1}^{n}x_i^2\sum\limits_{i=1}^{n}y_i}{\left(\sum\limits_{i=1}^{n}x_i\right)^2-n\sum\limits_{i=1}^{n}x_i^2} \tag{2.5.9}$$

$$b=\frac{\sum\limits_{i=1}^{n}x_i\sum\limits_{i=1}^{n}y_i-n\sum\limits_{i=1}^{n}(x_iy_i)}{\left(\sum\limits_{i=1}^{n}x_i\right)^2-n\sum\limits_{i=1}^{n}x_i^2} \tag{2.5.10}$$

令 $\bar{x}=\dfrac{1}{n}\sum\limits_{i=1}^{n}x_1,\bar{y}=\dfrac{1}{n}\sum\limits_{i=1}^{n}y_i,\bar{x}^2=\left(\dfrac{1}{n}\sum\limits_{i=1}^{n}x_1\right)^2,\overline{x^2}=\dfrac{1}{n}\sum\limits_{i=1}^{n}x_i^2,\overline{xy}=\dfrac{1}{n}\sum\limits_{i=1}^{n}(x_1y_i)$,则

$$a=\bar{y}-b\bar{x} \tag{2.5.11}$$

$$b=\frac{\bar{x}\cdot\bar{y}-\overline{xy}}{\bar{x}^2-\overline{x^2}} \tag{2.5.12}$$

如果实验是在已知 y 和 x 满足线性关系的条件下进行的,那么用上述最小二乘法线性拟合(又称一元线性回归)可解得斜率 a 和截距 b,从而得出回归方程 $y=a+bx$。如果实验是要通过对 x、y 的测量来寻找经验公式,则还应判断由上述一元线性拟合所确定的线性回归方程是否恰当。这可用下列相关系数 r 来判别:

$$r=\frac{\overline{xy}-\bar{x}\cdot\bar{y}}{\sqrt{(\overline{x^2}-\bar{x}^2)(\overline{y^2}-\bar{y}^2)}} \tag{2.5.13}$$

其中,$\bar{y}^2=\left(\dfrac{1}{n}\sum\limits_{i=1}^{n}y_1\right)^2,\overline{y^2}=\dfrac{1}{n}\sum\limits_{i=1}^{n}y_i^2$。

可以证明,$|r|$ 值总是在 0 和 1 之间。$|r|$ 值越接近 1,说明实验数据点密集地分布在所拟合的直线的近旁,用线性函数进行回归是合适的。$|r|=1$ 表示变量 x、y 完全线性相关,拟合直线通过全部实验数据点。$|r|$ 值越小线性越差,一般 $|r|\geqslant 0.9$ 时可认为两个物理量之间存在较密切的线性关系,此时用最小二乘法直线拟合才有实际意义,如图 2.5.3 所示。

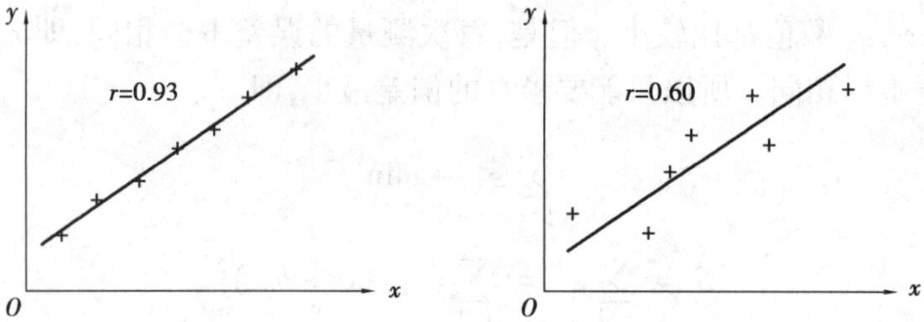

图 2.5.3　相关系数与线性关系

思考题

1. 试判断下列测量是直接测量还是间接测量。你还能举出哪些例子?

(1)用弹簧测量力的大小　　　　(2)用天平称物体质量

(3)用伏安法测量电阻　　　　(4)用单摆测量重力加速度

2. 试比较下列测量的优劣。

(1)$x_1=(55.98\pm0.03)$ mm　　　　(2)$x_2=(0.488\pm0.004)$ mm

(3)$x_3=(0.0098\pm0.0012)$ mm　　　　(4)$x_4=(1.98\pm0.05)$ mm

3. 通过仪器或者量具可以直接读出测量值的测量方法称为________,需要通过函数关系的辅助计算得出测量结果的方法称为________。

4. 绝对误差是指________和________的差,相对误差是指________和________之比。

5. 用一只精度为 1.0 级,量程为 15 V 的电压表测量某一电压为 10 V 的标准电源,读数为 10.05 V,该表的最大绝对误差为________,测量结果的绝对误差为________,相对误差为________,该测量结果完整表示为________。

6. 系统误差有________的特点,随机误差有________的特点。

7. 游标卡尺的初始读数不为零,此误差属于________误差;测量中估读时的误差属于________误差;被测量随温度的变化而变化,测量时未考虑温度的影响产生的误差属于________误差;某测量在计算过程中采用近似计算,其误差属于________误差;测量工具的分度线不准属于________误差。

8. 实践和理论都表明,大量的随机误差服从________规律,从而验证了________是真值的最佳估计值。

9. 合成不确定度的数字取舍规则:一般仅保留________位有效数字(若首位数为 1 或 2 时可取两位),尾数采用“________,非零进一”的取舍规则。

10. 测量值的数字取舍规则:尾数采用________的取舍规则,测量值的末位数要与合成不确定度的末位数________。

11. 用电子秒表($\Delta_{仪}=0.01$ s)测量单摆摆动 20 个周期的时间 t,测量数据如下:

i	1	2	3	4	5	6	7
t/s	20.12	20.19	20.11	20.13	20.14	20.12	20.17

试求单摆摆动周期 T 及测量不确定度,并写出测量结果。

12. 利用单摆测重力加速度 g,当摆角 $\theta<5°$ 时有 $T\approx2\pi\sqrt{\dfrac{l}{g}}$ 的关系。式中 l 为摆长,T 为

摆动周期,它们的测量结果分别为 $l=(97.69\pm0.03)$ cm,$T=(1.984\pm0.023)$ s,试求重力加速度 g 的测量值及其不确定度,并写出测量结果。

13. 试推导下列间接测量的不确定度合成公式:

(1)$f=\dfrac{uv}{u+v}$　　(2)$f=\dfrac{D^2-L^2}{4D}$

(3)$n=\dfrac{\sin\dfrac{\alpha+\delta}{2}}{\sin\dfrac{\alpha}{2}}$

14. 已知某圆柱体质量 $m=(236.12\pm0.05)$ g, 直径 $d=(2.345\pm0.005)$ cm, 高 $h=(8.21\pm0.05)$ cm。求圆柱体的密度及不确定度,并分析直接测量值 m、d 和 h 的不确定度对间接测量值 ρ 的影响程度的大小。

15. 改正下列错误,写出正确答案。

(1)0.108 60 的有效数字为六位　　(2)$P=(31\ 690\pm300)$ kg

(3)$d=(10.813\ 5\pm0.017\ 6)$ cm　　(4)$E=(1.98\times10^{11}\pm3.27\times10^{9})$ N/m^2

(5)$g=(9.795\pm0.003\ 6)$ m/s^2　　(6)$R=6\ 371$ km $=6\ 371\ 000$ m $=637\ 100\ 000$ cm

16. 根据有效数字运算规则计算下列各题。

(1)$\dfrac{76.013}{40.03-2.0}$　　(2)$\dfrac{50.00\times(18.30-16.3)}{(103-3.0)(1.00+0.001)}$

(3)$\dfrac{25^2+493.0}{\ln 406.0}$　　(4)$\dfrac{\sin\dfrac{1}{2}(60°2'+51°20')}{\sin 30°1'}$

17. 一定质量的气体,当体积一定时压强与温度的关系为

$$p=p_0(1+\beta t)\text{ cmHg}$$

通过实验测得一组数据如下:

i	1	2	3	4	5	6	7
t/℃	7.5	16.0	23.5	30.5	38.0	47.0	54.5
p/cmHg	73.8	76.6	77.8	80.2	82.0	84.4	86.6

试用作图法求出 p_0、β,并写出实验经验公式。

18. 试用最小二乘法对习题 17 的数据进行直线拟合,求出 p_0 和 β 值。

19. 用伏安法测量电阻的实验数据如下:

i	1	2	3	4	5	6	7	8
U/V	0.00	2.00	4.00	6.00	8.00	10.00	12.00	14.00
I/mA	0.00	3.85	8.15	12.05	15.80	19.90	23.05	28.10

试用逐差法求电阻 R。

第 3 章 物理实验基本知识

本章节介绍了物理实验的基本常识,包括物理实验的分类,基本测量方法的介绍,基本的调整和操作技术的说明,以及各类常用物理实验仪器的使用方法的详细介绍等内容,在具体实验之前充分了解这些知识,有助于提高实验的效率和成功率,对正确地理解下一章节中各实验项目的原理,完成具体实验操作有着非常重要的作用。

3.1 物理实验的种类

物理实验是以一定的物理现象、物理规律和物理学原理为依据,确立合适的物理模型,研究各物理量之间关系的科学实验。物理实验的种类是多种多样的,下面介绍几种常见的实验类型。

3.1.1 探索性实验

探索性实验是指人们采用一定的实验手段和方法,去探索未知的自然事物或自然现象的内在性质或规律。这种实验的特点是人们对研究对象不了解。卢瑟福在原子对 α 粒子散射的实验中发现原子核,丁肇中发现 J-Ψ 粒子的实验,都是利用了实验方法得出科学发现的典型事例。在基础物理实验中,通过重复前人做过的一些实验,了解和掌握用实验手段去探索未知世界的方法,是极为有益的。

3.1.2 验证性实验

验证性实验是指当人们对研究对象有了一定的认识,提出假说,为了检验假说正确与否而设计的一种实验。如果实验结果与此抵触,就必须对假说进行修正,甚至否定。如果符合,假说就上升为理论。验证性实验的特点必须有明确的理论依据,它既是实验要验证的对象,又是设计实验方法、选择实验设备和调整要求的依据,对整个实验起理论性的指导作用。例如,1905 年爱因斯坦发展了普朗克的量子理论,提出了光量子假说,成功地解释了光电效应的规律,导出了爱因斯坦光电效应方程。著名实验物理学家密立根以爱因斯坦光电效应方程作为设计实验方法的理论依据,精确地测定出截止电位和光波频率的直线关系,并求出普朗克常数,从而全面地验证了爱因斯坦的光量子理论。

3.1.3　析因实验

由已知的结果去寻求其产生的原因而进行的实验即为析因实验。物质及物质的变化过程往往是很复杂的,由多种因素决定。但是其中必有一些因素起主导作用。对于这些主要因素的探索,除了进行理论上的分析外,就是要进行实验上的研究。而且理论上的分析正确与否也需要由实验加以检验。在进行析因实验时,通常都是固定其他可能影响的因素,而改变其中的一个因素,依次进行实验,然后进行分析对比。

3.1.4　判决实验

为验证假说、理论或设想是否成立而设计的某种关键性实验,最后予以判决,叫作判决实验。例如,1912 年弗里德里希和克尼平根据劳厄所作的预言,从实验上证明了伦琴射线(X光)通过晶体空间点阵时所引起的干涉现象。这种实验对于伦琴射线的波动性和晶体的周期性排列提供了决定性的论证。判决性实验的结果一般为肯定与否定两类。肯定的实验为假说、理论或技术提供了肯定的科学依据,使之变成科学理论或成为正确的设计方案。否定实验为其提供否定的科学依据,从而推翻原来的假说、理论或设想,以便总结经验教训,提出新的假说、新的理论或新的设想,如迈克尔逊的光干涉实验否定了以太的存在。

3.1.5　定性实验

定性实验的目的和任务只是判定事物的性质及外部联系,判定某种物质的成分、结构等因素是否存在以及它的作用。一般来说定性实验的结论是"有"或者"没有"、"是"或者"不是",给出关于研究对象的一般性质及与其他方面联系的初步认识。定性实验多用于某项探索性实验的初期,把注意力集中在了解研究对象的特性方面,为定量实验打下基础。

3.1.6　定量实验

任何自然事物都是质和量的统一。定量实验就是侧重研究自然事物的量值,求出某些因素之间的量值关系。物理量的测量是定量实验研究的重要环节。基础物理实验中绝大多数实验项目都是定量实验。

3.2　物理实验的基本测量方法

物理实验中待测量很广泛,包括力学量、热学量、电磁学量和光学量等。测量方法也很多,本节仅介绍几种具有共性的基本测量方法。这些测量方法是物理实验的思想方法,而不是指具体的测量过程和方式。学习并掌握好这些基本的实验方法,可指导我们设计实验方案,选择测量手段,提高科学实验和研究的能力。

3.2.1　比较法

比较法是最普遍、最常用的测量方法。所谓比较法是将待测量与同类物理量的标准量具或标准仪器直接或间接地进行比较,测出其量值。

例如,用米尺测量物体的长度就是最简单的直接比较测量。用经过标定的电表、秒表、电子秤测量电荷量、时间、质量等,其直接测出的读数也可看作是直接比较的结果。要注意的是采用直接比较法的量具及仪器必须是经过标定的。有些物理量难于直接比较,需要通过某种关系将待测量与某种标准量进行间接比较,求出其大小。例如,用物质的热膨胀与温度之间的关系做成的水银温度计就是一种间接比较法。

实际上,所有测量都是将待测量与标准量进行比较的过程,只不过比较的形式不都是那么明显而已。

3.2.2　放大法

实验中有时需要测量一些微小物理量,由于量值太小,以致无法被实验者或仪器直接感觉和反映,此时可设计相应的装置或采用某种方法将被测量放大,然后再进行测量,放大法有积累放大、光学放大、电子学放大等。

例如,螺旋测微器和读数显微镜都是利用螺旋放大法进行精密测量的,将与被测物关联的测量尺面与螺杆连在一起,螺杆尾端加上一个圆盘,称为鼓轮,其边缘等分刻成 50 格,鼓轮每转一圈,恰好使测量尺面移动 0.5 mm,那么鼓轮转动一小格,尺面移动了 0.01 mm。若鼓轮外径为 16 mm,则周长约为 50 mm,鼓轮上每一格弧长相当于 1mm 的长度,也就是说,尺面则移动 0.01 mm 时,反映在鼓轮上变化了 1 mm,于是微小位移被放大了 100 倍,测量精度也就是提高了 100 倍。

又如用秒表测量单摆周期,一般都是测量累计摆动 50 或 100 个周期的时间。设所用机械秒表的仪器误差为 0.1 s,某单摆周期约为 2 s,则测量单个周期时间间隔的相对误差为 $0.1/2 = 0.05$,即 5%。若测量 100 个周期的累计时间,则相对误差为 $0.1/200 = 0.000\ 5$,即 0.05%,提高了测量精度。

测量长度微小变化的光杠杆是通过光学原理,把变化角度成倍放大,并利用光线形成一个很长的指针来测量的。

在有些测量装置中则利用电子学原理来实现被测量的放大,如测量微弱电信号(电流、电压或功率)都需要用到电子学放大法,这种装置一般称为放大器。

3.2.3　换测法

在实验中有很多物理量由于其属性关系,很难用仪器或仪表直接测量,或者因条件所限无法提高测量的准确度,此时可以根据物理量之间的定量关系和各种效应把不易测量的待测量转换成容易测量的物理量进行测量,然后再反求待测量,这种方法即为换测法。

间接测量过程常采用换测法。由于物理量之间存在多种关系和效应,将会有多种不同的换测法,这恰恰反映了物理实验中最有启发性和开创性的一面。随着科学技术的不断发展,科学实验不断地向高精度、宽量程、快速测量、遥感测量和自动化测量方向发展,这一切都与转换测量紧密相关。

(1)参量换测法

利用物理量之间的某种变换关系,以达到测量某一物理量的方法称为参量换测法。这种方法几乎贯穿整个物理实验中。例如,实验中测量钢丝的杨氏模量 E,是以应变与应力成线性

变化的规律，将 E 的测量转换成对应力 F/S 和应变 $\Delta L/L$ 的测量后得到

$$E = \frac{F/S}{\Delta L/L}$$

(2)能量转测法

能量转测法是利用物理学中的能量守恒定律以及能量形式上的相互转换规律进行转换测量的方法。实现能量转换的器件称为传感器，它是能量换测法的关键所在。例如，用热电偶测量温度，是利用材料的温差电动势原理，将温度测量转换成对热电偶的温差电动势的测量，它属于热电换测法。此外，实验中还常用到压电换测法(压力和电势间的变换，如话筒和扬声器)、光电换测法(光信号转换为电信号，如光电管、光电倍增管、光电池、光敏二极管等器件)及磁电换测法(磁学量与电学量的转换，如霍尔元件等)，具体原理可参阅有关实验，这里不作介绍。

3.2.4　模拟法

模拟法是指人们依据相似理论，人为制造一个类同于研究对象的物理现象或过程，用模型的测试替代对实际对象的测试。

在实际测量中，限于条件，有许多现象是不可能直接观察的。例如，一个大的水利工程，在论证和设计阶段，要做一定的实验，如洪水的冲击、地震的危害等。这些过程不仅不能按实验要求随时再现，就是有一定手段再现，其后果也不容乐观。还有一些比较抽象的现象，如电场或磁场的性质，一则仪器难引入，再则仪器引入后就无法消除这些装置对原始状态的影响，达不到测量的目的，为了解决这一类问题，通常采用模拟法。

模拟法分为物理模拟和数学模拟两大类。

3.3　物理实验中的基本调整与操作技术

实验中的调整和操作技术十分重要，正确的调整和操作不仅可将误差减小到最低限度，而且对提高实验结果的准确度有直接影响。有关仪器设备的调整和操作技术内容相当广泛，需要通过具体的实验训练逐步积累起来，熟练的实验技术和能力只能来源于实践。

在实验过程中必须养成良好的习惯，在进行任何测量前首先要调整好仪器，并且按正确的操作规程去做。任何正确的结果都来自仔细的调节、严格的操作、认真的观察和合理的分析。

这里只介绍一些最基本的、具有一定普遍意义的调整和操作技术，以及电学实验、光学实验的基本操作规程，有些问题将在具体的实验中介绍。

3.3.1　零位调整

初学者往往不注意仪器或量具的零位是否正确，总以为它们在出厂时都已校正好了，但实际情况并非如此。由于环境的变化或经常使用而引起磨损等原因，它们的零位往往已经发生了变化。因此在实验前总需要检查和校准仪器的零位，否则将人为地引入误差。

零位校准的方法一般有两种：一种是测量仪器有零位校正器的，如电流表、电压表等，则应调整校正器，使仪器测量前指针处于零位；另一种是仪器不能进行零位校正或调整较困难的，

如端面磨损的米尺、螺旋测微器、游标卡尺等,则在测量前应记下初读数,即“零位读数”,以便在测量结果中加以修正。

3.3.2 水平、铅直调整

通常情况下,多数仪器都要求在“水平”或“铅直”条件下工作。例如,天平的正确工作状态应首先调它的底座螺钉至天平水平,只有满足上述条件,其测量结果才在误差范围内。

水平调节常借助水准器,铅直状态的判断一般用重锤。几乎所有需要调节水平或铅直状态的仪器都在底座上装有三个螺钉,其中两个是可以调节的,借助水准器或重锤,可将仪器调整至水平或铅直状态。

3.3.3 消除视差

如果测量时需要用眼睛判断空间前后分离的两条准线是否重合,常会出现视差。如电表的指针和面板间总是离开一定的距离,因此当眼睛在不同位置观察时,读得的示值就会有差异,这就是视差。通常精度较高的电表在面板上装有平面镜,正确的读数方法应是视线垂直于面板,使指针与刻度槽下平面镜中的指针像重合。

实验中常用带有叉丝的测微目镜、望远镜和读数显微镜等。借助光学仪器对观测物进行非接触测量时,若观测物经物镜成像后落在叉丝所在平面内,此时便无视差,读数就正确。判断有无视差,可通过人眼稍稍晃动,观察被测物和叉丝之间是否存在相对运动来判断,并可通过仔细调节目镜(连同叉丝)与物镜之间的距离,使被观察物体经物镜后成像在叉丝所在的平面内,直至基本上无相对运动为止。

3.3.4 共轴调整

几乎所有的光学仪器,都要求仪器内部的各个光学元件主光轴相互重合。为此,要对各光学元件进行共轴调整。共轴调节一般可分粗调和细调两步进行。

粗调主要靠目测来判断。将各光学元件和光源的中心大致调成等高,各元件所在平面基本上相互平行且与移动方向垂直。若各元件沿水平轨道滑动,可先将它们靠拢,再调成等高共轴,可减小视觉判断的误差。

细调时,利用光学系统本身或借助其他光学仪器,根据光学的基本规律来调整。例如,薄透镜实验,根据透镜的成像规律,由二次成像法调整、移动光学元件,使两次所成的像没有上、下和左、右移动。

3.3.5 逐次逼近法

任何调整几乎都不可能一次完成,都要依据一定的判断,经过仔细反复的调节。逐次逼近法正是一种快速而且有效的调整方法。天平调平衡,电桥调平衡,补偿法测电动势时调整补偿等,在调整过程中,首先确定平衡点所在的范围,然后逐渐缩小这个范围直至最后调到平衡点。例如,调整电桥平衡时,若待测电阻 R_x 与其他桥臂上的已知电阻满足关系

$$R_x = \frac{R_1}{R_2}R_0$$

电桥平衡时检流计示值为零。通常 R_1/R_2 事先选定,因此 R_0 高于或低于平衡值,检流计

指针偏转方向正好相反。若 $R_0=2\ 000\ \Omega$ 时，检流计指针左偏；而 $R_0=3\ 000\ \Omega$ 时，检流计指针偏转方向正好相反，据此可知平衡值应该在 $2\ 000\sim3\ 000\ \Omega$。再调整 $R_0=2\ 500\ \Omega$ 时，检流计指针左偏；$R_0=2\ 600\ \Omega$ 时，检流计指针右偏，则 R_0 的平衡值应该在 $2\ 500\sim2\ 600\ \Omega$，如此逐次逼近，可迅速找到平衡点。

3.3.6　先定性、后定量原则

实验初学者往往急于获得测量结果，盲目操作，当实验进行到中途甚至结束时才发现问题或错误，不得不返工。然而，一个训练有素的实验工作者，则是采用“先定性、后定量”的原则进行实验，即在定量测定前，先对实验变化的全过程进行定性观察，对实验数据的变化规律有一个初步的了解，并进行必要的分析。在感性认识的基础上，再着手进行定量测量。对数据无明显变化的范围，可增大测量的间距以减少测量点；反之，对数据变化大的应多测几个点。用作图法处理实验数据时，需根据图上数据点来拟合图线，尤其在拟合曲线时，往往需要更多的数据点。例如，光电效应法测普朗克常数实验中，应先对不同频率的入射光对应的截止电压作出初步判断，据此决定测量范围和分配测量间距，采用不等间距测量，在截止电压附近多测几个点，这样作图就比较合理。

3.3.7　避免空程误差

由丝杠-螺母构成的传动与度数机构由于螺母与丝杠之间有螺纹间隙，往往在测量刚开始或反向转动时，丝杠必须转过一定角度（可能达几十度）才能与螺母啮合。结果，与丝杠连接在一起的鼓轮已有度数变化，而由螺母带动的机构尚未产生位移，造成新虚假度数而产生空程误差。为避免产生空程，使用这类仪器（如测微目镜、度数显微镜等）时，必须待丝杠-螺母啮合后才能进行测量，且必须单方向旋转鼓轮，切勿忽正转忽反转。

3.4　力学实验基本仪器

力学中的 3 个基本物理量是长度、质量和时间，常用的仪器有游标卡尺、螺旋测微器（千分尺）、天平及秒表等。

3.4.1　游标卡尺

游标卡尺是比钢尺更精密的测量长度工具，它的精度比钢尺高出一个数量级，其结构如图 3.4.1 所示，游标卡尺在主尺上附加一个能够滑动的游标，游标可以帮助测量者比较准确地对主尺最小刻度后的读数进行估计。游标卡尺的外量爪用来测量厚度和外径，内量爪用来测量内径，深度尺用来测量槽的深度，紧固螺钉用来固定游标位置。

游标原理是游标上 n 个分度格总长与主尺上 $n-1$ 个分度格的长度相等，如图 3.4.1 所示。设主尺最小分度值为 a，游标最小分度值为 b，则有

$$nb=(n-1)a$$

主尺、游标每个分度之差 δ 为

$$\delta=a-b=\frac{a}{n}$$

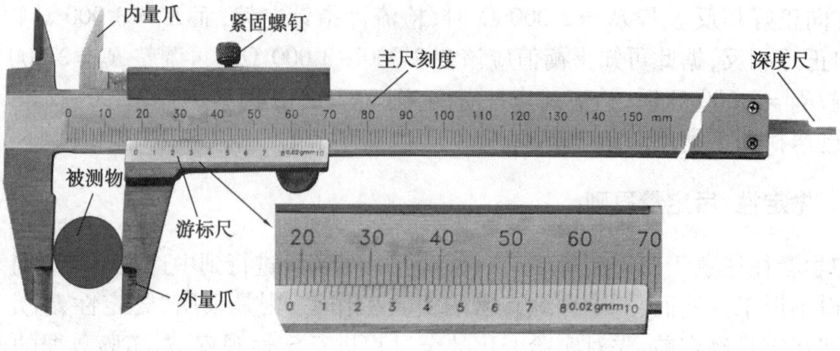

图 3.4.1 游标卡尺

δ 称为游标的精度，它是游标卡尺能读准的最小值，也就是游标卡尺的最小分度值，并刻在卡尺上，常用的有 0.1 mm、0.05 mm 和 0.02 mm 3 种。在图 3.4.1 中，$n = 50$，$a = 1$ mm，其精度 $\delta = 0.02$ mm。

图 3.4.1 中为精度为 0.02 mm 的游标卡尺，在测量过程中，首先，读出游标尺零刻度线所对应的主尺刻度的值，读数以游标零线为准，从主尺上读出毫米以上的整数值；然后，毫米以下的部分利用游标估计。若游标上第 K 条线与主尺的某一条线重合，则游标部分读数为 $K\delta$，如图 3.4.1 中游标刻度的第 38 个刻度线与主尺刻度对齐，因此则整个读数应为：18 mm + 38 × 0.02 mm = 18.76 mm。

3.4.2 螺旋测微器

螺旋测微器是比游标卡尺更精密的长度测量仪器。实验室常用的螺旋测微器如图 3.4.2 所示，它的主要结构是一个微动螺旋杆和与它配套的固定套筒，螺杆旋转一周，可沿轴线前进或后退一个螺距 0.5 mm，螺杆外部附有一个微分套筒（活动套筒），其圆周上刻有 50 分度，套筒每转一个分度，螺杆移动距离为 0.5/50 mm = 0.01 mm，即螺旋测微器的分度值为 0.01 mm，然后再估读到 0.001 mm，因此也叫千分尺。其使用方法如下：

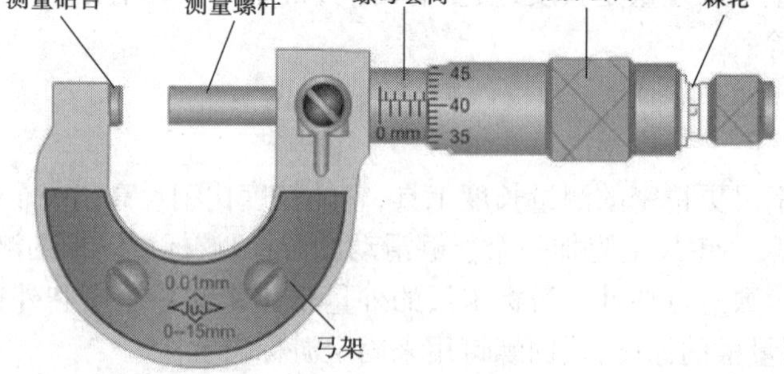

图 3.4.2 螺旋测微器

①测量前必须读取零位读数。转动棘轮，使测微螺杆与测量砧台刚接触，并听到"咯、咯、咯"3 次响声，即停止转动棘轮，读取固定套筒上的横线在活动套筒上的示值，即为零位读数，如图 3.4.3(a)所示。注意零位读数可正可负，图 3.4.3(a)中零位度数为：$h_0 = -0.010$ mm。

②测量读数时由主尺读出整刻度值，注意观察是否超过0.5 mm 的刻度线如图3.4.3(b)中主尺上面的刻度是将1 mm分成二等分。0.5 mm以下由微分套筒读出，应估读到1/10分度。图3.4.3(b)中测量读数应为：$h_1=(5+0.389)\text{mm}=5.389\text{ mm}$，其中，0.009 mm为估读数位，最终测量值为：$h=h_1-h_0=(5.389+0.010)\text{mm}=5.399\text{ mm}$。图3.4.3(c)中，测量值已经超过0.5 mm的二等分刻度，因此最终测量值为：$h=h_2-h_0=(5.889+0.010)\text{mm}=5.899\text{ mm}$。

③用毕还原仪器时，测量砧台与测微螺杆间应留有空隙，以免热膨胀使螺杆变形。

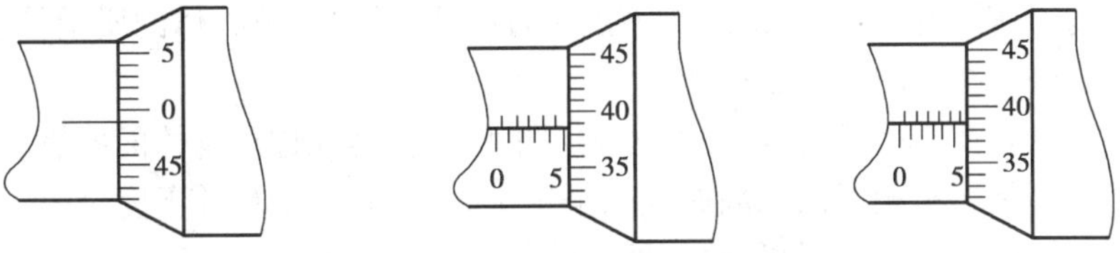

(a)　(b)　(c)

图3.4.3　螺旋测微器的度数

在很多的实验中，经常用到的光学测微目镜、读数显微镜等精密测长仪器，其读数刻度的设计原理与螺旋测微器相同，可以按照相同的方法进行读数。

3.4.3　物理天平

物理天平是实验室里常用的测物体质量的仪器，图3.4.4为TW-05B型物理天平。称量和分度值是天平的两个重要的技术指标。称量是指天平允许称衡的最大质量，分度值(感量)是指使天平指针偏转1分度时在某一称盘上所增加的砝码质量，分度值的倒数称为天平的灵敏度，分度值越小灵敏度越高。TW-05B型物理天平称量为500 g，标称分度值为50 mg。

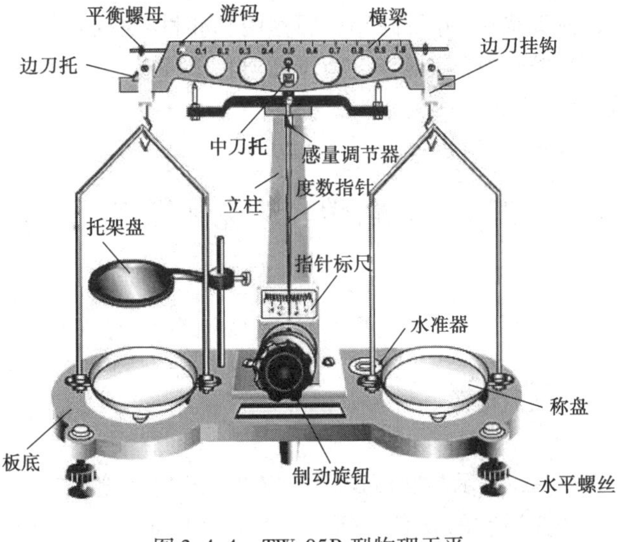

图3.4.4　TW-05B型物理天平

(1)物理天平的结构

TW-05B型为双盘悬挂等臂式天平。天平的横梁上装有3个刀口，中间刀口向下，它置于支柱顶端的玛瑙刀承上。两侧等臂刀口朝上，各悬挂一个称盘。指针固定于横梁上，当横梁摆动时，指针下端在支柱标牌前摆动。转动制动旋钮时，横梁可上升或下降，当横梁降下后，支架上有两个支销托住横梁，使其处于制动位置，中间刀口与刀承分离，避免刀口磕碰磨损。横梁两端有平衡螺母，用于天平空载时调节平衡。横梁上有游码，用于 1 g 以下的称量，支柱左边装有一个托盘，用来托住不需称量的物体（如烧杯等）。

（2）物理天平的称衡方法

常用称衡方法是单称法和复称法。

①单称法。在天平上衡量待测物体时，左盘放置待测物体，右盘放置砝码，直至最后利用游码使天平平衡，指针的停点与空载时的零点重合为止，此时待测物体的质量等于右盘中砝码的总质量加上游码所在处的刻度示值。

②复称法。只有在天平两臂等长时，才能用单称法精确地称衡物体的质量。而事实上，一般天平的两臂总不是严格相等的。因此当天平平衡时，砝码的质量并不完全等于物理的质量。为了消除这种系统误差，可采用复称法。即先将物体放在左盘中，右盘放置质量为 m_1 的砝码时，天平达到平衡。再将物体放在右盘，而砝码放在左盘，天平又达到平衡时左盘砝码质量为 m_2，则物体质量 $m=\sqrt{m_1 m_2}$，称量较精密的物体质量时，最好采用复称法。

（3）物理天平的使用规则

①称量前，应检查天平各部件安装是否正确。调节天平底脚螺钉，使天平支柱铅直，并用水准仪检查。

②空载时调整零点，应将游码移到横梁左端的零刻度线上，支起横梁，观察指针是否停在零位或是否在零位两边对称摆动。如天平不平衡，应先制动横梁，再调平衡调节螺母。

③取放砝码时必须用镊子，严禁用手。天平的起动和制动操作要平稳，在初称阶段不必全起动，只要已判断出哪边重，便立即制动横梁。取放物体、增减砝码和移动游码都应先使横梁处于制动状态。

④称衡完毕应立即制动横梁，并将砝码放回盒中，同时核对砝码数。

⑤天平和砝码都要预防锈蚀，不得直接衡量高温物体、液体及有腐蚀性的化学物品。

⑥天平切忌过载，否则容易造成天平刀口损伤。

3.5 电磁学实验基本仪器

3.5.1 电源

电源一般分为直流和交流电源。

（1）交流电源

一般在电路中以符号 AC 表示。交流电源的电压和电流是随时间做周期性变化的，要全面了解一个交流电压必须知道它的频率、波形、初相位和电压峰值。常见的交流电源是正弦交流电源，对于它的测量问题要简单得多，它有两个重要指标：频率和有效值。有时常称市电。市电，即工频交流电（AC），其常用 3 个量来表征：电压、电流、频率。世界各国的常用交流电工频频率有 50 Hz 与 60 Hz 两种，民用交流电压分布由 100 V 至 380 V 不等。机房一般引入三相 380 V，50 Hz 的市电作为电源，但是设备的电源整流模块用的是单相 220 V 的电压。

全世界市电有不相同的电压标准,如我国一般为 220 V,日本为 380 V,美国为 380 V。通俗点说,市电就是区别于发电的电,也就是从政府的电网里面提取的电力资源。

实验室主要点的电源是 50 Hz 的正弦交流电,输送到实验室来的一般是五线三相制 380 V 的动力电。这五根输电线中,一根与大地连接,称为地线。地线的作用是把家用电器的金属外壳与大地相连,以确保人身安全。另外四根中有三根是相线,俗称火线。最后一根是零线。每一根相线(火线)与零线之间的电压,大小为 220 V(有效值)。常用的 220 V 交流电就是一根相线(火线)与零线之间的电压。变压器可以使市电变为指定的电压值(升压或降压均可)。实验室常用自耦变压器。变压器的优点在于它本身不消耗电能。用原、副线圈独立的变压器还可以把市电和用电部分隔开,比较安全。它的缺点是往往会使电压波形发生畸变。

(2)**直流电源**

在电路中以 DC 表示。目前实验室普遍采用晶体管稳压电源和干电池。晶体管稳压电源的稳定性高、内阻小、输出连续可调、使用方便。可调式的稳压电源可以在 0 ~ 30 V 内连续可调,使用时注意它的输出电压和允许的最大电流值,不要超载。干电池体积小、重量轻方便携带,但它的容量小,适用于耗电少的仪器。干电池每节的电动势为 1.5 V,可由多节串联或并联组成电池组。干电池经使用后,电动势不断下降,内阻不断上升,最后由于内阻很大,不再提供电流。

3.5.2　电表

测量电磁量的仪表种类很多,按其结构可分为指针式电表和数字式电表。

(1)**指针式电表**

大部分表面以指针指示的都是磁电式电表。它的内部结构如图 3.5.1 所示。

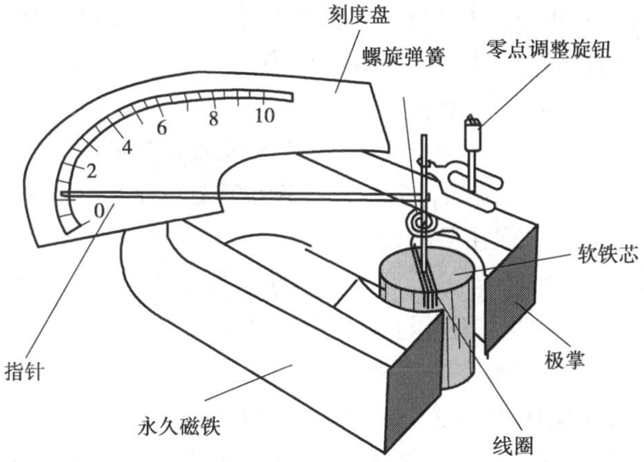

图 3.5.1　直流电表结构

将一个可以自由转动的线圈放在永久磁铁的磁场中,当被测电流流过线圈时,由于受磁力作用而转动,同时弹簧游丝给线圈一个反向恢复力矩使线圈平衡在某个角度,线圈偏转角的大小与所通过的电流成正比,电流方向不同,偏转方向也不同。

常用的指针式直流电表有检流计、直流电流表、直流电压表等。

①检流计,特征是指针零点处在刻度中央,便于检测出不同方向的直流电。检流计所允许通过的电流非常小,一般为 10^{-6} A,其内阻约为数十欧[姆]。在使用检流计电流时,一定要注

意加入可调保护电阻对检流计予以保护，否则容易损坏检流计。

②直流电流表，其所测的电流大小可分为安培表、毫安表和微安表。电流表所能测的最大电流常称为量程，常用的电流表是多量程的。在测量过程中一定要估算出可能的最大电流，再选择合适的量程，否则容易损坏电流表。

③直流电压表，其根据所测的电压分为千伏表、伏特表、毫伏表。

另外，用磁电式电表测量交流电流或电压必须经过整流，把交流电变成直流点，一般常用晶体二极管作为整流元件。

(2)**数字式电表**

除指针式电表以外，目前数字式电压表作为一种典型的功能齐全、精度高、性能稳定、灵敏度高、结构紧凑的仪表而被广泛使用。它显示直观，能做到小型化、智能化，并可以与计算机接口组成自动化测试系统。

对于数字电压表来说，其配以其他各种适当转换电路(如交直流转换器、电流电压转换器、欧姆电压转换器、相位电压转换器等)，可以进行除测量电压以外的其他电学量的测量，如电流、电阻、电容、频率、温度、二极管正向压降、晶体管 hFE 参数及电路通断测试等，所以这种功能齐全的数字表又称数字万用表。它可供实验室测量、工程设计、野外作业和工业生产维修等使用。

数字电压表按显示位数分，可以分为三位半、四位半、五位、六位、八位等；按测量速度分，可以分为高速和低速；按重量、体积分，可分为袖珍式、便携式和台式；按 A/D 变换方式分，可分为直接转型和间接转型。

数字电压表的工作特性如下：

①测量范围，用量程和显示倍数反映测量范围。**量程**：数字电压表有一个基本量程，是 1∶1衰减量程。以它为基础可以扩展量程，并使量程步进分挡可调，下限至 0.1 μV，上限可达 1 kV。**分辨率**：数字电压表能完整地显示的最小可测量值，如一个最小量程为 200 mV 的挡，满量程显示值为 200.00，其分辨率为 10 μV。

②位数，指数字电压表能完整地显示数字的最大位数。其能显示出 0 ~ 9 这 10 个数字称为一个整位，不足的称为半位。例如，能显示“999999”时，称为六位；最大能显示“7999”或“1999”的称为三位半。半位出现在最高位。

③输入阻抗，一电阻 R_i 和电容 C_i 并联形式表示。测量直流式，C_i 不予考虑。R_i 的值通常大于 10 MΩ，因此数字电压表的内阻远远大于指针式电压表的内阻。测量交流电压时，对 C_i 会造成一些影响，但是由于现在数字电压表的工作频率一般不超过 105 Hz，所以 C_i 一般小于 100 pF。另外，通常的数字电压表的抗干扰能力大于 60 dB。

在电磁学实验中，无论用什么电子仪器测量，都会引入一定的系统误差，一般来说，电学仪器带来的系统误差，往往比偶然误差大。因此在实验中应根据仪器的精度，对实验结果进行一定的修正，避免影响实验的准确度。

数字电压表用准确度表示测量结果中系统误差和随机误差的综合，一般有两种表示形式：

$$\Delta = \pm(a\% U_x + b\% U_m)$$

$$\Delta = \pm(a\% U_x + n)$$

式中，a 为误差的相对项系数；b 为误差的固定项系数；$n = b\% U_m$；a,b,n 值见产品说明书；U_z 为测量读数值；U_m 为满度值(量程)。

（3）**电表使用方法及注意事项**

①注意正确连接电表。电流表必须串联在待测量电路中，电压表则应与待测电压的电路并联。

②注意电表的极性。使用直流电表必须注意电表的正、负极，接线柱标有“+”“-”极性，“+”应该接电路的高电位端，“-”应接低电位端，切不可把极性接错，以免损坏电表。

③选择合适的量程。量程太小，过大的电流或电压会将电表损坏。量程过大，指针偏转量太小，读数不准确，测量误差大。一般测量时应尽可能使指针偏转量约为2/3 量程。如事先不知待测量大小，应先选用大量程，而后根据量值大小选择合适的量程。

④注意电表的安放状态。如表面上有“⊥”符号，则表示使表面垂直安放；符号“∠60°”表示使表面位置与水平位置倾斜 60°安放，否则电表的指示值不准确。

⑤注意避免读数视差。

⑥注意读出有效数字。电表的仪器误差

$$\Delta_{仪} = \pm \text{量程} \times \text{准确度等级}\ \alpha\%$$

读数时应读到有误差的一位上。如0.5 级、量程 150 mA 的电流表，其仪器误差为

$$\Delta_{仪} = \pm 150 \times 0.5\%\ \text{mA} = \pm 0.8\ \text{mA}$$

即读数时应读到小数点后面的一位。

3.5.3　电阻箱

电阻箱是由若干个数值准确的固定电阻元件（用高稳定锰铜合金丝绕制）组合而成的，并借助转盘位置的变换来获得 0.1 ~99 999.9 的各电阻值，如图 3.5.2 所示。

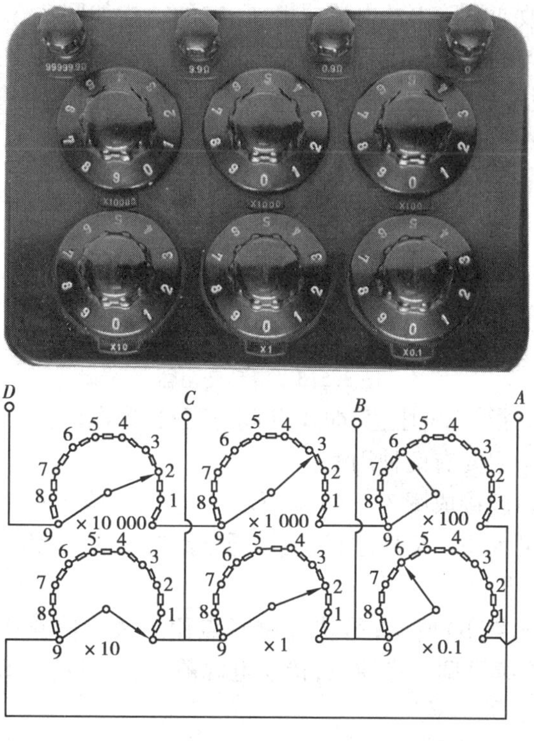

图 3.5.2　电阻箱版面及内部接线

电阻箱的主要规格是总电阻、额定电流(或额定功率)和准确度等级。若电路中仅需“0 ~ 9.9 Ω”或“0 ~ 0.9 Ω”,则分别由“0”与“9.9”或“0”与“0.9”两接线柱引出电阻,这样可以避免电阻箱其余部分的接触电阻、导线电阻所带来的误差。

使用电阻箱时,为确保其安全,不得超过其额定功率。自从1989年我国制定了新的直流电阻箱检测规程后,不再给出电阻箱的整体准确度等级,而是给出各个十进盘电阻的等级和残余电阻(亦称零电阻)$R_0 = (20 \pm 5)\,\mathrm{m}\Omega$,如表3.5.1所示。

表3.5.1　十进盘电阻各挡的准确度等级

电阻盘	×10 000 Ω	×1 000 Ω	×100 Ω	×10 Ω	×1 Ω	×0.1 Ω
准确度等级	0.1%	0.1%	0.5%	1%	2%	5%

在额定电流范围内,电阻箱的仪器误差为

$$\Delta_{仪} = \sum \alpha_i \% R_i + 0.002m(\Omega)$$

式中,α_i 为电阻盘的准确度等级;R_i 为经调节后电阻箱各转盘的电阻值;m 是接入电路的转盘数。

例如,若一个电阻箱输出的电阻值是6 382.5 Ω,在额定电流范围内,电阻箱的仪器误差为

$$\Delta_{仪} = (6000 \times 0.1\% + 300 \times 0.5\% + 80 \times 1\% + 2 \times 2\% + 0.002 \times 5)\Omega = 8.377\ \Omega$$

3.5.4　变阻器

(1)滑动变阻器

滑动变阻器常用来改变电路中的电流或电压,它的结构如图3.5.3所示。其主要部分为密绕在瓷管上的粗细均匀的金属电阻丝。电阻丝的两端固定在接线柱 A、B 上,滑动头 C、D 之间与电阻丝紧密接触,通常称滑动头为 C 点,滑动时能改变引出电阻值的大小。

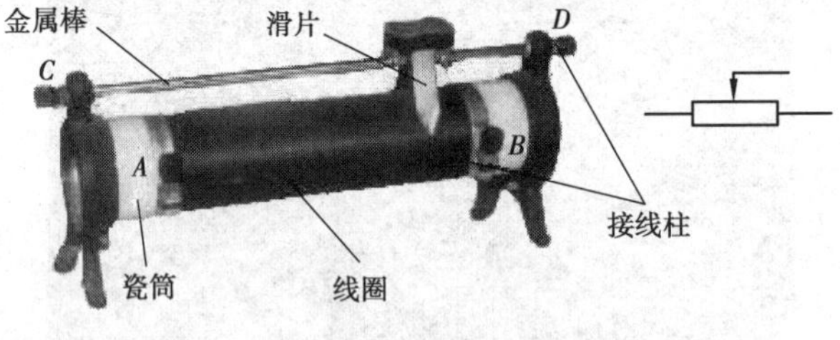

图3.5.3　滑动变阻器

滑动变阻器规格主要指:全电阻值,即 A、B 间电阻;额定电流,即允许通过的最大电流。

滑动变阻器在电路中主要有两种用法:

①限流器。将滑动电阻接成图3.5.4(a)所示的电路,即构成限流器,通过移动滑片 C 点,可用来改变电路中电流的大小。但应注意,在接通电路前应将 C 滑至 B 端,使 R_{AC} 最大,此时接通电源,电路中电流最小。

②分压器。如图3.5.4(b)所示,移动滑片 C 点用来改变电路中电压的大小,输出电压 U_{AC} 可在 $0 \sim U_{AB}$ 范围内连续可调。应注意,接通电源前,应将滑动头 C 移至 A 处,这样接通电源后,$U_{AC} = 0$。

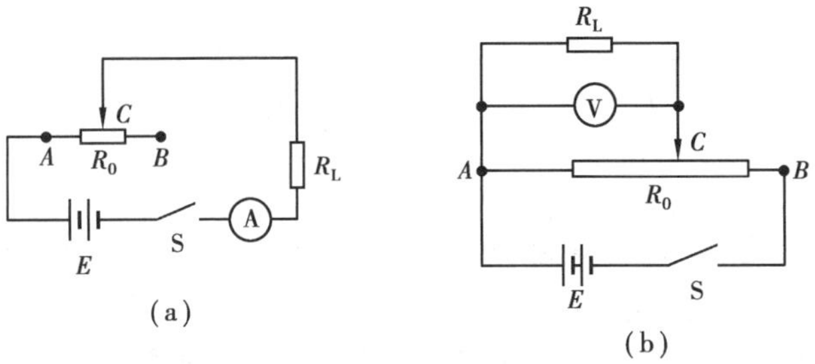

图 3.5.4　限流电路和分压电路

(2)**电位器**

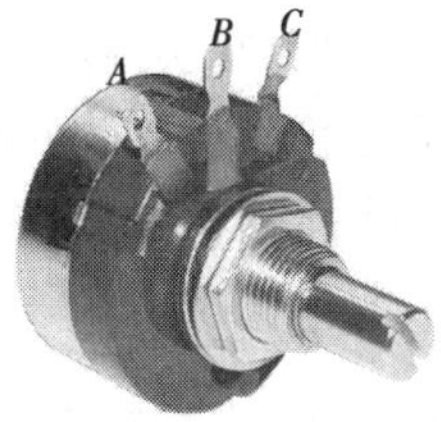

图 3.5.5　圆形电位器外观

小型变阻器通常称为电位器,它的额定功率只有零点几瓦或数瓦,视体积大小而定。电阻值较小的电位器多数用电阻丝绕成,称为绕线电位器,而电阻值较大的电位器则用碳质薄膜作为电阻,故称为碳膜电位器。由于电位器的生产已经系列化,规格相当齐全,很容易选购到阻值合适的电位器。图 3.5.5 表示圆形电位器的外观图及相应的 A、B、C 3 个接线端。

3.5.5　电磁学实验的操作注意事项

(1)**注意安全**

电学实验使用的电源通常是 220 V 的交流电和 0 ~ 30 V 的直流电,但有时实验使用的电压较高。一般人体接触 36 V 以上电压时就有危险,所以在电学实验过程中要特别注意人身安全,谨防触电事故发生。实验者应做到:

①接、拆线路,必须在断电情况下进行。

②操作时,人体不能触摸仪器的高压带电部位。

③高压部位的接线柱或导线,一般用红色标记,以示危险。

(2)**正确接线、合理布局**

看清和分析电路图中共有几个回路,一般从电源的正极开始,按从高电势到低电势的顺序接线。如果有支路,则应把第一个回路完全接好后,再接另外一个回路,切忌乱接。

仪器布局要合理,要将需要经常控制、调节和读数的仪器置于操作者面前,开关一定要放在最易操作的地方。

各器件要处于正确使用状态。例如,接通电源前,电源输出电压和分压器输出电压均置于最小位置,限流器的接入电阻部分阻值置于最大处,电表要选择合理的量程,电阻箱的阻值不能为零等。

(3)**检查线路**

电路接完后,要仔细检查,确保无误后,经指导教师复查同意后,才能接通电源进行实验。合上电源开关时,要密切注意各仪表是否正常工作,若有反常应立即切断电源,排除故障,并报告指导教师。

(4)**实验完毕要整理仪器**

实验完毕,先切断电源,实验结果经指导教师认可后,方可拆除线路,并把各仪器、器件按要求放置整齐。

3.6 光学实验基本仪器

光学实验是物理实验的一个重要部分,其主要特点是:实验与理论课的联系比较密切,测量精度高,数据重复性好,实验仪器比较精密、贵重、易损,调试要求严格,实验规律性强。因此,在实验前应当充分预习实验内容,了解实验的基本原理,熟悉仪器的基本构造和方法;在实验中正确操作仪器,仔细观察、分析仪器调整过程中出现的各种现象,掌握调整规律,正确记录和处理数据;在实验后认真总结经验,不断提高实验技能。

光学仪器可以改善和扩展视觉观察,以弥补视觉的局限性。现代光学仪器的种类很多,但就光学系统而言,可粗略分为助视仪器、投影仪器和分光仪器。下面简要介绍一些常用的助视仪器和光学实验用光源。

3.6.1 观察望远镜

物理实验中,望远镜一般用来远距离观察物体或者用来测量和对准工具(如经纬仪、测角仪等)。它是由长焦距的物镜和短焦距的目镜组成的,其物镜像方焦点 F_1 与目镜的物方焦点 F_2 重合在一起,并且在它们的共同焦平面 A_1B_1 上安装叉丝或分划板,以供观察或读数时当基准用,其光路如图 3.6.1 所示。望远镜的筒长约为物镜和目镜焦距之和。物镜的作用在于使远处的物体在其焦平面外侧形成一个缩小而倒立的实相 A_1B_1,眼睛通过目镜去观察这个由物镜形成的像应是一个放大而倒立的虚像 A_2B_2。望远镜的放大倍数 M 为

$$M = f_{物}/f_{目}$$

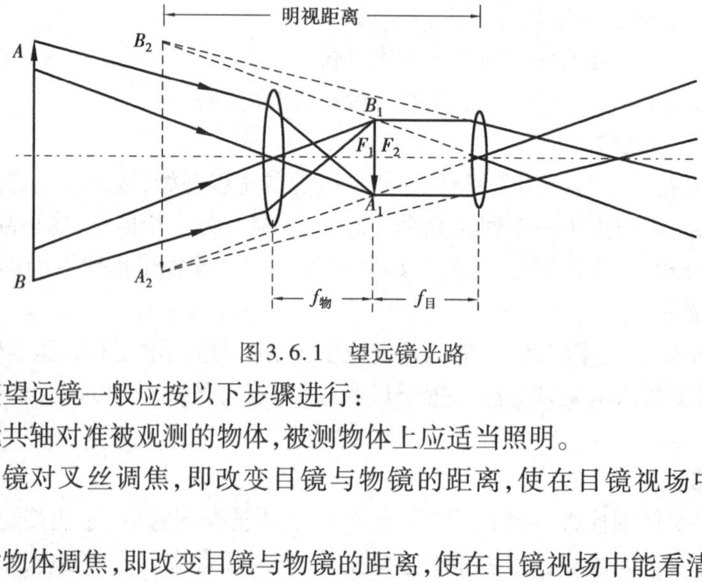

图 3.6.1 望远镜光路

实验室调整望远镜一般应按以下步骤进行:

①使望远镜共轴对准被观测的物体,被测物体上应适当照明。

②望远镜目镜对叉丝调焦,即改变目镜与物镜的距离,使在目镜视场中能清晰地看到叉丝。

③望远镜对物体调焦,即改变目镜与物镜的距离,使在目镜视场中能看清被观测物体,且与叉丝无视差。

3.6.2 测量显微镜

与望远镜相反,显微镜是用来观察近而细微的物体,也是由物镜和目镜组成的,如图 3.6.2

所示。将微小物体 AB 放在物镜焦平面 F_1 很近的距离处，这样可使物镜所成的实像 A_1B_1 尽量地大。该实像落在目镜焦平面 F_2 内靠近焦平面处，经目镜放大后在明视距离处形成一放大的虚像 A_2B_2。显微镜的放大倍数 M 为

$$M = \frac{Sd}{f_{物} f_{目}}$$

式中，$S=25$ cm 为正常眼睛的明视距离；d 是物镜后焦点 F_1 到目镜前焦点 F_2 之间的距离。

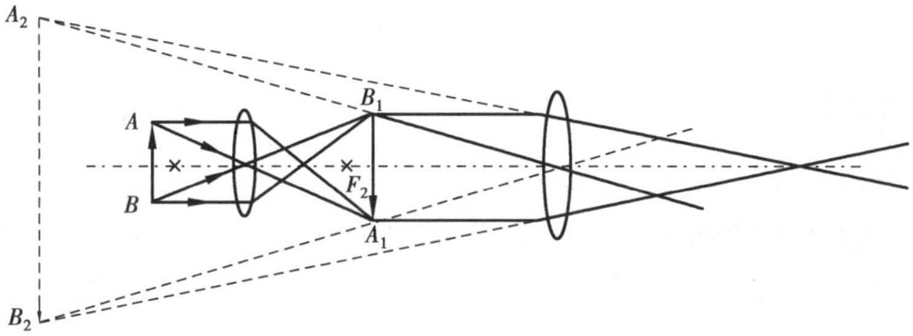

图 3.6.2　测量显微镜光路

实验室中经常使用 JCD 型读数显微镜测量微小长度，其构造示意图见实验 4.14“等厚干涉-牛顿环”。转动测微鼓轮，显微镜筒可在水平方向左右移动，其位置从标尺及鼓轮上读出。目镜中装有一个十字叉丝，作为读数时对准被测物体的标线。测量步骤如下：

①照明。利用直射光或反射镜透射光，充分均匀地照亮台面玻璃上的待测物。

②对准。移动被测物或显微镜轴的位置，使显微镜的光轴大致对准被观测物。

③调焦。先使目镜对叉丝调焦，然后，自下而上地改变被测物与物镜之间的距离，使被测物通过物镜所成的像恰好位于叉丝平面内，此时目镜视场中可同时清晰无视差地看到叉丝和物体的像。

④测量。利用显微镜筒的位移装置，使叉丝精确对准被测物上的测试点，然后从测量主尺和测微鼓轮上读出镜筒所在的位置示数。主尺只读到毫米刻度为止，测微鼓轮一周分成 100 等份，每转一圈主尺变化 1 mm，所以鼓轮每一分度对应 0.01 mm，再估计一位，最后读到 0.001 mm。由于测微装置的螺纹之间存在空隙，故在移动镜筒时必须始终沿同一方向转动测微鼓轮，不得反复进退。

3.6.3　角游标

在许多光学仪器及角度测量仪中，常常用到角游标测量，如分光计测量即是个典型的例子。角游标是一个沿着圆刻度盘（弧形主尺）并与它同轴转动的小弧尺，如图 3.6.3 所示。主尺上最小分刻度 θ 为 0.5°，即 30′。游标尺上有 N 个分刻度（一般为 30 个分刻度），其总弧长与主尺上 $N-1$ 个分刻度的弧长相等，即

$$NRa = (N-1)R\theta$$

因此，游标精度值 $=\theta - a = \dfrac{\theta}{N} = \dfrac{\text{主尺上最小分刻度值}}{\text{角游标上刻度线数}}$

角游标的度数方法与游标卡尺相似。读数时，以角游标零线为准，读出主尺刻度盘上的度数，再以角游标盘与主尺刻度盘重合的刻线为准读出分度值，两次度数之和即为测量值。在图 3.6.3 中，正确的度数为：116° + 15′ = 116°15′。

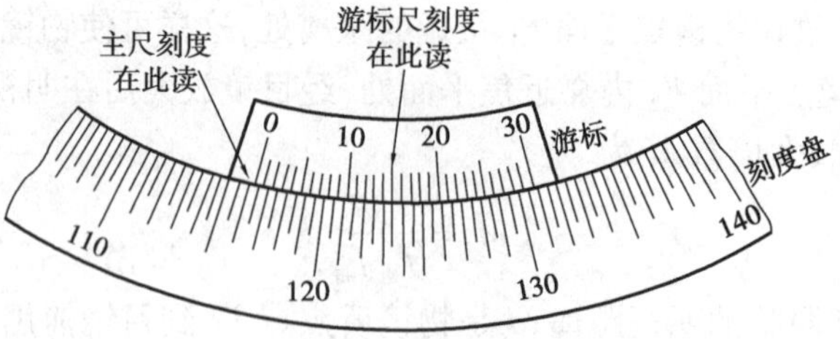

图 3.6.3　角游标

3.6.4　钠灯和汞灯

钠灯和汞灯都是以金属蒸气在强电场中发生游离放电现象为基础的弧光放电灯。在额定电压(220 V)下,钠光灯管壁温度升至约 260 ℃时,管内钠蒸气气压约为 0.40 Pa,发出波长为 589.0 nm 和 589.6 nm 两种单色黄光。具体应用时,由于这两种单色黄光波长较接近,一般不易区分,故常以它们的平均值 589.3 nm 作为钠灯黄光的波长值。

汞灯有低压汞灯与高压汞灯之分,实验室中常用低压汞灯,其外形及使用与钠灯相同,低压汞灯正常点燃时发出青紫色光,主要包括 5 种单色光,它们的波长分别是:579.1 nm(黄光)、577.0 nm(黄光),546.1 nm(绿光)、435.8 nm(蓝光)及 404.7 nm(紫光)。若在光路中配以不同的滤色片,则可获得纯度较高的单色光。

钠灯、汞灯的外形结构和电路图如图 3.6.4 所示。电路中的镇流器在触发灯管点燃后起限制电流作用,保护灯管不被烧坏。为此,使用此类气体放电灯时,必须在电路中串联符合灯管参数要求的整流器,才能接到交流市电上去,否则可能导致灯管烧坏爆炸事件的发生。另外,两种灯灯管点燃后,一般要等 10 min 发光才趋稳定,灯管熄灭后,若要再次点燃,则必须等灯管冷却后才行。

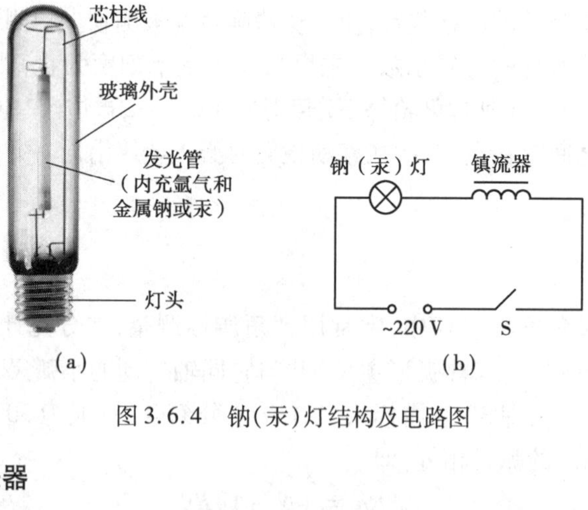

图 3.6.4　钠(汞)灯结构及电路图

3.6.5　氦氖激光器

氦氖(He-Ne)激光器:以氖为工作物质、氦为辅助气体的激光器。氦气起产生激光的媒介和增加激光输出功率的作用,氖气产生激光的作用。氦氖激光器在可见光区和红外区可产生多种波长的激光谱线,其中主要的有 0.632 8 μm 的红光和 1.15 μm 及 3.39 μm 的红外光。实验室常用作相干光源使用,其典型输出波长为 632.8 nm 的偏振光,氦氖激光器有非常好的方向性和相干性,其结构简单,寿命长,小巧价廉,频率稳定,其基本结构如图 3.6.5 所示。

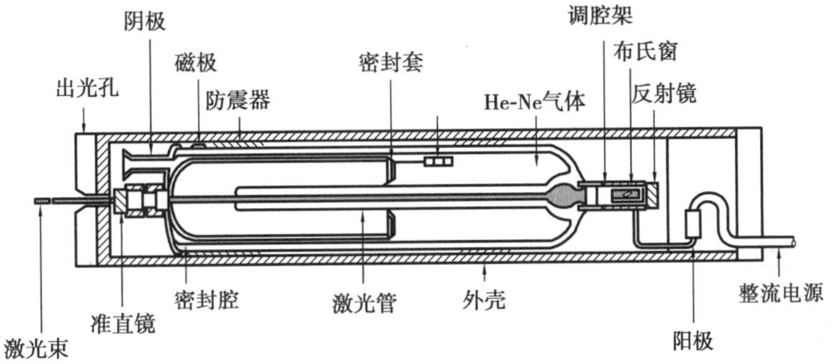

图3.6.5　氦氖激光器

氦氖激光器两端是由多层介质膜片组成的光学谐振腔,它是激光器的重要组成部分,必须保持清洁,防止灰尘和油污的污染。由于激光管两端加有高压(1 200 ~ 8 000 V),操作时应严防触电,以免造成事故。

由于激光管射出的激光束能量集中,切勿迎着光束直接观看激光,否则将造成人眼视网膜的永久性损伤。在光学实验中,可以利用各种光学元件对激光束进行分束、扩束或准直等,以满足实验的不同要求。

3.6.6　光学仪器操作注意事项

为了防止光学仪器出现故障或损坏,在使用和维护光学仪器时必须遵守规则。

(1)注意保护光学器件

光学实验是“清洁的实验”,对光学仪器和元件,应注意防尘,保持干燥以防发霉,不能用手或其他硬物碰、擦光学元件的抛光表面,也不能对着它呼气。必要时可用擦镜纸或蘸有酒精或乙醚溶液的脱脂棉轻轻擦拭。光学器件必须轻拿轻放,严防跌落。

(2)对机械部分操作要轻、稳

光学仪器的机械可动部分很精密,操作时动作要轻,用力要均匀平稳,不得强行扭动,也不要超过其行程范围,否则会大大降低其精度。

(3)共轴调节

几乎所有的光学仪器,都要求仪器内部的各个光学元件主光轴相互重合。为此,要对各光学元件进行共轴调整。共轴调节一般可分粗调和细调两步进行。

粗调主要靠目测来判断。将各光学元件和光源的中心大致调成等高,各元件所在平面基本上相互平行且与移动方向垂直。若各元件沿水平轨道滑动,可先将它们靠拢,再调成等高共轴,可减小视觉判断的误差。

细调时,利用光学系统本身或借助其他光学仪器,根据光学的基本规律来调整。例如,薄透镜实验,根据透镜的成像规律,由二次成像法调整、移动光学元件,使两次所成的像没有上下和左右移动。

(4)注意眼睛安全

一方面要了解光学仪器的性能,以保证正确、安全使用仪器。另一方面光学实验中用眼的机会很多,因此要注意对眼睛的保护,不要使其过分疲劳。特别是对激光光源,绝对不允许用眼睛直接观察激光束,以免灼伤眼球。

此外,在暗房中工作应先放妥并熟记各仪器、元件、药瓶的位置,操纵移动仪器、元件时,手应由外向里紧贴桌面,轻缓挪动,避免碰翻或带落其他器件,要注意用电安全。

第 4 章
实验项目

通过基础实验的训练,使学生掌握物理实验的基本知识、基本方法和基本技能,提高课前实验预习准备能力、实验操作能力、数据处理和误差分析能力以及撰写实验报告能力等,加深对基本物理学原理的理解,培养与提高学生的科学实验素养。本章所开设的实验项目,都是一些实验效果好,具有代表性的基础内容,实验难度为中等程度。

实验 4.1 固体密度的测定

【实验概述与思政要素】

物体的质量与它的体积之比,在一定的温度,压力条件下是一个常数,这一常数被称为物质的密度。密度测量是一项重要的测量技术,它不仅在物理学、化学、计量学、海洋学等学科中对物质性质的研究起着重要的作用,而且在石油、化工、冶金、轻工、材料等工业部门中应用十分广泛。

通过本实验的学习,使学生掌握基本的精密计量仪器的正确使用方法,培养基本的实验操作技能和严谨的治学态度。

【实验目的】

①学习正确选择测量工具,学会使用游标卡尺和螺旋测微器的方法。

②学习用摆动法测量物体质量 m,学习正确调节和使用物理天平。

③练习有效数字和不确定度的计算方法。

【实验原理】

若一物体的质量为 m,体积为 V,密度为 ρ ,则按密度定义有

$$\rho=\frac{m}{V} \tag{4.1.1}$$

当待测物体是一内径为 d,外径为 D,高度为 h 的圆环时,式(4.1.1)变为

$$\rho = \frac{4m}{\pi(D^2 - d^2)h} \tag{4.1.2}$$

只要测出圆环的质量 m,内直径 d,外直径 D 和高度 h,代入式(4.1.2)就可算出该圆环体的密度 ρ。

由间接测量的不确定度合成公式,ρ 的相对不确定度为

$$E_\rho = \frac{U_\rho}{\rho} = \sqrt{\left(\frac{U_m}{m}\right)^2 + \left(\frac{2DU_D}{D^2 - d^2}\right)^2 + \left(\frac{2dU_d}{D^2 - d^2}\right)^2 + \left(\frac{U_h}{h}\right)^2} \tag{4.1.3}$$

【实验仪器】

TW-05B 型物理天平(量程为 500 g),游标卡尺(0.02 mm),螺旋测微器,铜环等。

物理天平是常用的测量物体质量的仪器,其结构如图 4.1.1 所示。天平的横梁上装有 3 个刀口,中间刀口置于支柱上,两侧刀口各悬挂一个秤盘。横梁下面固定一个指针,当横梁摆动时,指针尖端就在支柱下方的标尺前摆动。制动旋钮可以使横梁上升或下降,横梁下降时,制动架就会把它托住,以避免磨损刀口。横梁两端两个平衡螺母是天平空载时调节平衡用的。横梁上装有游码,用于 1.00 g 以下的称衡。支柱左边的托盘,可以托住不被称量的物体。

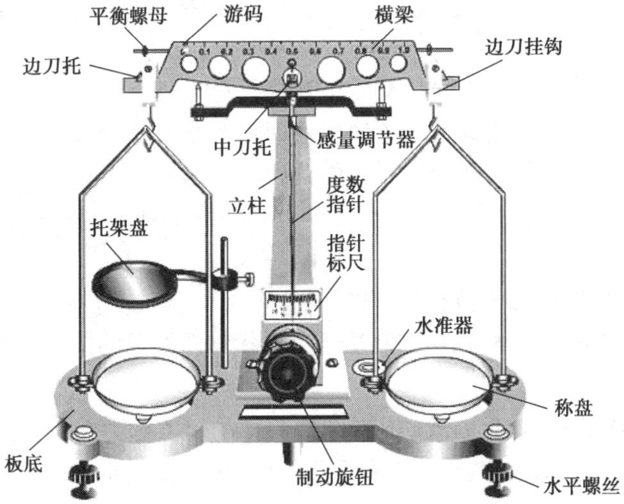

图 4.1.1　物理天平

天平使用注意事项:

①使用前应调节天平底脚螺钉,使水准仪中气泡在中心,以保证支柱铅直。

②称物体时,被称物体放在左盘,砝码放在右盘,加减砝码,必须使用镊子,严禁用手。

③取放物体和砝码,移动游码或调节天平时,都应将横梁制动,以免损坏刀口。

【实验内容】

(1)测铜环内外径及高度

利用实验室的测量工具,用分度值为 0.02 mm 的游标卡尺测量铜环的内外径,用螺旋测微器测量铜环的高度,为减小随机误差,应在不同位置进行多次测量,将测量数据填入表 4.1.1。求出对应的平均值及不确定度,并写出 D,d,h 的测量最终结果(计算方法可参考附录)。

注意：使用螺旋测微器测量之前首先要测量其零位读数 h_0。

表 4.1.1　铜环几何参数测定

螺旋测微器零位读数 h_0 = ＿＿＿＿＿＿ mm　　　　单位：mm

测量次数 n		1	2	3	4	5	6	平均值
外径 D_i								
内径 d_i								
高度 h	测量读数 h_i'							
	测量值 $h_i = h_i' - h_0$							

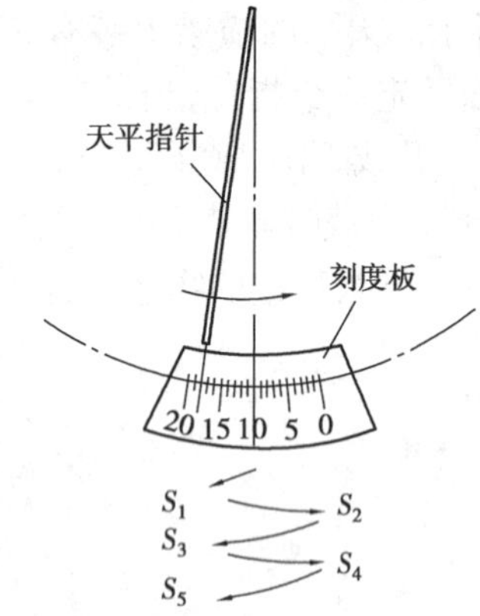

图 4.1.2　摆动法

(2)用摆动法确定天平的零点、停点和灵敏度

从理论上讲，天平平衡时，指针应在刻度板正中的刻线 10 左右对称摆动。然而，灵敏的天平既不易停止，也不可能绝对平衡而做到真正的对称摆动。通常在天平接近平衡时，并不等待指针停止摆动后读数，而是让其自由摆动并连续记下指针左右折回点的读数，通过计算得出停摆后指针应处的位置，这种方法称为摆动法。

天平摆动时指针位置随时间变化，当天平摆动平稳后，可任意取指针 5 个连续的折回点的读数 S_1, S_2, S_3, S_4, S_5（图 4.1.2），则指针停摆后应处的位置读数 x 为

$$x = \frac{1}{2}\left(\frac{S_1 + S_3 + S_5}{3} + \frac{S_2 + S_4}{2}\right) \tag{4.1.4}$$

这样不必花较长的时间去等待指针停摆。

零点：天平两盘均不载物时，利用摆动法可测得指针停摆后的位置 x，称为零点，记作 α，一般并不等于 10.0。

停点：天平左盘内载物，右盘内载砝码 W 时，测得的 x 值称为停点，记作 β。（停点 β 状态下，可移动游码，但必须移动整数格，方便后面操作停点 γ；此时记录下砝码和游码的总质量 W）

一般情况下，由于物体和砝码（加游码）质量不可能真正完全相等，因此 $\beta \neq \alpha$，此时，可在砝码方再加一微小质量（本实验是将横梁上的游码在原来位置基础上右移 0.05 g，即右移一格），再次利用摆动法求得另一个停点 γ。

灵敏度：天平载物时，两侧的负载相差一个单位质量时，指针偏转的格数。它与天平横梁的质量，横梁重心的位置，刀口的相对位置以及负载情况均有关。灵敏度 δ 定义为

$$\delta = \frac{|\gamma - \beta|}{0.05} \tag{4.1.5}$$

此公式即表示天平载重时，砝码方增加 0.05 g 砝码所引起的停点的变化量。

操作步骤：

①使用前应调节天平底脚螺钉，使水准仪中气泡在中心，以保证支柱铅直。

②调节完毕后，两盘均不载物，将游码移到横梁左端零线上，旋转升降旋钮使横梁支起，天

平指针能自由摆动，观察指针是否在刻度盘读数范围内左右摆动。若指针偏向一边，则应放下横梁（制动天平），调节横梁两端的平衡螺母，使天平指针基本对称摆动。待摆动稳定后，连续读出 5 个折回点的读数 S_1,S_2,S_3,S_4,S_5，根据式(4.1.4)算出零点 α。

③将铜环放在天平左盘内，右方加入适当数量的砝码（能够使天平基本平衡即可），并将砝码盘中所加砝码的总质量 W（即物体的粗测质量）记录在表 4.1.1 中，升起横梁，利用摆动法测得 5 个折回点，并计算停点 β。然后将游码右移 0.05 g，再次测得 5 个折回点，并计算停点 γ。将以上数据记录在表 4.1.2 中。

表 4.1.2　摆动法测量零点和停点

$W=$ ________________ g

指针折回点读数	S_1	S_2	S_3	S_4	S_5	指针停摆应处位置读数 x
零点 α						
停点 β						
停点 γ						

(3) **单秤法测物体质量**

将待测物体放在左盘，砝码放在右盘，只称量一次测得物体质量的方法，称为单秤法。在指针偏转角不太大的情况下，指针偏离零点的距离与引起这一偏离的砝码质量成正比，所以近似有

$$\Delta W=\frac{\alpha-\beta}{\delta} \tag{4.1.6}$$

ΔW 就是指针偏转距离$(\alpha-\beta)$对应的质量。若 $\beta<\alpha$，ΔW 为正，反之为负。根据所用天平的具体情况（物在左，砝码在右，刻度盘的标数从右到左是 0～20），这意味着若指针向右偏，则砝码质量 W 小于物体质量 m，因此，待测物体的质量为

$$m=W+\Delta W=W+\frac{\alpha-\beta}{\delta} \tag{4.1.7}$$

其中 W,α,β,δ 可从表 4.1.2 和式(4.1.5)中得出。

(4) **计算铜环密度**

利用式(4.1.2)和式(4.1.3)算出铜环密度 ρ 及其不确定度 U_ρ，并写出实验结果最终表达式。

【数据处理】

①完成表 4.1.1、表 4.1.2 中的数据测量，并利用式(4.1.7)和式(4.1.2)计算出铜环密度 ρ。

②根据测量工具的误差参数，计算 m,D,d,h 的不确定度 U_m,U_D,U_d,U_h 代入式(4.1.3)计算铜环密度的不确定度 U_ρ，并写出密度最终表达式。

【思考题】

1. 试简要说明为什么圆环体的直径要用游标卡尺测量，高度要用螺旋测微器测量？若用

普通米尺测量这两个量，测得的铜环密度的结果表达式有何不同？

2. 如何消除物理天平的不等臂误差？

3. 图中游标卡尺的读数为________。

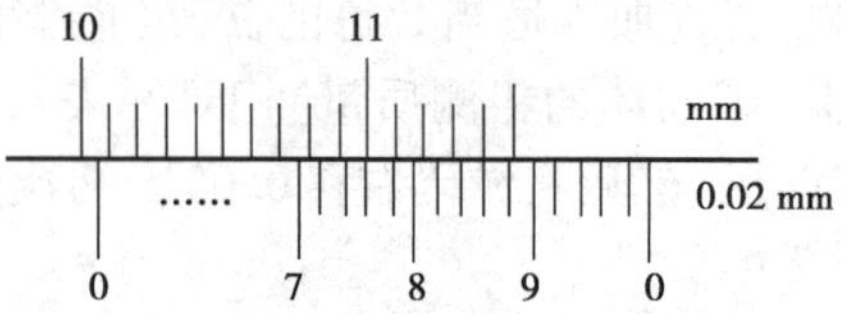

图 4.1.3　题 3 图

4. 图中螺旋测微器的读数为________。

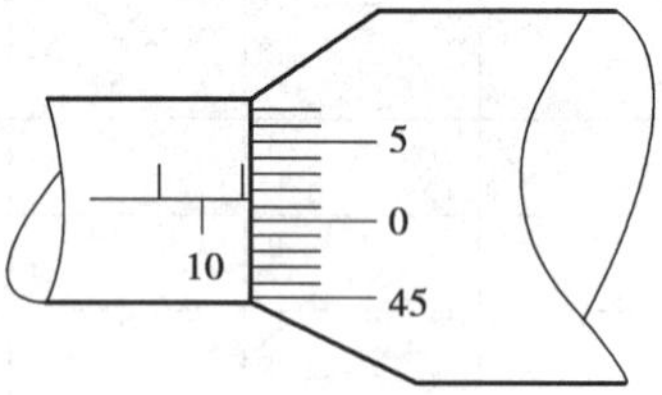

图 4.1.4　题 4 图

5. 某同学用一已定系统误差为 −0.015 mm 的螺旋测微器测一物体高度，读数为15.015 mm，试问该物体高度的实际测量值为________。

6. 固体密度实验中，某同学操作物理天平使用摆动法测量一个正方体的质量，首先天平空载时测出天平的 5 个折回点数据 $S_1 \sim S_5$（见表 4.1.3 零点 α）。随后该同学在天平左盘放上正方体，右盘加上适当的砝码，当砝码质量 $W = 78$ g 时，再次用摆动法测出天平的 5 个折回点数据（见表 4.1.3 停点 β）。最后，该同学又在右盘加了一个质量为 0.5 g 的片码，并再次用摆动法测量出 5 个折回点数据（见表 4.1.3 停点 γ），试计算该正方体的质量 M。

表 4.1.3　摆动法测量零点和停点的数据

指针折回点读数	S_1	S_2	S_3	S_4	S_5
零点 α	17.8	6.6	17.6	7.1	17.2
停点 β	15.2	6.0	14.8	6.1	14.2
停点 γ	16.9	8.7	17.1	9.2	16.6

【附录】

实验数据处理举例

（1）铜环内、外径及高度

螺旋测微器零位读数 0.003 mm

n	1	2	3	4	5	6	7	平均值
外径 D/mm	29.96	29.94	29.98	29.94	29.96	29.92	29.96	29.95
内径 d/mm	10.02	10.04	10.00	10.02	10.06	10.04	10.08	10.04

续表

n		1	2	3	4	5	6	7	平均值
高 h	测量读数/mm	9.647	9.6498	9.648	9.644	9.646	9.646	9.645	/
	测量值/mm	9.644	9.646	9.645	9.641	9.643	9.643	9.642	9.643

(2)铜环质量

$W=53.97$ g

指针折回点读数	S_1	S_2	S_3	S_4	S_5	指针停摆位置读数
零点 α	17.9	6.5	17.5	7.0	17.2	$\alpha=12.1$
停点 β	15.0	6.0	14.8	6.1	14.4	$\beta=10.4$
停点 γ	16.1	7.8	15.9	8.1	15.6	$\gamma=10.6$

(3)数据处理及结论

$$\overline{D}=\frac{1}{7}(29.96+29.94+\cdots+29.96)=29.95(\text{mm})$$

$$S_D=\sqrt{\frac{\sum(D_i-\overline{D})^2}{7-1}}=\sqrt{\frac{(29.96-29.95)^2+\cdots+(29.96-29.95)^2}{6}}=0.019(\text{mm})$$

$$U_D=\sqrt{S_D^2+\Delta_{仪}^2}=\sqrt{0.019^2+0.02^2}=0.03(\text{mm})$$

所以

$$D=(29.95\pm0.03)\text{mm}$$

$$\overline{d}=\frac{1}{7}(10.02+10.04+\cdots+10.08)=10.04(\text{mm})$$

$$S_D=\sqrt{\frac{\sum(d_i-\overline{d})^2}{7-1}}=\sqrt{\frac{(10.02-10.04)^2+\cdots+(10.08-10.04)^2}{6}}=0.027(\text{mm})$$

$$U_d=\sqrt{S_d^2+\Delta_{仪}^2}=\sqrt{0.027^2+0.02^2}=0.04(\text{mm})$$

所以

$$d=(10.04\pm0.04)\text{mm}$$

$$\overline{h}=\frac{1}{7}(9.644+9.646+\cdots+9.642)=9.643(\text{mm})$$

$$S_h=\sqrt{\frac{\sum(h_i-\overline{h})^2}{7-1}}=\sqrt{\frac{(9.644-9.643)^2+\cdots+(9.642-9.643)^2}{6}}=0.0016(\text{mm})$$

$$U_h=\sqrt{S_h^2+\Delta_{仪}^2}=\sqrt{0.0016^2+0.004^2}=0.005(\text{mm})$$

所以

$$h=(9.643\pm0.005)\text{mm}$$

$$\alpha=\frac{1}{2}\left(\frac{17.9+17.5+17.2}{3}+\frac{6.5+7.0}{2}\right)=12.1$$

$$\beta=\frac{1}{2}\left(\frac{15.0+14.8+14.4}{3}+\frac{6.0+6.1}{2}\right)=10.4$$

$$\gamma=\frac{1}{2}\left(\frac{16.1+15.9+15.6}{3}+\frac{7.8+8.1}{2}\right)=10.6$$

$$\delta=\frac{|\gamma-\beta|}{0.05}=\frac{10.6-10.4}{0.05}=4$$

$$m=W+\frac{\alpha-\beta}{\delta}=53.97+\frac{12.1-10.4}{4}=54.395(\text{g})$$

$$U_m=\Delta_{\text{仪}}=0.05(\text{g})$$

所以

$$m=(54.40\pm0.05)\text{g}$$

$$\rho=\frac{4m}{\pi(D^2-d^2)h}=\frac{4\times54.40\times10^{-3}}{\pi(29.95^2-10.04^2)\times9.643\times10^{-9}}=8.960\times10^3(\text{kg/m}^3)$$

$$E_\rho=\frac{U_\rho}{\rho}=\sqrt{\left(\frac{U_m}{m}\right)^2+\left(\frac{2DU_D}{D^2-d^2}\right)^2+\left(\frac{2dU_d}{D^2-d^2}\right)^2+\left(\frac{U_h}{h}\right)^2}$$

$$=\sqrt{\left(\frac{0.05}{54.40}\right)^2+\left(\frac{2\times29.95\times0.03}{29.95^2-10.04^2}\right)^2+\left(\frac{2\times10.04\times0.04}{29.95^2-10.04^2}\right)^2+\left(\frac{0.005}{9.643}\right)^2}$$

$$=0.27\%$$

$$U_\rho=\rho E_\rho=8.960\times10^3\times0.27\%=0.024\times10^3(\text{kg/m}^3)$$

所以

$$\rho=(8.960\pm0.024)\times10^3(\text{kg/m}^3)$$

实验4.2 薄透镜焦距的测定

【实验概述与思政要素】

早在两千多年前,《墨经》中就提到“景。光之人,煦若射,下者之人也高;高者之人也下。足蔽下光,故成景于上;首蔽上光,故成景于下。在远近有端,与于光,故景库内也”。14世纪中叶,元代天文数学家赵友钦在他所著的《革象新书》中进一步详细地考察了日光通过墙上孔隙所形成的像和孔隙之间的关系。他发现当孔隙相当小的时候,尽管孔隙的形状不是圆形的,所得的像却都是圆形的(其中所含原理是,这时小孔成像成的是太阳的像,故为圆形);日食的时候,像也有缺,和日的食分相同;孔的大小不同,但是像的大小相等,只是深浅不同;如果把像屏移近小孔,所得的像变小,亮度增加。对于这一现象,赵友钦经过精心思索和研究,得出了关于小孔成像的规律。他认为孔相当小的时候,不管孔的形状怎样,所成的像是光源的倒立像,这时孔的大小只不过和像的明暗程度有关,不改变像的形状。当孔相当大的时候,所得到的像就是孔的正立像。

透镜是光学仪器中最基本的元件,反映透镜特性的一个主要参量是焦距,它决定了透镜成像的位置和性质(大小、虚实、倒立)。对于薄透镜焦距测量的准确度,主要取决于透镜光心及焦点(像点)定位的准确度。本实验在光具座上采用几种不同方法分别测定凸、凹两种薄透镜的焦距,比较各种测量方法的优缺点,为今后正确使用光学仪器打下良好的基础。

【实验目的】

①学会测量透镜焦距的几种方法。
②掌握简单光路的分析方法。
③研究透镜成像的基本规律。

【实验原理】

当透镜的厚度与其焦距相比可以忽略不计时,称这种透镜为薄透镜,本实验中使用的就是薄透镜。透镜的焦点、焦距如图 4.2.1 所示。

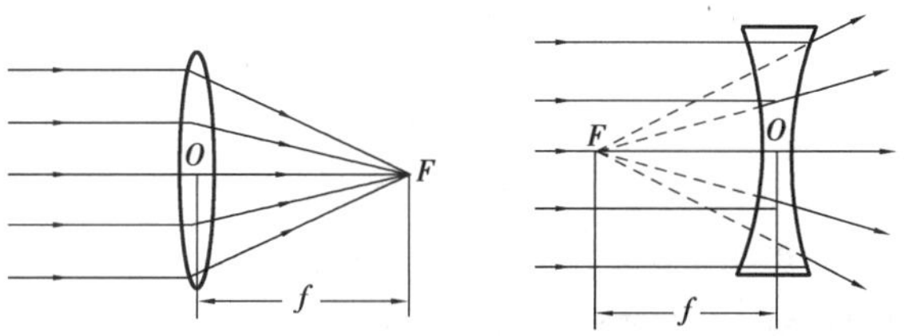

(a)凸透镜　　(b)凹透镜

图 4.2.1　透镜焦点与焦距

当近轴光线通过薄透镜时,其成像的规律可表示为

$$\frac{1}{u}+\frac{1}{v}=\frac{1}{f} \tag{4.2.1}$$

式中,u 表示物距(实物为正,虚物为负);v 为像距(实像为正,虚像为负);f 为透镜的焦距(凸透镜为正,凹透镜为负)。

为了便于计算透镜的焦距 f,式(4.2.1)可改写为

$$f=\frac{uv}{u+v} \tag{4.2.2}$$

只要测得物距 u 和像距 v,便可算出透镜的焦距了。

(1) **凸透镜焦距的测定**

1) 粗测法

以太阳光或较远的灯光为光源,用凸透镜将其发出的光线聚成一光点(或像),此时,$u\to\infty$,$v\approx f$,即该点(或像)可认为是焦点,则该点到透镜光心的距离,即为凸透镜的焦距,此法测量的误差约在 10%。由于这种方法误差较大,大都用在实验前作粗略估计,如挑选透镜等。

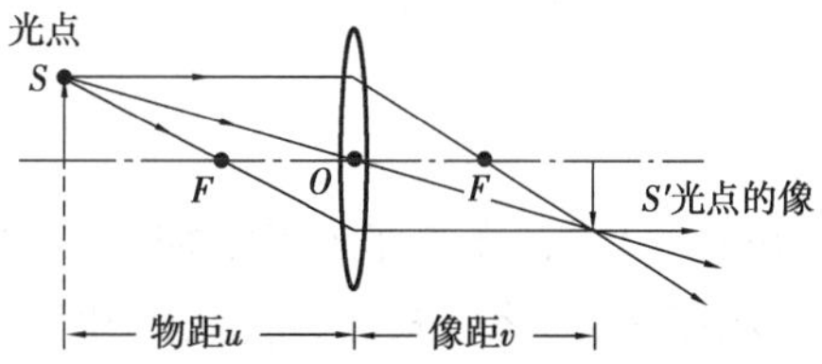

图 4.2.2　薄透镜成像

2) 利用物像公式求焦距

如图 4.2.2 所示,光点 S 通过凸透镜成一个实像,分别测出物距 u 和像距 v,即可用式(4.2.2)求出该透镜的焦距 f。

3)自准法

如图4.2.3所示,当物体S位于凸透镜的焦平面上时,物光通过凸透镜成一束平行光。平面镜把这一束平行光反射回去,通过凸透镜,则汇聚成像S',S'必定位于凸透镜焦平面上,此称自准原理。此时读出物和透镜光心的位置,其差即为透镜的焦距。这种测量误差约为5%。

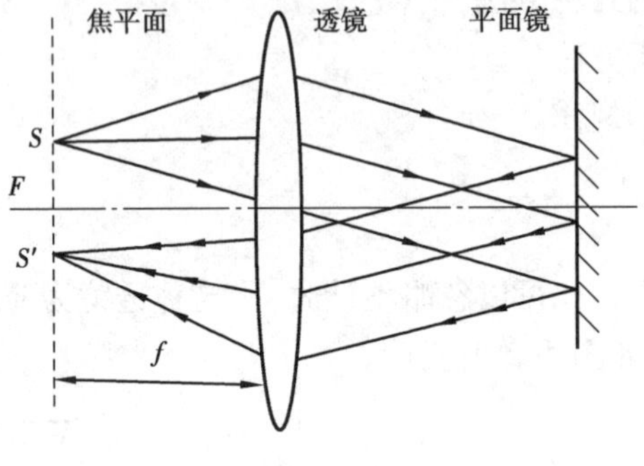

图4.2.3　自准法

在凸透镜一侧放置被光源照明的品字形物屏S,在另一侧放一个平面镜,移动透镜,当物屏S正好位于凸透镜之前的焦平面时,物屏S上任一点发出的光线经透镜折射后,将变为平行光线,然后被平面镜反射回来。再经透镜折射后,仍会聚在它的焦平面上,即原物屏平面上,形成一个与原物大小相等方向相反的倒立实像S'。此时,物屏到透镜的距离,就是透镜的焦距,即

$$f=u \tag{4.2.3}$$

由于这个方法是利用调节实验装置本身使之产生平行光以达到聚焦的目的,所以称之为自准法。

4)共轭法

让物和屏之间的距离为D,且D大于4倍焦距($4f$),且保持不变,将凸透镜放在物与屏之间,沿光轴方向移动透镜,则必能在像屏上观察到两次清晰的实像。如图4.2.4所示,设物距为u_1时,得放大的倒立实像;物距为u_2时,得缩小的倒立实像,透镜两次成像之间的位移为d,根据透镜成像公式(4.2.1),得

$$\frac{1}{u_1}+\frac{1}{v_1}=\frac{1}{f}$$

$$\frac{1}{u_1+d}+\frac{1}{v_1-d}=\frac{1}{f}$$

利用$v_1=D-u_1$可解得

$$f=\frac{D^2-d^2}{4D} \tag{4.2.4}$$

可见,只要在光具座上确定物、屏以及透镜两次成像时所在的位置,就可较准确地求出焦距f。粗测法、物像公式法、自准法都因透镜的光心位置不易确定而在测量中引入误差,这种方法避免了这一缺点,无须考虑透镜光心的位置,测量误差可达到1%。

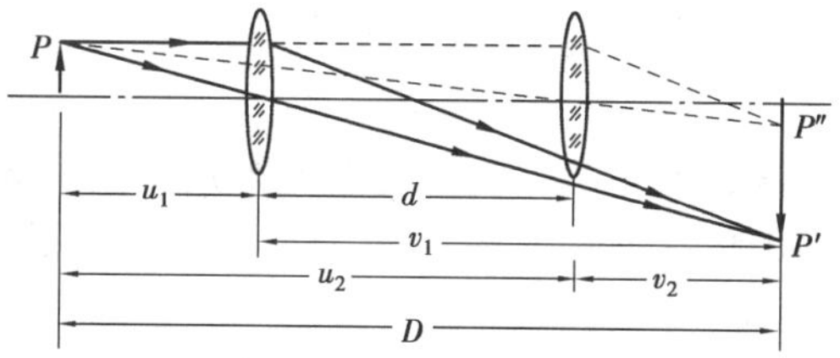

图4.2.4　二次成像

(2) **凹透镜焦距的测定**

实物通过凹透镜成的是虚像,虚像不能在屏上显示出来,不便测量,为此,采用虚物成像法测凹透镜的焦距。

如图4.2.5所示,先使物AB发出的光线经凸透镜L_1后形成一个大小适中的实像$A'B'$,然后在L_1和$A'B'$之间放入待测凹透镜L_2,可使$A'B'$后移到$A''B''$,就凹透镜L_2而言,$A'B'$是凹透镜的物(虚物),$A''B''$是凹透镜的像(实像),所以,$|O_2B'|$是凹透镜的物距,$|O_2B''|$是凹透镜的像距,根据式(4.2.1)即可求出凹透镜的焦距。

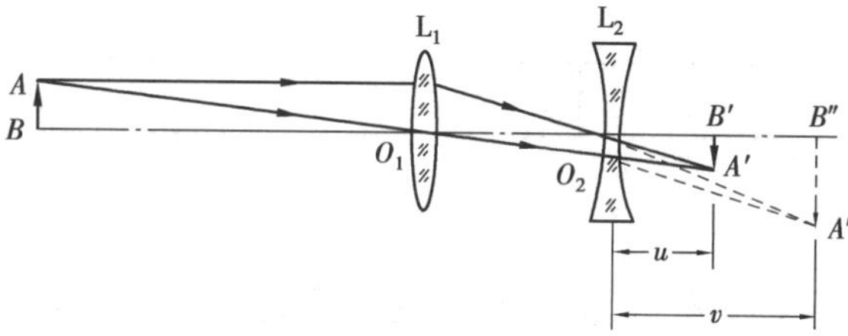

图4.2.5　虚物成像法

【实验仪器】

光具座、光源、凸透镜、凹透镜、物(品字屏)、白屏、平面镜等,如图4.2.6所示。

光学元件的质量对实验影响很大,又极易损坏,严禁触摸光学元件表面,对于必须用手拿的光学元件,只能接触非光学表面或磨砂面。

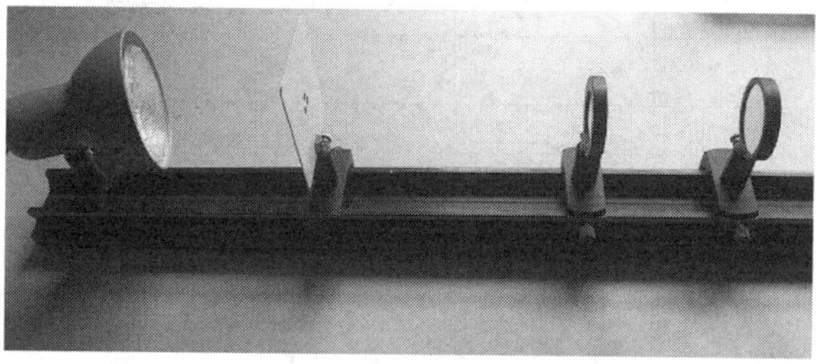

图4.2.6　实验仪器实物

【实验内容】

(1) **光具座上各光学元件共轴等高的调节**

薄透镜成像公式仅在近轴光线条件下才能成立,这就要求光具座上各光学元件必须共轴等高。在做每一个实验的时候,都要把各元件靠拢在一起,调节各元件,使它们的中心基本在平行于导轨的一条直线上,并且各元件平面又与导轨垂直。

(2)测凸透镜焦距

1)自准法

在光具座上从左至右依次放上光源、品字屏(作为物)、待测凸透镜、平面镜。根据自准法原理,移动凸透镜,在品字屏上成一清晰的品字像,且与品字屏上的原品字拼合成一个圆。将数据填入表4.2.1。

(说明:由于很难判断在哪一个位置成的像才是最清晰的,所以,为了减小误差,先从左向右移动透镜,测出成像清晰的位置,再从右向左移动透镜,测出成像清晰的位置,两个位置取平均值作为一次测量数据,以下各实验均是此意。)

表4.2.1 实验数据记录表(自准法)

单位:cm

次序		1	2	3	4	5	6
品字屏位置							
透镜位置	左→右						
	右→左						
	平均						
焦距							

2)共轭法

在光具座上从左向右依次放上光源、品字屏(作为物)、待测凸透镜、白屏。

利用自准法测定的透镜焦距,确定 D 的大小,并固定 D 不变。从左向右移动透镜,记下两次成像时透镜的位置。然后,从右向左移动透镜,记下两次成像时透镜的位置。如此反复,将数据填入表4.2.2。

表4.2.2 实验数据记录表(共轭法)

品字屏位置________,白屏位置________,D = ________

单位:cm

次序	1	2	3	4	5	6
透镜	左→右	右→左	左→右	右→左	左→右	右→左
放大像位置						
缩小像位置						
d						

要求计算透镜焦距 f。

(3)虚物成像法测凹透镜焦距

在光具座上从左向右依次放上光源、品字屏(作为物)、凸透镜(任意一个都行)、白屏。

调节各元件,在白屏上成一个清晰的实像,记下白屏的位置读数 B'。按图4.2.5,把待测凹透镜放在凸透镜与白屏之间,且紧靠白屏,调节待测凹透镜与其他元件共轴等高。将白屏后移,然后适当调节凹透镜、白屏的位置,使得白屏上成一清晰实像,然后固定凹透镜的位置,并记下凹透镜光心的位置 O_2。同样,为了确定真正清晰的像的位置,多次移动白屏,记下你认为是清晰的像时白屏的位置 B''。将数据填入表4.2.3。

表4.2.3 实验数据记录表(虚物成像法) 单位:cm

次序		1	2	3	4	5	6
B'位置							
凹透镜 O_2							
B''位置	左→右						
	右→左						
	平均						

要求计算透镜焦距 f。

【数据处理】

分别用自准法、共轭法和虚物成像法的实验数据计算凸透镜及凹透镜的焦距 f。

【思考题】

1. 用共轭法测凸透镜焦距 f 时,为什么要取 $D>4f$? 如果 $D=4f$, $D<4f$,将会出现什么现象?

2. 在用虚物成像法测凹透镜焦距时,若 O_2B' 的长度恰好等于该凹透镜的焦距时,将会出现什么现象? 由此可否想到另一种测凹透镜焦距的方法。

3. 分别在图4.2.7中作出物体 AB 经凸透镜和凹透镜成像的光路图。

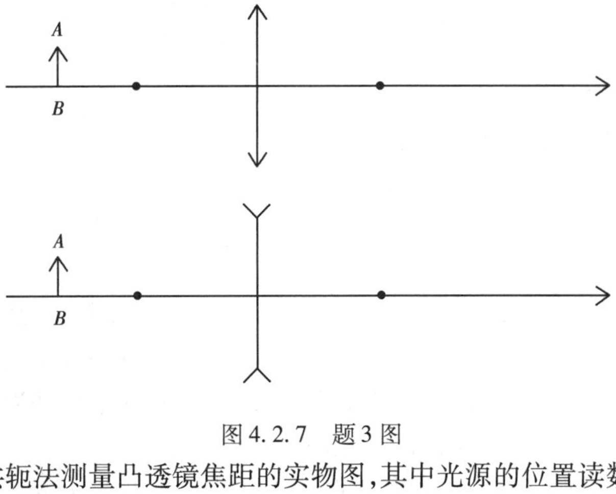

图4.2.7 题3图

4. 图4.2.8是共轭法测量凸透镜焦距的实物图,其中光源的位置读数为5.00 cm,品字屏的位置读数为10.00 cm,白屏的位置读数为55.00 cm,在操作过程中,当凸透镜位于25.00 cm和40.50 cm处时,在白屏上均能看到清晰的实像。

(1)写出凸透镜成放大实像时的物距 u 和像距 v。

(2)推导共轭法计算凸透镜焦距的公式,并计算此凸透镜的焦距 f。

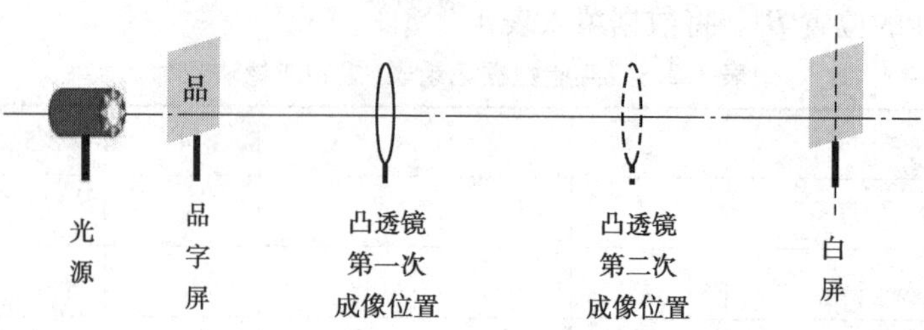

图4.2.8　题4图

实验4.3　电学仪器的基本使用
——欧姆定律的验证及应用

【实验概述与思政要素】

1825 年 5 月欧姆在他的第一篇科学论文中发表电流产生的电磁力的衰减与导线长度的关系,是有关伽伐尼电路的论文,但其中的公式是错误的。1826 年 4 月欧姆改正了这个错误,得出有名的欧姆定律。1827 年出版了他最著名的著作《伽伐尼电路的数学论述》,文中列出了公式,明确指出伽伐尼电路中电流的大小与总电压成正比,与电路的总电阻成反比,这就是今天的部分电路欧姆定律公式。

电学实验是大学物理实验的一个分支,是工科学生必修的基础实验。本实验通过对欧姆定律的验证,要求同学学会使用电压表、电流表、电阻箱、滑线变阻器等基本的电学仪器,并对这些仪器的原理有所了解。

【实验目的】

①验证欧姆定律。

②掌握用伏安法测电阻的两种方法。

③学会正确使用电压表、电流表、电阻箱和滑线变阻器。

【实验原理】

欧姆定律是电路中最基本的定律,它反映了电流、电压和电阻之间相互联系的规律,可用来解决有关电路的很多实际问题。在电流、电压、电阻这 3 个物理量中,只要知道其中的任意两个量,就可以求出第三个量。例如,若知道了某段导体两端的电压和通过它的电流,就可以求出这段导体的电阻。这就是通常所谓的伏安法测电阻。

通过电路中一个导体的电流 I 与该导体两端的电压 U 成正比,与该导体的电阻 R 成反比,这个规律就是欧姆定律。用公式可表示为

$$I=\frac{U}{R} \tag{4.3.1}$$

在国际单位制中,电流单位为安[培](A),电压单位为伏[特](V),电阻单位为欧[姆](Ω)。式(4.3.1)也可写成

$$R=\frac{U}{I} \tag{4.3.2}$$

若用电压表测得电阻两端的电压 U,同时用电流表测出通过该电阻的电流 I,由式(4.3.2)即可求出电阻 R。这种用电表直接测出电压和电流数值,由欧姆定律计算电阻的方法,称为伏安法。伏安法测电阻原理简单,测量方便,尤其适用于测量非线性电阻的伏安特性。但是用这种方法进行测量时,电表的内阻对测量结果有一定的影响,应根据不同的情况采用不同的接线方法。下面就对电表内阻的影响进行简单的分析讨论。

用伏安法测电阻,可采用图 4.3.1 所示的两种接线方式。

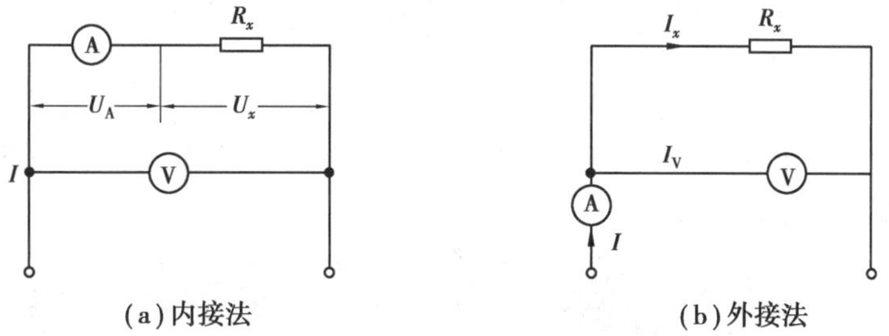

图 4.3.1　用伏安法测电阻的两种接法

①在图 4.3.1(a)中,使用的是电流表的内接法。电流表的读数为通过待测电阻 R_x 的电流 I_x,电压表的读数 U 不是 U_x,而是 $U=U_x+U_A$。如果将电表的指示值 I、U 代入式(4.3.2),待测电阻的测量值为

$$R=\frac{U}{I}=\frac{U_x+U_A}{I_x}=R_x+R_A=R_x\left(1+\frac{R_A}{R_x}\right) \tag{4.3.3}$$

式中,R_A 为电流表的内阻。只有当 $R_x \gg R_A$ 时,才有 $R \approx R_x$。可见,内接法测电阻的条件就是 $R_x \gg R_A$。显然被测电阻阻值越大,电流表的内阻越小,所产生的系统误差越小。一般说来,内接法适用于测量阻值较大的电阻。如果知道了 R_A 的数值,则待测电阻可用式(4.3.4)计算

$$R_x=\frac{U-U_A}{I}=R-R_A=R\left(1-\frac{R_A}{R}\right) \tag{4.3.4}$$

②在图 4.3.1(b)中,使用的是电流表的外接法。电压表的读数 U 等于电阻 R_x 两端的电压 U_x,电流表的读数 I 不等于 I_x,而有 $I=I_V+I_x$。如果将电表的指示值 U、I 代入式(4.3.2),则得到待测电阻的测量值为

$$R=\frac{U}{I}=\frac{U_x}{I_x+I_V}=\frac{U_x}{I_x\left(1+\dfrac{I_V}{I_x}\right)} \tag{4.3.5}$$

将上式中的 $\left(1+\dfrac{I_V}{I_x}\right)^{-1}$ 用二项式定理展开,可得

$$R \approx \frac{U_x}{I_x}\left(1-\frac{I_V}{I_x}\right)=R_x\left(1-\frac{R_x}{R_V}\right) \tag{4.3.6}$$

式中,R_V 为电压表的内阻。只有当 $R_V \gg R_x$ 时,$R \approx R_x$。由此可见,$R_V \gg R_x$,就是外接法测电阻的条件。显然被测电阻的阻值越小,电压表的内阻越大,所产生的系统误差越小。一般说来,外接法适用于测量阻值较小的电阻。用图 4.3.1(b)的接法时,测得的电阻值比实际值 R_x 偏

小。如果知道了 R_V 的数值，则待测电阻的阻值 R_x 可由式(4.3.7)得到

$$R_x=\frac{U_x}{I-I_V}=\frac{U_x}{I\left(1-\frac{I_V}{I}\right)}\approx\frac{U_x}{I}\left(1+\frac{I_V}{I}\right)=R\left(1+\frac{R}{R_V}\right) \tag{4.3.7}$$

概括地说，用伏安法测电阻时，由于接线方式的原因，测得的电阻值总是偏大或偏小，即存在一定的系统误差。要确定究竟采用哪一种接线法，必须事先对 R_x、R_A、R_V 三者相对大小作粗略估计，当 $R_x \gg R_A$ 时，可采用图 4.3.1(a)的接线方法；当 $R_V \gg R_x$ 时，可采用图 4.3.1(b)的接线方法；对于既满足 $R_x \gg R_A$，又满足 $R_V \gg R_x$ 的电阻，可采用任一种接法进行测量。如果要得到待测电阻的准确值，必须分别按式(4.3.4)或式(4.3.7)加以修正。

【实验仪器】

直流稳压电源、滑线变阻器、电压表、电流表、电阻箱、单刀双掷开关、待测电阻 2 个(1 个大电阻，1 个小电阻)等，如图 4.3.2 所示。

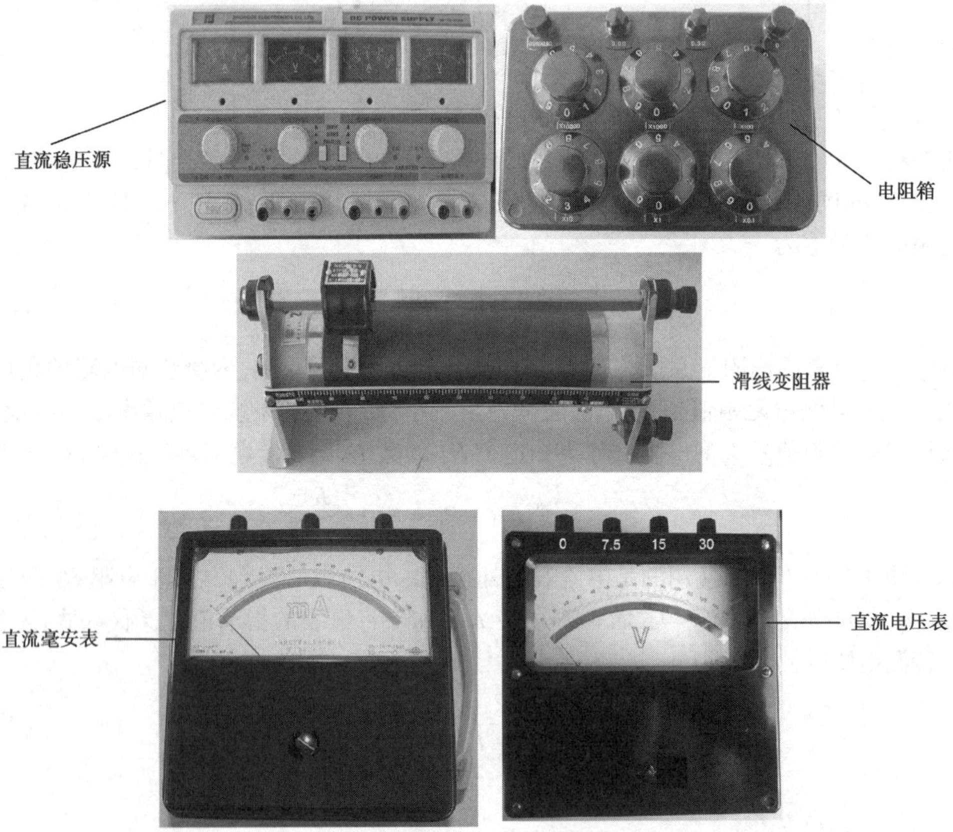

图 4.3.2　实验仪器实物

【实验内容】

(1)验证欧姆定律

实验线路如图 4.3.3 所示，其中Ⅰ、Ⅱ、Ⅲ表示按回路顺序连接线路。

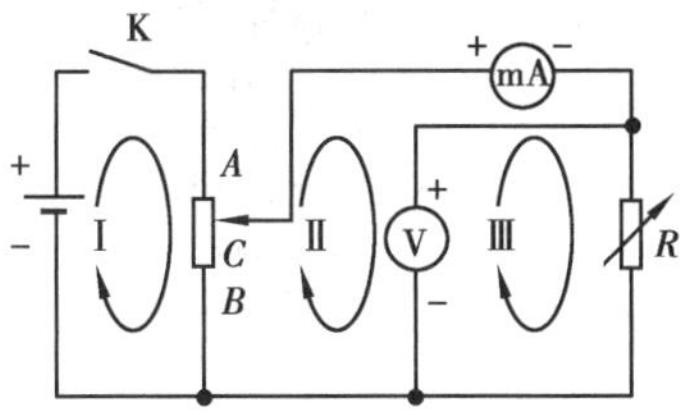

图 4.3.3　验证欧姆定律的实验电路

①按箭头所指顺序，先连接回路Ⅰ，再连接回路Ⅱ，其中滑线变阻器采用分压接法。检查电路无误后，合上开关，接通电源，调节电源电压输出为 10 V。

②将滑线变阻器滑动端由 B 向 A 缓慢移动，观察电压表指针变化。若有异常变化，马上断开电源。检查无误后，断开电源，接通回路Ⅲ。

③取电阻箱电阻为定值(电阻的取值要根据电表的量程来取)，接通电源开关。

④调节滑线变阻器用来改变电阻 R 两端电压 U，则电流 I 也随之改变。改变电压与电流的值，完成表 4.3.1，绘制 U-I 曲线，判断电压和电流是否成正比，验证欧姆定律。

表 4.3.1　电压与电流关系验证实验数据记录

$R=$ ________ Ω

U/V								
I/mA								

⑤调节滑线变阻器，使电压固定于 $U=8$ V，然后改变 R 数值，记录电流表的相应读数，完成表 4.3.2，验证电阻和电流是否成反比。应注意的是，在改变电阻 R 时，由于全电路欧姆定律的影响，电压表指示也稍有变化。因此每改变一次 R，都需要调节滑线变阻器，以保持电压表示数为固定值。

表 4.3.2　电阻与电流关系验证实验数据记录

$U=8$ V

R/Ω								
I/mA								

(2)用伏安法测电阻

按照图 4.3.4 接好线路。图中 K_2 是单刀双掷开关，倒向 A 为图 4.3.1(a)的接法，倒向 B 为图 4.3.1(b)的接法。R_x(或 R'_x)系待测电阻。实验室备有大小不同的两种待测电阻，测量时，应根据阻值的大小不同，选择合理的线路。

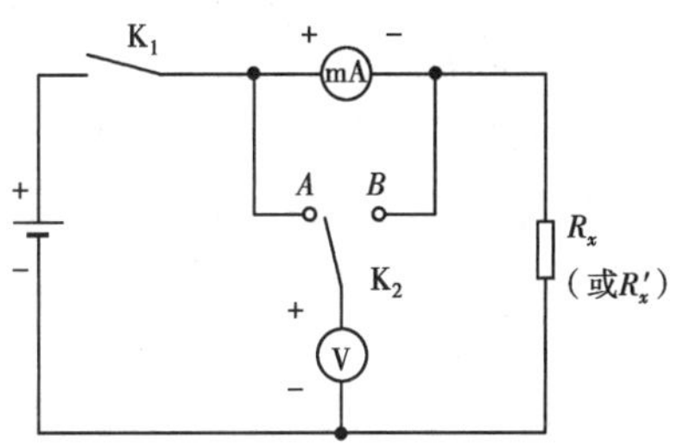

图 4.3.4　用伏安法测电阻的实验电路

①接通电源开关，调节电源使电压输出为 10 V。

②将开关 K_2 拨向 A，记录电压表和电流表的读数 U_A、I_A。再将开关 K_2 由 A 拨向 B，记录电压表和电流表的读数 U_B、I_B。比较读数的相对变化值来判断使用哪一种方法更合适，即比较 $|\Delta U/U_A|$ 和 $|\Delta I/I_A|$ 的大小。(其中，$\Delta U=U_B-U_A$，$\Delta I=I_B-I_A$。)

a. 若 $|\Delta U/U_A| > |\Delta I/I_A|$,即说明电流表的分压作用比较明显,此时应使用外接法。用开关 K_2 拨向 B 的数据,按式(4.3.7)算出 R_x 的修正值。

b. 若 $|\Delta U/U_A| < |\Delta I/I_A|$,即说明电压表的分流作用比较明显,此时应使用内接法。用开关 K_2 拨向 A 的数据,按式(4.3.4)算出 R_x 的修正值。

将实验数据填入表 4.3.3。

表 4.3.3　伏安法测电阻数据记录

电阻	U_A	I_A	U_B	I_B
R_x				
R'_x				

注:电表的内阻随着量程的不同而不同。本实验中提供的电表内阻如表 4.3.4 所示。

表 4.3.4　电表内阻

电表种类	内阻		
电压表	1.5 kΩ(量程 30 V)	3.0 kΩ(量程 15 V)	6 kΩ(量程 7.5 V)
电流表	3.5 Ω(量程 150 mA)	14 Ω(量程 300 mA)	

【数据处理】

①完成验证欧姆定律实验中的两个数据表格,并按照要求利用第一个表格中数据作 *U-I* 曲线,验证欧姆定律。

②用伏安法测电阻,要求测量两个电阻,判断用内接法还是外接法,并用相应的方法计算待测电阻 R_x 的修正值,并计算不确定度。

【注意事项】

①每次改换线路时,将电源输出调至最小,并将电源开关断开,不要带电作业。

②滑线变阻器要先置于输出电压最小处。

③电阻箱阻值在接通电源前置于定值上。

④读数时,注意在使指针与平面镜内指针像重合时读数。

⑤实验操作时,随时注意电流表、电压表指针不要超过量程。

⑥电压表、电流表都应先选用最大量程试测一下,然后再选择合适量程读数,读数时原则上要使指针位于电表量程后半部分。

⑦对一待测电阻,应首先确定其阻值范围,然后选定测量线路。

⑧通电后,不要急于记录数据,应先将电路中电压、电流从零调到实验要求状态,观察量程是否足够,各设备工作是否正常。如有问题重新选择量程或仪表。

【思考题】

1. 图 4.3.5 与图 4.3.3 的线路中滑线变阻器各起什么作用?在图 4.3.5 中,当滑线变阻器滑片 C 移至 A 或 B 时,电压表的读数是否有变化?这种变化与图 4.3.3 中移动滑片 C 时是否相同?

2. 如果给你一个电阻箱,你能利用图 4.3.4 所示电路测算出电压表的内阻和电流表的内阻的近似值吗?请说明具体实验方法。

3. 滑动变阻器当作分压器用的电路如图 4.3.6 所示,已知滑线变阻器两个固定接线端 A、B 间总电阻为 R_0,接线端 B、C 间电阻为 R_x,现将外部电阻 R 并联到 B、C 上,试计算:$R \gg R_0$ 和 $R = R_0$ 时,B、C 间的电压分别为多少?根据计算结果,归纳一下应当如何正确使用分压器。

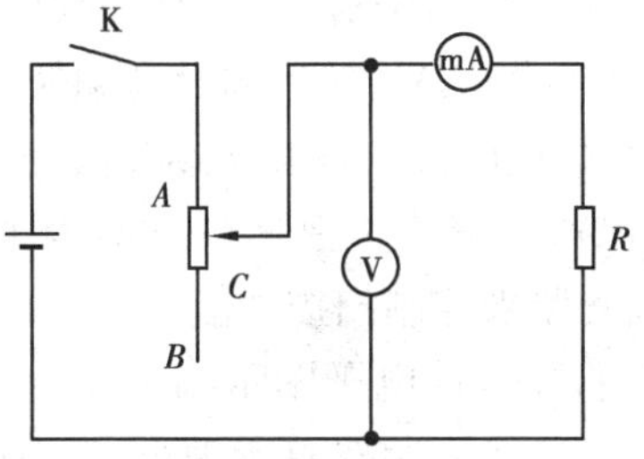

图 4.3.5　变阻器的限流接法

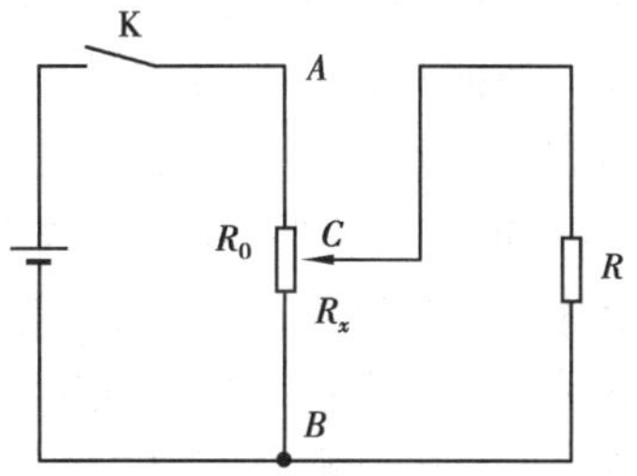

图 4.3.6　分压电路的分析讨论

4. 测量一约为 1.5 V 的电压时要求其结果的相对误差不大于 1.5%,则应选用下列哪种规格的电压表(　　)。

A. 0.5 级,量程为 5 V　　　　B. 1.0 级,量程为 2 V

C. 2.5 级,量程为 1.5 V　　　　D. 0.5 级,量程为 3 V

5. 用量程为 5 mA、准确度等级为 0.5 级的电流表,测量某恒流源输出电流 I,表盘共有 100 分度(格),当指针指在 86.3 分度位置上时,测量结果为(　　)。

A. $I = (4.315\,0 \pm 0.002\,5)$ mA　　　　B. $I = (4.32 \pm 0.03)$ mA

C. $I = (4.32 \pm 0.02)$ mA　　　　D. $I = (4.315 \pm 0.025)$ mA

6. 图 4.3.7 是伏安法测电阻的实验电路。某同学在实验中将开关 K_2 倒向 A,表示使用的是________接法;倒向 B,表示使用的是________接法。测量的数据分别如下:

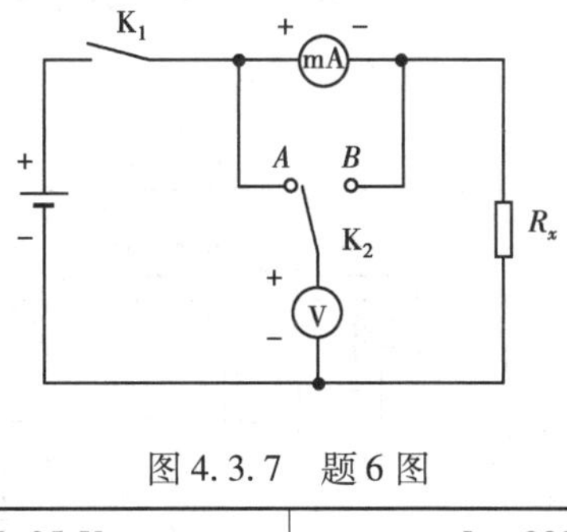

图 4.3.7　题 6 图

$U_A = 9.85$ V	$I_A = 202.5$ mA
$U_B = 9.75$ V	$I_B = 208.2$ mA

(1) 请问该同学在此种测量条件下,应该使用何种电路测量电阻?

(2) 请根据你选择的方法,用相应的修正公式计算待测电阻 R_x 的数值。

实验 4.4　示波器的使用

【实验概述与思政要素】

诺贝尔奖获得者,德国物理学家 K. F. 布劳恩在 1897 年出于对物理现象的好奇而发明了 CRT 示波器。他向荧光 CRT 上的水平偏转片施加一个振荡信号,然后向纵向偏转片发送一个测试信号。这两个偏转片会在小荧光屏上产生瞬态的电波图像。该发明逐步演变成一台测量仪器,并且其性能在后续的 50 多年里不断改善。工程师霍华德·卫林在 1947 年所作的改进让示波器成为一台非常实用的仪器,首次能够通过触发器来控制扫描功能。

示波器是一种广泛应用于科研、生产和实验教学的综合性电子图示测量仪器。它可以直接观察电信号的波形,测量电压的幅度、周期(频率)等参数。用双踪示波器还可测量两个电压之间的时间差或相位差。配合各种传感器,它可用来观测非电学量(如压力、温度、磁感应强度、光强等)随时间的变化过程。示波器的电路比较复杂,不属于本实验的讨论范围,这里仅限于学习示波器的基本原理和使用方法。

【实验目的】

①了解示波器的主要组成部分及其工作原理。

②掌握用示波器观察电信号的波形和李萨如图形的方法。

③学习用示波器测量电信号的幅度、周期(频率)的方法。

【实验原理】

(1)示波器的基本结构

示波器一般由以下几部分构成:示波管、扫描电路、同步触发电路、X 轴和 Y 轴放大器、电源等,如图 4.4.1 所示。

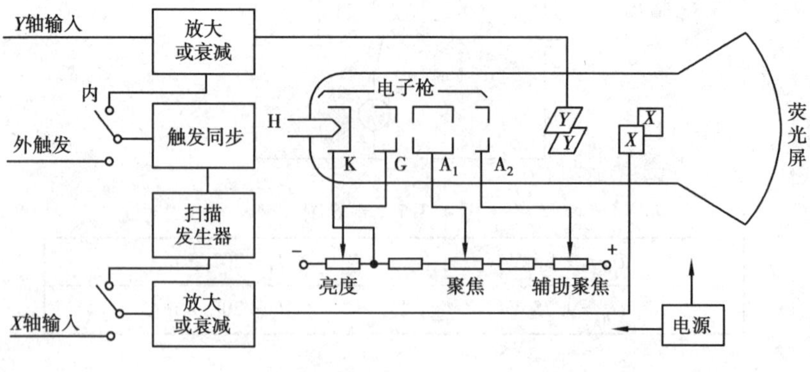

图 4.4.1　示波器的结构

1)示波管

示波管是示波器的心脏,主要包括电子枪、偏转系统和荧光屏三部分,全都密封在玻璃外壳内,里面抽成高真空。下面分别说明各部分的作用。

①荧光屏,它是示波器的显示部分,当加速聚焦后的电子打到荧光屏上时,屏上所涂的荧光物质就会发光,从而显示出电子束的位置。当电子停止作用后,荧光剂的发光需经一定时间才会停止,称为余辉效应。

②电子枪,由灯丝H、阴极K、控制栅极G、第一阳极A_1、第二阳极A_2五部分组成。灯丝通电后加热阴极。阴极是一个表面涂有氧化物的金属筒,被加热后发射电子。控制栅极是一个顶端有小孔的圆筒,套在阴极外面。它的电位比阴极低,对阴极发射出来的电子起控制作用,只有初速度较大的电子才能穿过栅极顶端的小孔然后在阳极加速下奔向荧光屏。示波器面板上的"亮度"调整就是通过调节电位以控制射向荧光屏的电子流密度,从而改变了屏上的光斑亮度。阳极电位比阴极电位高很多,电子被它们之间的电场加速形成射线。当控制栅极、第一阳极、第二阳极之间的电位调节合适时,电子枪内的电场对电子射线有聚焦作用,所以第一阳极也称聚焦阳极。第二阳极电位更高,又称加速阳极。面板上的"聚焦"调节,就是调节第一阳极电位,使荧光屏上的光斑成为明亮、清晰的小圆点。有的示波器还能"辅助聚焦",实际是调节第二阳极电位。

③偏转系统,它由两对相互垂直的偏转板组成,一对垂直偏转板Y,一对水平偏转板X。在偏转板上加以适当电压,电子束通过时,其运动方向发生偏转,从而使电子束在荧光屏上的光斑位置也发生改变。

容易证明,光点在荧光屏上偏移的距离与偏转板上所加的电压成正比,因而可将电压的测量转化为屏上光点偏移距离的测量,这就是示波器测量电压的原理。

2)信号放大器和衰减器

示波管本身相当于一个多量程电压表,这一作用是靠信号放大器和衰减器实现的。由于示波管本身的X及Y轴偏转板的灵敏度不高(0.1~1 mm/V),当加在偏转板的信号过小时,要预先将小的信号电压加以放大后再加到偏转板上。为此设置X轴及Y轴电压放大器。衰减器的作用是使过大的输入信号电压变小以适应放大器的要求,否则放大器不能正常工作,输入信号会发生畸变,甚至使仪器受损。对一般示波器来说,X轴和Y轴都设置有衰减器,以满足各种测量的需要。

3)扫描系统

扫描系统也称时基电路,用来产生一个随时间作线性变化的扫描电压,这种扫描电压随时间变化的关系如同锯齿,故称锯齿波电压,这个电压经X轴放大器放大后加到示波管的水平偏转板上,使电子束产生水平扫描。这样,屏上的水平坐标变成时间坐标,Y轴输入的被测信号波形就可以在时间轴上展开。扫描系统是示波器显示被测电压波形必需的重要组成部分。

(2)示波器显示波形的原理

如果只在竖直偏转板上加一交变的正弦电压,则电子束的亮点将随电压的变化在竖直方向来回运动,如果电压频率较高,则看到的是一条竖直亮线,如图4.4.2所示。要能显示波形,必须同时在水平偏转板上加一扫描电压,使电子束的亮点沿水平方向拉开。这种扫描电压的特点是电压随时间呈线性关系增加到最大值,最后突然回到最小,此后再重复变化。这种扫描电压即前面所说的"锯齿波电压",如图4.4.3所示。当只有锯齿波电压加在水平偏转板上时,如果频率足够高,则荧光屏上只显示一条水平亮线。

如果在竖直偏转板上(简称Y轴)加正弦电压,同时在水平偏转板上(简称X轴)加锯齿波电压,电子受竖直、水平两个方向的力的作用,电子的运动就是两个相互垂直的运动的合成。

当锯齿波电压比正弦电压变化周期稍大或者相同时,在荧光屏上将能显示出所加正弦电压完整周期的波形图,如图 4. 4. 4 所示。

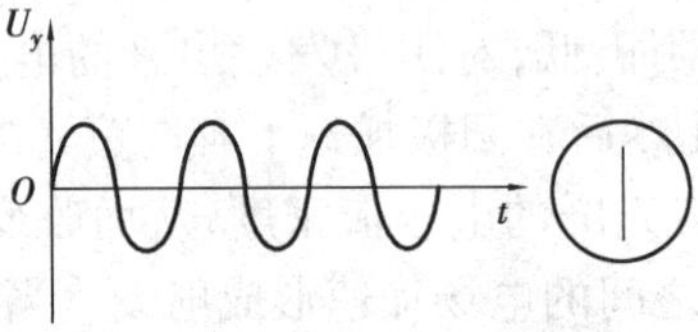

图 4. 4. 2　正弦波信号

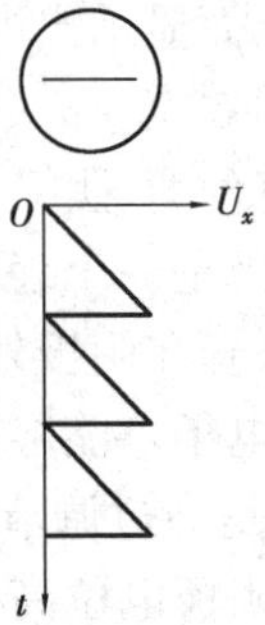

图 4. 4. 3　锯齿波扫描电压

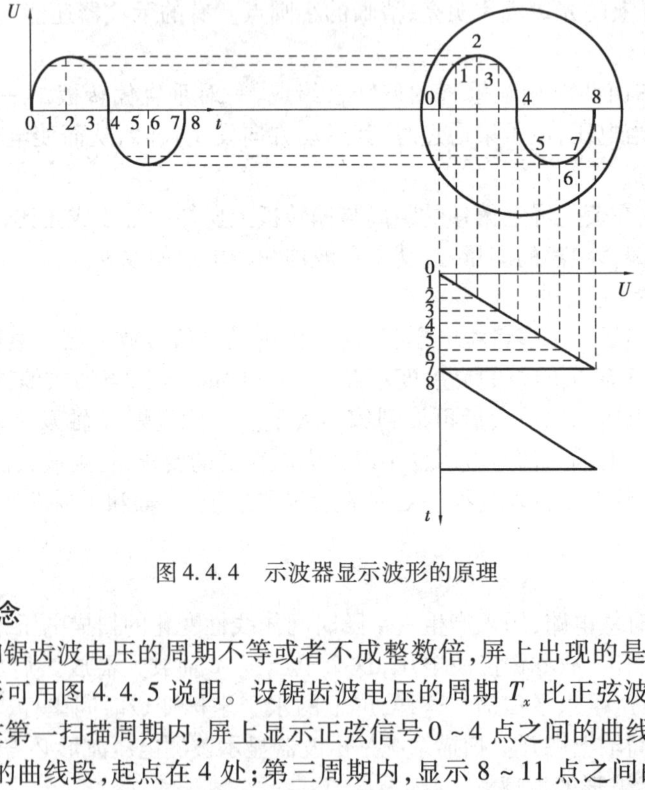

图 4. 4. 4　示波器显示波形的原理

(3)**同步的概念**

如果正弦波和锯齿波电压的周期不等或者不成整数倍,屏上出现的是一个移动着的不稳定图形。这种情形可用图 4. 4. 5 说明。设锯齿波电压的周期 T_x 比正弦波电压周期 T_y 稍小,如 $T_x/T_y=7/8$。在第一扫描周期内,屏上显示正弦信号 0 ~ 4 点之间的曲线段;在第二周期内,显示 4 ~ 8 点之间的曲线段,起点在 4 处;第三周期内,显示 8 ~ 11 点之间的曲线段,起点在 8 处。这样,屏上显示的波形每次都不重叠,好像波形在向右移动。同理,如果 T_x 比 T_y 稍大,则好像在向左移动。以上描述的情况在示波器使用过程中经常会出现。其原因是扫描电压的周期与被测信号的周期不相等或不成整数倍,以致每次扫描开始时波形曲线上的起点均不一样。为了使屏上的图形稳定,必须使 $T_x/T_y=n(n=1,2,3,\cdots)$,$n$ 是屏上显示完整波形的个数。

为了获得一定数量的波形,示波器上设有"扫描时间"(或"扫描范围")、"扫描微调"旋钮,用来调节锯齿波电压的周期 T_x(或频率 f_x),使之与被测信号的周期 T_y(或频率 f_y)成合适的关系,从而在示波器屏上得到所需数目的完整的被测波形。输入 Y 轴的被测信号与示波器内部的锯齿波电压是互相独立的。由于环境或其他因素的影响,它们的周期(或频率)可能发生微小的改变。这时,虽然可通过调节扫描旋钮将周期调到整数倍的关系,但过一会儿又变了,波形又移动起来。在观察高频信号时这种问题尤为突出。为此示波器内装有扫描同步装置,让锯齿波电压的扫描起点自动跟着被测信号改变,这就称为整步(或同步)。有的示波器中,需要让扫描电压与外部某一信号同步,因此设有"触发选择"键,可选择外触发工作状态,相应设有"外触发"信号输入端。

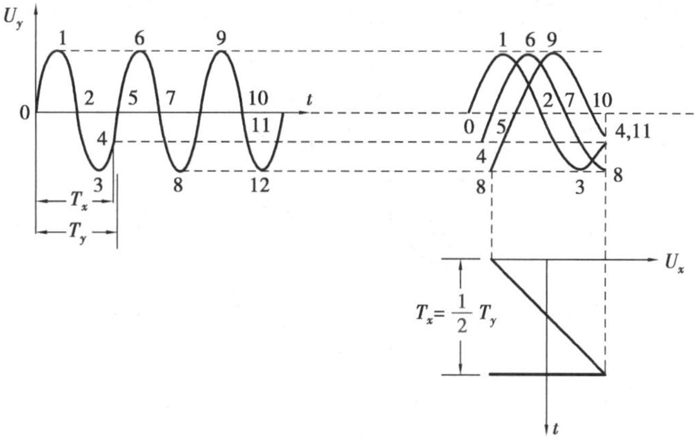

图4.4.5　$T_x=7T_y/8$ 时显示的波形

(4)**示波器的基本应用**

1)电压的测量

如图4.4.6所示,直接从示波器屏幕上读出被测电压所占的格数 D_y,再换算成电压值,即

$$U_{\text{p-p}}=D_y(\text{DIV})\times 垂直偏转因素(\text{V/DIV}) \tag{4.4.1}$$

式中,$U_{\text{p-p}}$为被测电压的峰-峰值(V);D_y 为被测电压峰-峰值所占格数(DIV)。

2)周期和频率的测量

如图4.4.7所示,直接从示波器屏幕上读出被测信号一个周期所占的格数 D_x,再换算成周期值,即

$$T=D_x(\text{DIV})\times 扫描偏转因素(\text{TIME/DIV}) \tag{4.4.2}$$

式中,T 为被测信号的周期;D_x 为被测信号一个周期所占的格数。根据频率与周期的关系 $f=\frac{1}{T}$ 即可求出信号的频率。

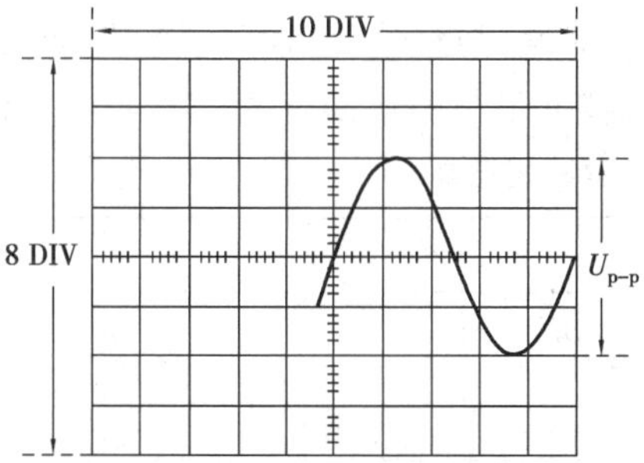

图4.4.6　电压的测量

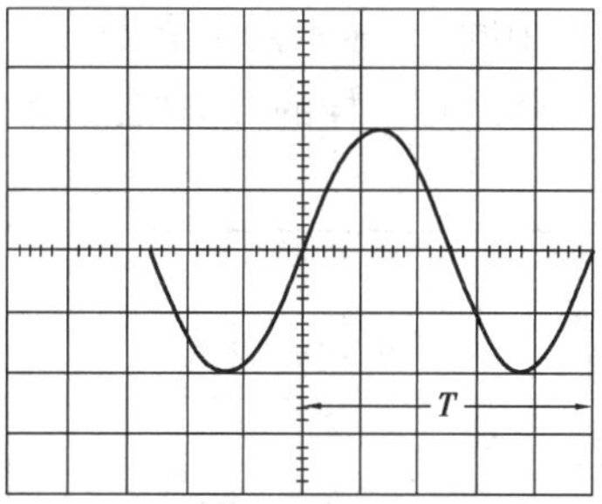

图4.4.7　周期的测量

3)李萨如图形

如果在示波器的 X 和 Y 偏转板上分别输入两个正弦信号,且它们频率的比值为简单整数,这时荧光屏上就呈现出李萨如图形(见图4.4.8),它们是两个互相垂直的简谐振动合成的结果。利用李萨如图形可以比较两个信号的频率。若 f_x 和 f_y 分别代表 X 与 Y 轴输入信号的频率,当李萨如图形稳定后,对图形作水平和竖直割线(两条割线均应与图形有最多的相交点),设 N_x 和 N_y 分别为李萨如图形与水平割线及竖直割线的最多的交点数目,则有如下关系

$$\frac{f_y}{f_x}=\frac{N_x}{N_y} \tag{4.4.3}$$

因此,只要知道了 f_x 或 f_y 其中一个,就可以求出另一个。

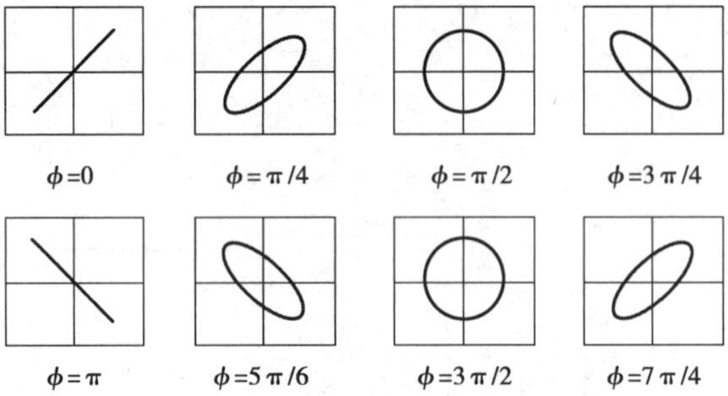

图4.4.8 不同相位差的李萨如图形

【实验仪器】

GOS-620 双踪示波器、SP1641B 低频信号发生器、同轴电缆等。

【实验内容】

(1)示波器的校准

①根据示波器的说明书要求,将有关旋钮置于初始位置,并接通电源,预热 3 min 后,调节“亮度”“聚焦”“Y 位移”“X 位移”等旋钮,使其在荧光屏中间得到一条亮度适中、清晰的扫描线。

②方波的校准。用同轴电缆将示波器的校准信号(方波,$f=1\ 000$ Hz,$U_{p\text{-}p}=2$ V)接到 CH1 通道,仔细调节垂直偏转因素和扫描偏转因素,以及 X、Y 位移等旋钮,使波形稳定并位于屏幕的正中间,并显示两个周期的方波。读出 T、$U_{p\text{-}p}$ 的值,与理论值进行比较,判断示波器是否正常工作。用同样的方法校准 CH2 通道。将方波校准示波器数据记录在表4.4.1 中。

表4.4.1 方波校准示波器数据记录

通道	电压			周期			频率
	V/DIV	D_y	$U_{p\text{-}p}$	TIME/DIV	D_x	T	f
CH1							
CH2							

(2)**观察并测量正弦电压的幅度和周期**

①开启低频信号发生器,选择电压输出,将输出端接到示波器的 CH2 通道,输出频率 f_s = 500 Hz,输出电压 $U_{p\text{-}p}$ =2 V。

②调节示波器垂直偏转因素“V/DIV”和扫描偏转因素“TIME/DIV”,以及 X、Y 位移等旋钮,在荧光屏上显示 4~5 个周期的正弦波形,并使其稳定。

③利用 X、Y 位移等旋钮,准确读出峰-峰值所占格数 D_y(DIV),则待测电压的峰-峰值为

$$U'_{p\text{-}p} = D_y(\text{DIV}) \times 垂直偏转因素(\text{V/DIV}) \tag{4.4.4}$$

调节扫描偏转因素,使得可以从屏幕上准确地读出 n 个周期(建议 3~4 个周期)波形的水平距离 D_x(DIV),则信号的周期 T'_s 为

$$T'_s = \frac{D_x(\text{DIV}) \times 扫描偏转因素(\text{TIME/DIV})}{n} \tag{4.4.5}$$

然后求出正弦波的频率

$$f'_s = \frac{1}{T'_s}$$

将以上测量和计算结果填入表 4.4.2。

表 4.4.2　正弦电压的幅度和周期(频率)测量数据记录

信号发生器输出		示波器测量电压			示波器测量周期				频率
$U_{p\text{-}p}$	f_s	V/DIV	D_y	$U'_{p\text{-}p}$	TIME/DIV	D_x	n	T'_s	f'_s
2.0 V	500 Hz								

(3)**观察李萨如图形并测量频率**

①CH2 通道仍接信号发生器电压输出端,CH1 通道接信号发生器上“点频输出”接线柱(输出的是一个正弦信号,频率 f_x =100 Hz 固定不变)。

②将示波器置于 X-Y 工作状态,即将扫描偏转因素调节旋钮逆时针转到底,置于蓝色 X-Y 挡,这时可观察李萨如图形。

③调节信号发生器的输出频率,在 20~600 Hz 调出 6 个“稳定”的李萨如图形,画出李萨如图形,将数据记入表 4.4.3,并求出 f_y 值。

【数据处理】

①使用方波校准示波器,并完成数据记录。

②完成测量正弦电压幅度、频率的表格(表 4.4.2)。

③完成李萨如图形测量频率表格,比较计算值与信号发生器的输出值,分析误差产生原因。

表 4.4.3　李萨如图形法测量频率数据

f_x =100 Hz

李萨如图形						
N_x						
N_y						

续表

信号发生器输出 f_y						
公式计算 f'_y						

【思考题】

1. Y 轴输入端有信号，但屏上只有一条垂直的亮线是什么原因？如何调节才能使波形沿 X 轴展开？

2. 用示波器观察周期为 0.2 ms 的信号电压，若在屏上呈现 5 个周期的稳定波形，扫描电压的周期应等于多少？

3. 荧光屏上无光点出现，有几种可能的原因？怎样调节才能使光点出现？

4. 若示波器显示的波形不断向右移动，说明扫描频率偏高还是偏低？

5. 将待测的信号输入到示波器的输入端子中，若要显示的波形幅度增大，则垂直偏转因素(V/DIV)的数值应该____________(增大、不变、减小)；而扫描偏转因素(TIME/DIV)的数值越大，则示波器显示的信号周期数越____________(少、不变、多)。

6. 用示波器观察 50 Hz 的正弦交流电压信号，当荧光屏上正好完整显示两个周期稳定波形时，其扫描电压的周期是____________，若被测信号的频率是 2 500 Hz，同样得到两个周期的稳定波形，这时扫描周期是____________。

7. 用示波器观察一个已知幅值为 4 V，周期为 500 Hz 的方波信号，在荧光屏上要让一个周期的方波在 X 轴方向上占 4 格，在 Y 轴方向上占 4 格，那么示波器的扫描偏转因素“TIME/DIV”应调至____________，垂直偏转因素“V/DIV”应调至____________。

8. 示波器要能显示波形，必须在水平偏转电极上加一扫描电压，使电子束的亮点沿水平方向展开，该扫描电压为(　　)。

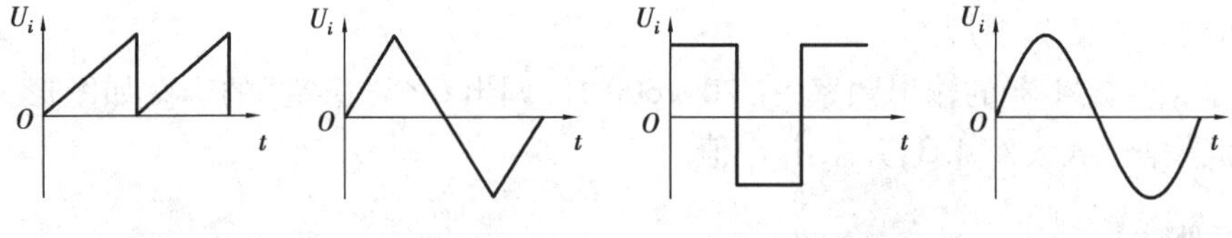

A. 锯齿波　　B. 三角波　　C. 方波　　D. 正弦波

9. 将示波器扫描偏转因素旋钮置于 5 μs/DIV，此时在屏幕水平轴 10 DIV 长度范围内正好看到 4 个完整的正弦波，此波的频率是(　　)。

A. 0.5 MHz　　B. 0.08 MHz

C. 0.8 MHz　　D. 5 MHz

10. 在示波器校准试验中，某同学将峰-峰值电压 2 V，频率 1 kHz 的标准方波接入示波器 CH1 通道，该通道垂直偏转因素为 0.5 V/DIV，扫描偏转因素为 0.1 ms/DIV，此时发现示波器显示的波形如图 4.4.9 所示。

(1)请问该波形下的示波器 CH1 通道是否为已校准状态？

(2)在图中画出校准后一个周期的波形。

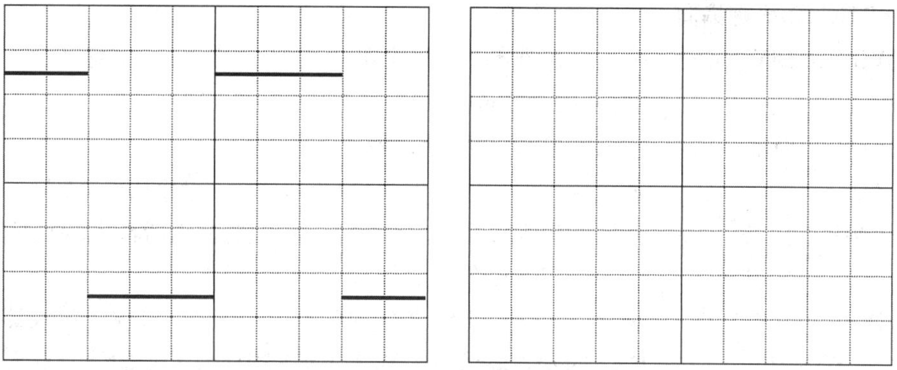

图 4.4.9　题 10 图

【附录】

GOS-620 示波器

(1)前面板说明

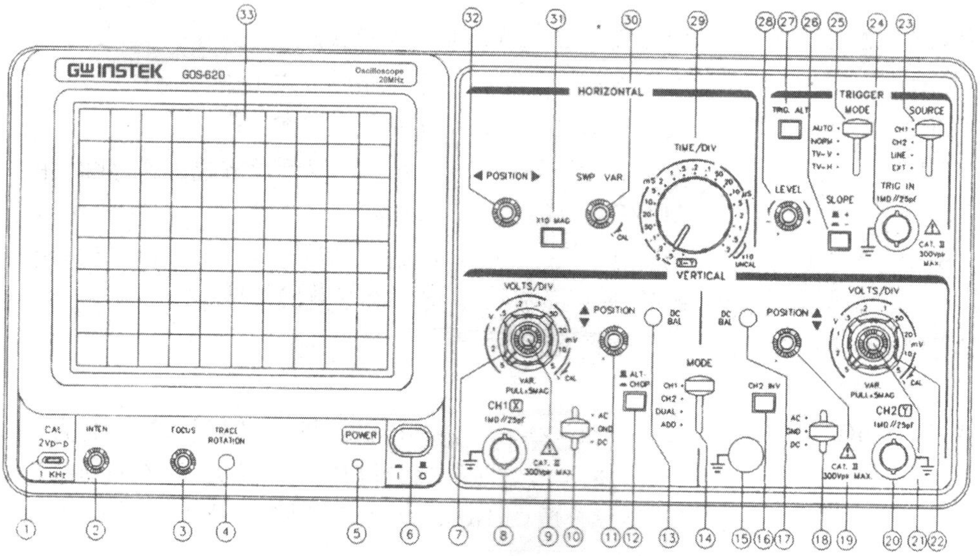

1) CRT 显示屏

②INTEN	轨迹及光点亮度控制钮。
③FOCUS	轨迹聚焦调整钮。
④TRACE ROTATION	使水平轨迹与刻度线成平行的调整钮。
⑥POWER	电源主开关,压下此钮可接通电源,电源指示灯⑤会发亮;再按一次,开关凸起时,则切断电源。
㉝FILTER	滤光镜片,可使波形易于观察。

2) VERTICAL 垂直偏向

⑦㉒VOLTS/DIV	垂直衰减选择钮,以此钮选择 CH1 及 CH2 的输入信号衰减幅度,范围为 5 mV/DIV ~5 V/DIV,共 10 挡。
⑩⑱AC-GND-DC	输入信号耦合选择按键组。
AC	垂直输入信号电容耦合,截止直流或极低频信号输入。
GND	按下此键则隔离信号输入,并将垂直衰减器输入端接地,使之产生一个零电压参考信号。
DC	垂直输入信号直流耦合,AC 与 DC 信号一齐输入放大器。
⑧CH1(X)输入	CH1 的垂直输入端；在 *X-Y* 模式中,为 *X* 轴的信号输入端。
⑨㉑VARIABLE	灵敏度微调控制,至少可调到显示值的 1/2.5。在 CAL 位置时,灵敏度即为挡位显示值。当此旋钮拉出时(×5MAG 状态),垂直放大器灵敏度增加 5 倍。
⑳CH2(Y)输入	CH2 的垂直输入端;在 *X-Y* 模式中,为 *Y* 轴的信号输入端。
⑪⑲▲▼POSITION	轨迹及光点的垂直位置调整钮。
⑭VERT MODE	CH1 及 CH2 选择垂直操作模式。
CH1	设定本示波器以 CH1 单一频道方式工作。
CH2	设定本示波器以 CH2 单一频道方式工作。
DUAL	设定本示波器以 CH1 及 CH2 双频道方式工作,此时并可切换 ALT/CHOP 模式来显示两轨迹。
ADD	用以显示 CH1 及 CH2 的相加信号；当 CH2 INV 键⑯为压下状态时,即可显示 CH1 及 CH2 的相减信号。
⑬⑰CH1&CH2 DC BAL	调整垂直直流平衡点。
⑫ALT/CHOP	当在双轨迹模式下,放开此键,则 CH1&CH2 以交替方式显示。(一般使用于较快速之水平扫描文件位)。当在双轨迹模式下,按下此键,则 CH1&CH2 以切割方式显示。(一般使用于较慢速之水平扫描文件位。)
⑯CH2 INV	此键按下时,CH2 的信号将会被反向。CH2 输入信号于 ADD 模式时,CH2 触发截选信号(trigger signal pickoff)亦会被反向。

3) TRIGGER 触发

㉖SLOPE	触发斜率选择键。 +:凸起时为正斜率触发,当信号正向通过触发准位时进行触发。 -:压下时为负斜率触发,当信号负向通过触发准位时进行触发。
㉕EXT TRIG IN	TRIG IN 输入端子,可输入外部触发信号。欲用此端子时,须先将 SOURCE 选择器㉓置于 EXT 位置。

㉗TRIG ALT　触发源交替设定键，当 VERT MODE 选择器⑭在 DUAL 或 ADD 位置，且 SOURCE 选择器㉓置于 CH1 或 CH2 位置时，按下此键，本仪器即会自动设定 CH1 与 CH2 的输入信号以交替方式轮流作为内部触发信号源。

㉓SOURCE　内部触发源信号及外部 EXT TRIG. IN 输入信号选择器。

CH1　当 VERT MODE 选择器⑭在 DUAL 或 ADD 位置时，以 CH1 输入端的信号作为内部触发源。

CH2　当 VERT MODE 选择器⑭在 DUAL 或 ADD 位置时，以 CH2 输入端的信号作为内部触发源。

LINE　将 AC 电源线频率作为触发信号。

EXT　将 TRIG. IN 端子输入的信号作为外部触发信号源。

㉕TRIGGER MODE　触发模式选择开关。

AUTO：　当没有触发信号或触发信号的频率小于 25 Hz 时，扫描会自动产生。

NORM：　当没有触发信号时，扫描将处于预备状态，屏幕上不会显示任何轨迹。本功能主要用于观察≤25 Hz 的信号。

TV-V　用于观测电视信号的垂直画面信号。

TV-H　用于观测电视信号的水平画面信号。

㉘LEVEL　触发准位调整钮，旋转此钮以同步波形，并设定该波形的起始点。将旋钮向“+”方向旋转，触发准位会向上移；将旋钮向“-”方向旋转，则触发准位向下移。

4）水平偏向

㉙TIME/DIV　扫描时间选择钮，扫描范围从 0.2 μS/DIV 到 0.5 μS/DIV 共 20 个挡位。

X-Y：设定为 *X-Y* 模式。

㉚SWP VAR　扫描时间的可变控制旋钮，若按下 SWP UNCAL 键⑲，并旋转此控制钮，扫描时间可延长至少为指示数值的 2.5 倍；该键若未压下时，则指示数值将被校准。

㉛X10 MAG　水平放大键，按下此键可将扫描放大 10 倍。

㉜◀POSITION▶　轨迹及光点的水平位置调整钮。

5）其他功能

①CAL（$2V_{p\text{-}p}$）　此端子会输出一个峰-峰值为 2 V，频率为 1 kHz 的方波，用以校正测试棒及检查垂直偏向的灵敏度。

⑮GND　本示波器接地端子。

(2)**后面板说明**

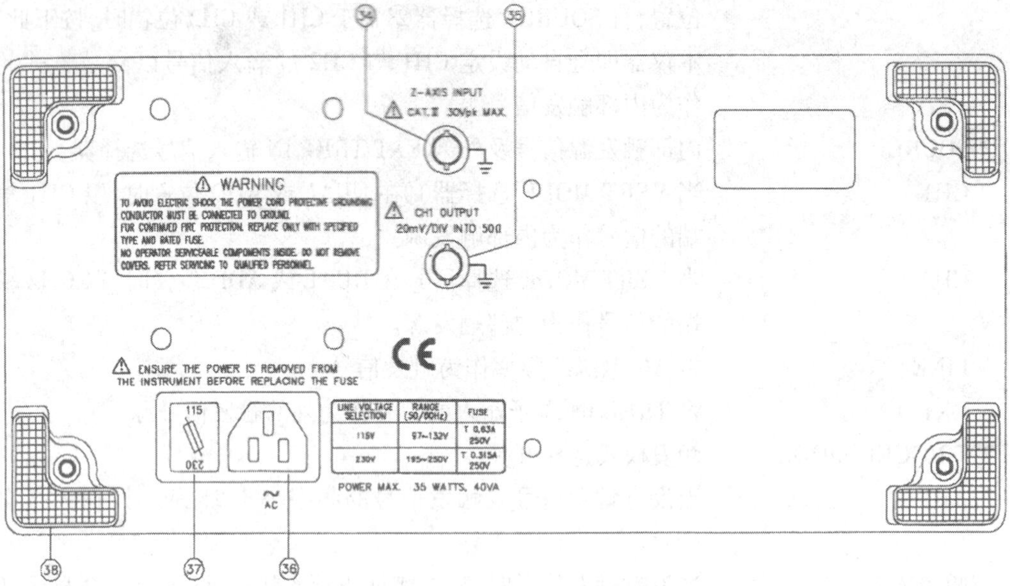

㉞Z-AXISI NPUT　　*Z* 轴输入端子,此输入端的信号将作为外接亮度调变信号。

㉟CH1 OUTPUT　　CH1 输出端,以大约 20 mV/DIV 的电压输出 CH1 信号(须加 50 Ω负载),此信号可作为计频器的输入信号源或其他用途。

AC 电源输入电路

㊱AC 电源线插座。

㊲保险丝及电源电压选择器。

㊳示波器脚垫,亦可作为电源线的绕线架。

(3)**各旋钮和按键的初始化**

项目			设定	项目			设定
POWER	⑥		OFF 状态	AC-GND-DC	⑩	⑱	GND
INTEN	②		中央位置	SOURCE	㉓		CH1
FOCUS	③		中央位置	SLOPE	㉖		凸起(+斜率)
VERT MODE	⑭		CH1	TRIGALT	㉗		凸起
ALT/CHOP	⑫		凸起(ALT)	TRIGGER MODE	㉕		AUTO
CH2INV	⑯		凸起	TIME/DIV	㉙		0.5 mSec/DIV
POSITION ▲▼	⑪	⑲	中央位置	SWP VAR	㉚		顺时针到底 CAL 位置
VOLTS/DIV	⑦	㉒	0.5 V/DIV	◀POSITION▶	㉜		中央位置
VARIABLE	⑨	㉑	顺时针转到底 CAL 位置	×10 MAG	㉛		凸起

实验4.5　驻波实验

【实验概述与思政要素】

塔科马海峡吊桥(Tacoma Narrows Bridge)是位于美国华盛顿州塔科马的两条悬索桥。大桥在1940年6月底建成后不久(通车于1940年7月1日),人们就发现大桥在微风的吹拂下会出现晃动甚至扭曲变形的情况。这种共振是横向的,沿着桥面的扭曲,桥面的一端上升,另一端下降。司机在桥上驾车时可以见到另一端的汽车随着桥面的扭动一会儿消失一会儿又出现的奇观。因为这种现象的存在,当地人幽默地将大桥称为“舞动的格蒂”。塔科马海峡大桥的坍塌使得空气动力学和共振实验成为建筑工程学的必修课。这里的共振和受迫共振(由周期运动引发的,如步伐整齐的一队士兵渡桥)不同。在该案例中没有周期性扰动。当时风速稳定在每小时42英里(67 km/h),频率0.2 Hz。这样的风速本应对大桥构不成威胁。因此此次事件只能被理解为空气动力学和结构分析不严密所致,以后所有的桥梁,无论是整体还是局部,都必须通过严格的数学分析和风洞测试。

驻波显示了波的干涉特性,它在声学、光学、无线电工程学等方面都有广泛的应用。本实验通过对弦振动驻波现象的观察和测量,使学生加深对驻波的认识和理解,并体会在多参数实验中,如何合理安排好实验。

【实验目的】

①观察在两端被固定的弦线上形成驻波的现象,了解弦线达到共振和形成稳定驻波的条件。

②通过不同途径,测量弦线上横波的传播速度,并分析比较其结果。

③用实验的方法确定弦线做受迫振动时的共振频率与驻波波腹个数、弦线有效长度、张力及弦线线密度之间的关系。

④研究弦振动时波长与张力的关系。

【实验原理】

(1)驻波的形成

设有两列频率相同、振幅相同、初相为零的简谐波,分别沿 Ox 轴正方向和 Ox 轴负方向传播,如图4.5.1所示。它们的波动方程分别为

$$y_1 = A\cos\frac{2\pi}{T}\left(t-\frac{x}{v}\right)$$

$$y_2 = A\cos\frac{2\pi}{T}\left(t+\frac{x}{v}\right)$$

两波相遇各点的位移,为两波各自引起的位移的叠加结果,即

$$\begin{aligned} y &= y_1 + y_2 \\ &= A\cos\frac{2\pi}{T}\left(t-\frac{x}{v}\right) + A\cos\frac{2\pi}{T}\left(t+\frac{x}{v}\right) \\ &= \left(2A\cos\frac{2\pi}{\lambda}x\right)\cos\frac{2\pi}{T}t \qquad (4.5.1) \end{aligned}$$

上式显示，波动的振幅 $2A\cos\frac{2\pi}{\lambda}x$ 虽与时间无关，但它却是位置 x 的函数。这说明各点的振幅随着距原点的距离 x 的不同而不同，但并不移动，形成驻波。

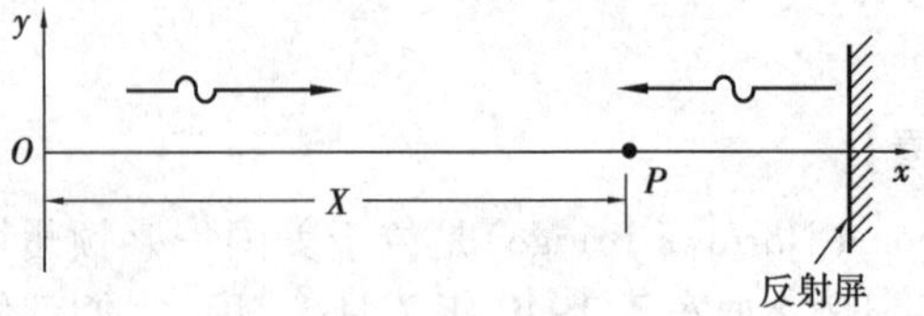

图 4.5.1　驻波形成过程

(2)**驻波波形特点分析**

由式(4.5.1)可知，当 $x=\pm(2K+1)\frac{\lambda}{4}$ 时(其中 $K=0,1,2,\cdots$)，$y=0$，即这些点的振幅始终为零，称为波节。

当 $x=\pm K\frac{\lambda}{2}$ 时($K=0,1,2,\cdots$)，$y=2A$，这些点的振幅最大，等于 $2A$，称为波腹。

相邻两波节(或波腹)之间的距离恰为 $\frac{\lambda}{2}$。因此在驻波实验中，只要测得相邻两波节(或波腹)间的距离 $\frac{\lambda}{2}$，就可以确定其波长。

(3)**弦线上横驻波的传播速度**

信号源振动一次在弦线上产生一个波，波长为 λ。信号源振动的频率为 ν，则波速 v 为

$$v=\nu\lambda \tag{4.5.2}$$

若这时 R_1 与 R_2 之间的距离，即弦长 l 上有 n 个半波长，则波长 $\lambda=\frac{2l}{n}$，弦线上的波速为

$$v=\nu\frac{2l}{n} \tag{4.5.3}$$

可以证明，在线密度(单位长度的质量)为 ρ，张力为 F 的弦线上，横波的传播速度(见附录)为

$$v=\sqrt{\frac{F}{\rho}} \tag{4.5.4}$$

波长为

$$\lambda=\frac{1}{\nu}\sqrt{\frac{F}{\rho}} \tag{4.5.5}$$

【实验仪器】

如图 4.5.2 所示，将漆包线的两端分别连接到驻波实验仪上，漆包线跨过两个劈形滑块，再绕过定滑轮，挂上一定质量的砝码。漆包线的下方放置磁铁。驻波实验仪提供一定频率的信号(频率可以改变的低频信号)，通电的漆包线在磁铁产生的磁场中产生安培力，按信号频率做横向振动而产生横波。信号源所发出的波沿漆包线向滑轮一端传播，受到劈形滑块的阻碍反射回来。入射波和反射波在漆包线上相干合成为驻波。

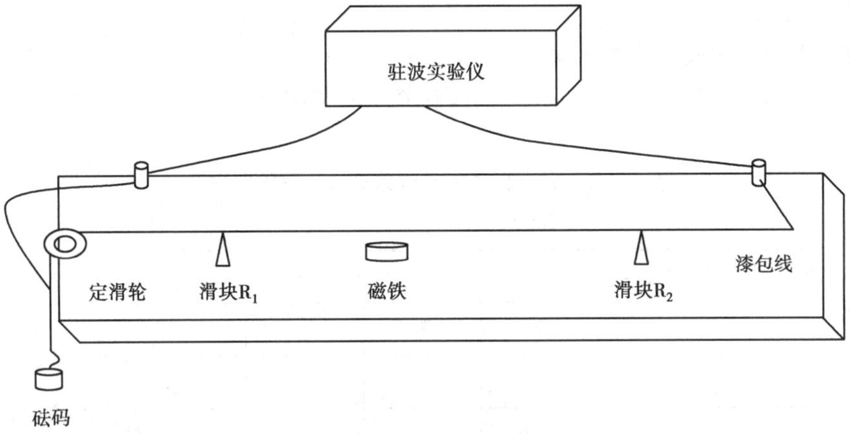

图 4.5.2　驻波实验仪器

SW-3 型驻波实验仪装置如图 4.5.3 所示。图中 AA′、BB′为连接弦线和信号发生器的两对接线柱，A 和 A′，B 和 B′已连接好。C 为定位杆，上有小孔，弦线穿过小孔，可以定位弦线的位置。R_1、R_2 为两块劈形滑块，用以调整弦线的振动区长度 l（简称弦长）。D 为一支米尺，用以测量金属滑块之间的距离。M 为磁铁，E 为滑轮，挂以连钩砝码。每组砝码 3 个。10 g 1 个，20 g 1 个，40 g 1 个。

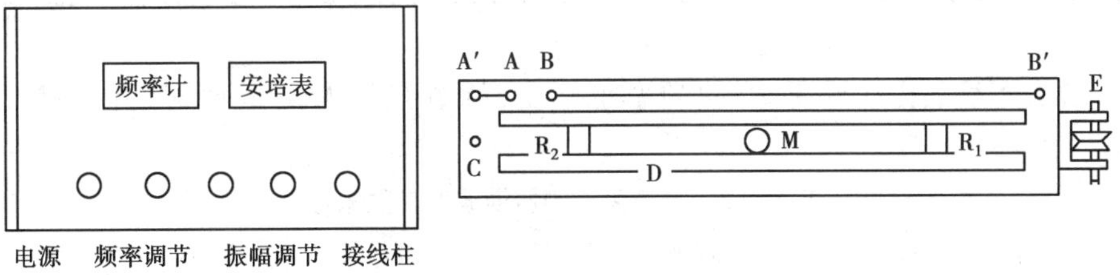

图 4.5.3　SW-3 型驻波实验仪器

【实验内容】

(1)观察弦线上的驻波

固定左滑块的位置，移动右滑块，即可将弦长 l 设置为一定的长度。改变滑轮下的砝码钩上的砝码质量 m，则可改变弦线中的张力 $F=mg$，由小到大仔细调节信号频率 ν，使弦线上产生若干个波形清晰、稳定的驻波。为了使波腹的形状更加明显，便于观察和测量，可将信号输出调至最大 1 A。

磁铁的作用是使载流导体在磁场中因受安培力的作用，按信号频率做横向振动产生横波。若磁铁放在波节的位置，则观察不到驻波，因此，在观察波形时必须随时移动磁铁至波腹的位置，才能观察到清晰的驻波波形。

与此类似，选定一定的砝码质量和信号频率 ν，仔细调节弦长 l，使弦线上产生若干个波形清晰、稳定的驻波。

通过这部分实验，体会在调节过程中的一些实验技巧。例如，如何选择弦长 l、张力 F、振动频率 ν 以及振幅强度，磁铁放在弦线下的什么位置较好，怎样才算是波形清晰、稳定的驻波等，以便顺利地进行以下的定量测量。这种先定性观察，后定量测量的实验过程，是实验者应该养成的良好习惯。

(2)测量弦线上横波的传播速度

①如弦线不变,张力不变,弦长 l 也不变,调节振动频率 ν,测量波速。将测量结果填入表4.5.1。

表 4.5.1 调节振动频率测量横波波速数据记录

线密度 $\rho=0.322\times10^{-3}$ kg/m,弦长 $l=0.6000$ m

砝码质量 $m=30$ g,张力 $F=0.294$ N							
半波数 n	1	2	3	4	5	6	平均值
ν/Hz							
$v=\nu\dfrac{2l}{n}$(m·s^{-1})							
砝码质量 $m=60$ g,张力 $F=0.588$ N							
半波数 n	1	2	3	4	5	6	平均值
ν/Hz							
$v=\nu\dfrac{2l}{n}$(m·s^{-1})							

②如弦线不变,张力不变,振动频率也不变,调节弦长 l,测量波速。将测量结果填入表4.5.2。

表 4.5.2 调节弦长测量横波波速数据记录

线密度 $\rho=0.322\times10^{-3}$ kg/m,频率 $\nu=150$ Hz

砝码质量 $m=30$ g,张力 $F=0.294$ N							
半波数 n	1	2	3	4	5	6	平均值
l/m							
$v=\nu\dfrac{2l}{n}$(m·s^{-1})							
砝码质量 $m=60$ g,张力 $F=0.588$ N							
半波数 n	1	2	3	4	5	6	平均值
l/m							
$v=\nu\dfrac{2l}{n}$(m·s^{-1})							

(3)研究弦线上横波的波长与张力的关系

对式(4.5.5)求对数得

$$\ln\lambda=\frac{1}{2}\ln F+\ln\left(\frac{1}{\nu\sqrt{\rho}}\right) \tag{4.5.6}$$

可见 $\ln\lambda$ 和 $\ln F$ 间是线性关系。可作 $\ln\lambda \sim \ln F$ 图，求出图线的斜率 a 和截距 b。检查是否和 $\frac{1}{2}$ 与 $\ln\left(\frac{1}{\nu\sqrt{\rho}}\right)$ 相吻合。

如弦线不变，振动频率也不变，改变弦线中张力若干次。仔细调节弦长 l，使波形清晰、稳定。将数据填入表4.5.3。

表4.5.3　弦线上横波的波长与张力的关系测量数据记录

线密度 $\rho=0.322\times10^{-3}$ kg/m，频率 $\nu=150$ Hz

砝码质量 $m/(\times10^{-3}$ kg)	20	30	40	50	60	70
张力 F/N						
半波数 n	3					
弦长 l/m						
波长 λ/m						
$\ln\lambda$						
$\ln F$						

可改变振动频率 ν，其他参数不变，重复以上实验。表格自拟。

【数据处理】

①完成横波波速测量中表4.5.1和表4.5.2，并作分析比较。两组实验数据在理论上应当是相等的，分析存有差异的原因，并与用 $v=\sqrt{\frac{F}{\rho}}$ 公式计算得到的结果作分析对比。

②根据表4.5.3测得的数据在作图纸上作 $\ln\lambda$-$\ln F$ 图，从图中求得斜率 a 和截距 b 的值，并与理论值 $a=\frac{1}{2}$，$b=\ln\left(\frac{1}{\nu\sqrt{\rho}}\right)$ 进行比较，计算实验的相对误差 E。

③在实验报告中分析本实验的误差产生的原因，并思考是否有改进的方法。

【思考题】

1. 如果在载流导线的下方放两块磁钢，其中一块的S面朝上，这时另一块应放在导线下方的什么位置，驻波的波腹将增大或减小？这块磁钢向上的一面是S面，还是N面？将其中一块的N面朝上，它们又应分别放在什么位置，驻波的波腹会增大或减小？为什么？这与你对驻波的理解吻合吗？

2. 本实验弦线的线密度是用天平秤得的，而某些实验教材则是用公式 $\nu=\frac{n}{2l}\sqrt{\frac{F}{\rho}}$ 求得的，并在后续实验中，以此计算得到的线密度 ρ 和波速 v，合适吗？为什么？

3. 驻波实验中，完成以下问题：

(1)在下图中画出磁铁放置最合适的位置。

(2)如果两滑块之间的距离为60 cm的弦线上，观察到2个波腹，其中，通入金属弦线上的电流频率为 120 Hz，根据实验公式求弦线张力大小。（线密度 $\rho=0.1736\times10^{-3}$ kg/m）

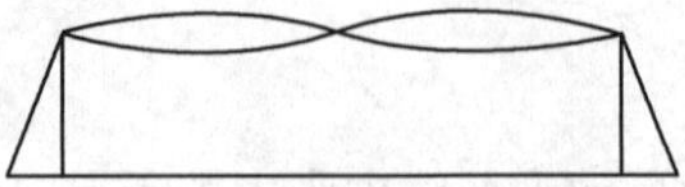

【附录】

公式 $v=\sqrt{\dfrac{F}{\rho}}$ 的证明

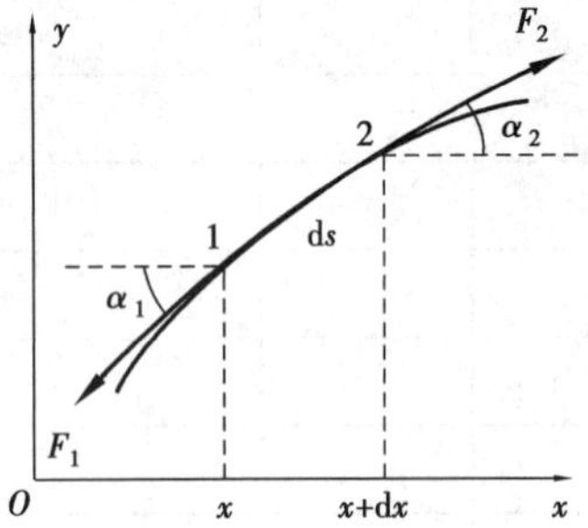

图 4.5.4　弦线受力分析

在传播驻波的弦线上，截取一微线元 ds，其线密度为 ρ。该线元的两端 1 与 2 处，分别受张力 F_1 和 F_2 的作用，方向沿弦线的切线方向，如图 4.5.4 所示。F_1、F_2 与 x 轴的夹角分别为 α_1 和 α_2。因线元仅在 y 方向振动，x 方向的合外力为零。得

$$F_2\cos\alpha_2-F_1\cos\alpha_1=0 \tag{4.5.7}$$

由牛顿第二定律

$$F_2\sin\alpha_2-F_1\sin\alpha_1=\rho\mathrm{d}s\frac{\mathrm{d}^2y}{\mathrm{d}t^2} \tag{4.5.8}$$

因弦线的振动振幅不大，故

$$\mathrm{d}s\cong\mathrm{d}x \qquad \cos\alpha_1\cong\cos\alpha_2\cong1$$

$$\sin\alpha_1\cong\tan\alpha_1=\left(\frac{\mathrm{d}y}{\mathrm{d}x}\right)_x \qquad \sin\alpha_2\cong\tan\alpha_2=\left(\frac{\mathrm{d}y}{\mathrm{d}x}\right)_{x+\mathrm{d}x}$$

由式(4.5.7)得

$$F_2\approx F_1\approx F$$

由式(4.5.8)得

$$F\left(\frac{\mathrm{d}y}{\mathrm{d}x}\right)_{x+\mathrm{d}x}-F\left(\frac{\mathrm{d}y}{\mathrm{d}x}\right)_x=\rho\mathrm{d}x\frac{\mathrm{d}^2y}{\mathrm{d}t^2} \tag{4.5.9}$$

将上式中的首项按泰勒级数展开并略去二级小项，得

$$\left(\frac{\mathrm{d}y}{\mathrm{d}x}\right)_{x+\mathrm{d}x}=\left(\frac{\mathrm{d}y}{\mathrm{d}x}\right)_x+\left(\frac{\mathrm{d}^2y}{\mathrm{d}x^2}\right)_x\mathrm{d}x \tag{4.5.10}$$

由式(4.5.9)和式(4.5.10)得

$$F\left(\frac{\mathrm{d}^2y}{\mathrm{d}x^2}\right)_x\mathrm{d}x=\rho\mathrm{d}x\frac{\mathrm{d}^2y}{\mathrm{d}t^2} \tag{4.5.11}$$

即

$$\frac{\mathrm{d}^2y}{\mathrm{d}t^2}=\frac{F}{\rho}\frac{\mathrm{d}^2y}{\mathrm{d}x^2} \tag{4.5.12}$$

与波动方程比较可得

$$v=\sqrt{\frac{F}{\rho}} \tag{4.5.13}$$

实验 4.6　液体表面张力系数测定

【实验概述与思政要素】

2013 年 6 月 20 日，中国首次太空授课开始。“神舟十号”航天员在“天宫一号”开展基础物理实验，展示失重环境下物体运动特性、液体表面张力特性等物理现象。王亚平利用水袋和金属圈做成了一个水膜，展示失重状态下水的表面张力发挥作用。许多涉及液体的物理现象都与液体的表面性质有关，液体表面的主要性质就是表面张力。例如，液体与固体接触时的浸润与不浸润现象、毛细现象、液体泡沫的形成等，工业生产中使用的浮选技术，动植物体内液体的运动，土壤中水的运动等都是液体表面张力的表现。液体的表面张力系数 α 与液体的性质、杂质情况、温度等有关。一般来讲，密度小，易挥发液体 α 小；温度越高，α 越小。

液体表面张力的测定方法分静力学法和动力学法。静力学法有毛细管上升法、du Noüy 环法、Wilhelmy 盘法、旋滴法、悬滴法、滴体积法、最大气泡压力法；动力学法有振荡射流法、毛细管波法。其中毛细管上升法和最大气泡压力法不能用来测液-液界面张力。Wilhelmy 盘法、最大气泡压力法、振荡射流法、毛细管波法可以用来测定动态表面张力。由于动力学法本身较复杂，测试精度不高，而先前的数据采集与处理手段都不够先进，致使此类测定方法成功应用的实例很少。因此，迄今为止，实际生产中多采用静力学测定方法。本实验是用拉脱法测定液体的表面张力系数。

【实验目的】

①学习用砝码对硅压阻力敏传感器进行定标的方法，并学会运用列表法、逐差法和作图法计算传感器的灵敏度。

②观察拉脱法测液体表面张力的物理过程和物理现象，并用物理学基本概念和定律进行分析和研究，加深对物理规律的认识。

③测量水和其他液体的表面张力系数，并作比较。

④测量液体的浓度与表面张力系数的关系（如酒精不同浓度时的表面张力系数）。

【实验原理】

任何物质分子间都存在作用力，除在分子间距离极近的时候（如小于 10^{-10} m）表现为斥力外，稍远的分子总是相互吸引的，这种引力的特点是力的大小随距离增加而很快趋于零。如果在液体内部考察某一分子β，那么四周对β有引力作用的其他分子将分布在一球形范围内，这个球形叫分子作用圈。处在液体内部的分子β，因作用圈的球形对称关系，其他分子对它的引力恰好相互抵消，如图4.6.1所示。但处在液体表面的分子，情况就不同了。它一方面受到液体内部分子的引力，另一方面受到液体外部气体分子的作用，由于气体密度与液体密度相比很小，其作用可以忽略不计。所以，液体表面层中所有分子都要受到垂直于液面并指向液体内部的引力作用。

正是由于这个原因，当系统处于稳定平衡时，液体表面分子有尽量挤入液体内部使液面有尽可能缩小的趋势，致使液面好像是一张拉紧的膜。这种处在沿着液体表面的，使液体有收缩倾向的作用力，称为液体表面张力。

在图4.6.2中，直线MN表示在液面上所设想的一条分界线，把液面分成两个部分，f_1表示表面1对表面2的拉力，f_2表示表面2对表面1的拉力。这两个力的大小相等，方向相反且都与液面相切，与MN线垂直。这就是液面上相接触的两部分表示相互作用的表面张力。显然，表面张力的大小f应正比于MN的长度L，即$f=\alpha L$。

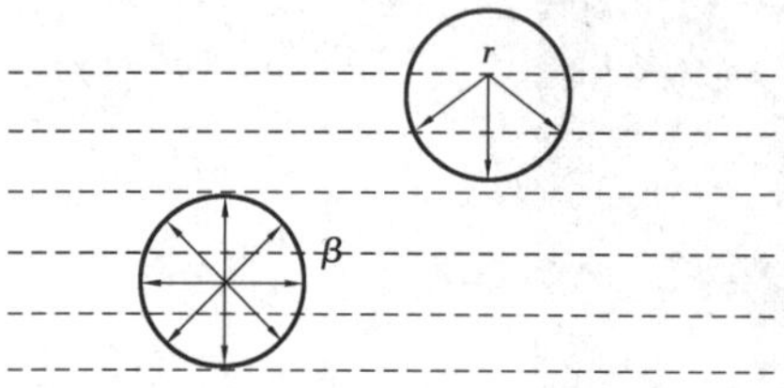

图4.6.1　液体分子所受的力

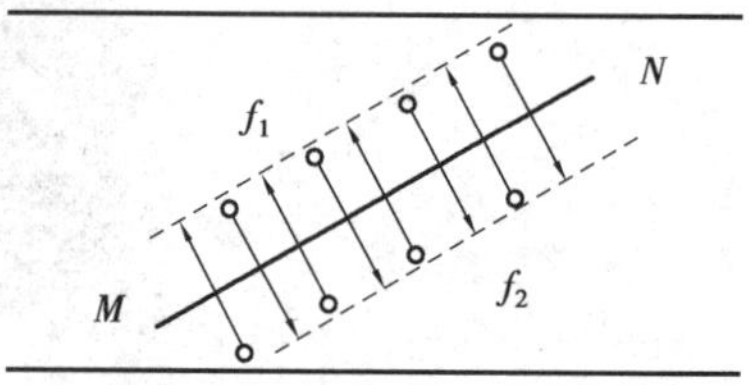

图4.6.2　表面张力

本实验将一个金属吊环固定在传感器上，并将该环下表面浸没于液体中，渐渐拉起吊环，当它从液体表面拉脱时瞬间，传感器受到的拉力f等于拉脱表面的周长与液体表面张力系数的乘积，即

$$f=\alpha L=\pi(D_1+D_2)\alpha \tag{4.6.1}$$

式中，D_1、D_2分别为圆环外径和内径；α为液体表面张力系数。所以液体表面张力系数为

$$\alpha=\frac{f}{\pi(D_1+D_2)} \tag{4.6.2}$$

【实验仪器】

液体表面张力实验仪、游标卡尺、圆环、托盘、砝码片、镊子。

【实验内容】

(1)硅压阻力敏传感器的定标

液体表面张力实验仪结构如图4.6.3所示。

①将砝码托盘挂在力敏传感器的挂钩5上，记录数据之前首先应让砝码托盘空载，并将初始输出电压调零之后，即可开始测量。

②逐个在砝码托盘中加入0.5 g的砝码，并依次测出相应的电压输出值，实验结果填入表4.6.1。

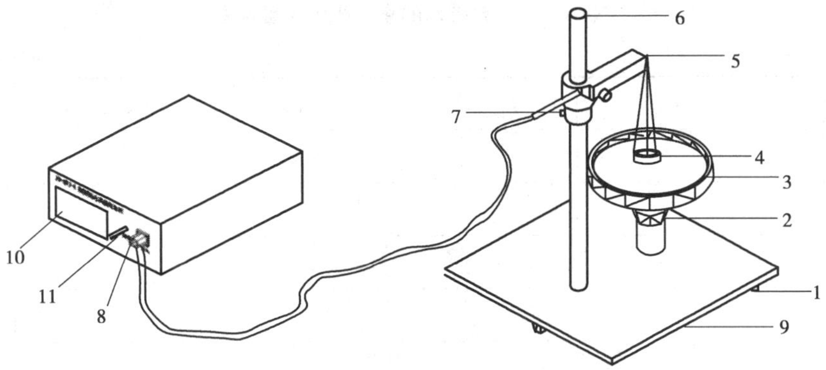

图 4.6.3　液体表面张力实验仪结构图

1—调节螺丝;2—升降螺丝;3—玻璃器皿;4—吊环;5—力敏传感器;6—支架;

7—固定螺丝;8—航空插头;9—底座;10—数字电压表;11—调零

表 4.6.1　力敏传感器定标

物体质量 m/g	0.500	1.000	1.500	2.000	2.500	3.000
重力 F/N						
输出电压 U/mV						
灵敏度 B/(mV · N^{-1})						

(2)**水及其他液体表面张力系数的测量**

①用游标卡尺选取吊环不同位置测量其内外径各 3 次,并计算其平均值。将测量及计算结果填入表 4.6.2。

表 4.6.2　吊环的尺寸

测量次数	1	2	3	平均值
外径 D_1				
内径 D_2				

②将金属吊环挂在传感器的小钩上,调节升降台,将液体升至靠近吊环的下表面,观察吊环下沿与待测液面是否平行,如果不平行,将金属吊环取下后,调节吊环上的细丝,使吊片与待测液面平行。

③调节容器下的升降台,使其渐渐上升,将吊环的下表面全部浸没于待测液体中,然后反向调节升降台,使液面逐渐下降,这时,金属环片和液面间形成一环形液膜,继续下降液面,边转动螺母边观察吊环从液体中拉起时的物理过程和现象,以及电压表示数的变化。特别注意记录两个瞬间的电压值:吊环在拉断液柱前一瞬间(还未脱离液面)数字电压表读数记为 U_1,拉断后的一瞬间(刚刚脱离液面)数字电压表的读数记为 U_2,结果记录在表 4.6.3 中。

表 4.6.3　自来水的表面张力系数测量

水温:______℃

测量次数	U_1/mV	U_2/mV	ΔU/mV	$f\times10^{-3}$N	$\alpha\times10^{-3}$N/m
1					
2					
3					
4					
5					
6					
7					
$\overline{\alpha}$					

由力敏传感器的输出电压与受力之间的关系,可得

$$\Delta U = U_1 - U_2 \tag{4.6.3}$$

$$f = \Delta U/B = \frac{U_1 - U_2}{B} \tag{4.6.4}$$

$$\alpha = \frac{f}{\pi(D_1 + D_2)} = \frac{U_1 - U_2}{\pi B(D_1 + D_2)} \tag{4.6.5}$$

其中,B 为表 4.6.1 中测得的力敏传感器灵敏度,单位为 mV/N。

经查表,20 ℃的水的表面张力系数理论值为 72.38×10^{-3}N/m。

【数据处理】

①根据表 4.6.1 的数据由公式 $F = mg$ 以及 $B = U/F$,计算出传感器的灵敏度 B。

②利用逐差法计算力敏传感器的灵敏度 B。($B = \frac{\Delta U}{\Delta F}$, $g = 9.794\ \text{m/s}^2$,要求写出计算过程。)

③根据表 4.6.1 的数据在作图纸上作 U-F 的图,并用图解法计算斜率 B。

④完成实验内容中的表格,并计算出液体表面张力系数 α 的平均值。

⑤将实验测得的数据与理论值进行比较,计算实验的相对误差 E。

⑥分析实验测量过程中误差产生的原因(提示:如液体纯度,液体温度,金属环表面状况,实验操作准确性等方面的影响),并尝试提出相应的改进措施。

【思考题】

1. 在测量拉脱力的过程中,记录的读数为何不是电压达到最大值时的数据,而是记录拉脱前后的两个瞬间的电压值?

2. 在测量拉脱力的过程中,测量电压值 U_1 和 U_2 之前需要进行调零吗?为什么?

3. 计算液体表面张力的公式中,为什么是用拉脱表面周长乘以表面张力系数 α,而不是用

拉脱表面的面积进行计算？

4. 测定液体表面张力系数的实验步骤为：

①调节升降台，使液面逐渐下降；

②记录液柱断后瞬间的电压值；

③记录传感器电压表读数的最大值；

④测定硅压阻力敏传感器的灵敏度；

⑤记录液柱断前瞬间的电压值；

⑥调节圆环下沿与待测液面平行；

⑦用游标卡尺测量圆环的内外径

A. ④⑦⑥①⑤②　　B. ④⑦⑥①③②

C. ①③②⑥⑦④　　D. ⑤①⑥④②⑦

5. 在用拉脱法测定液体表面张力系数的实验中，实验所用拉脱物体如图4.6.4所示为一正三角形环状物体，其内边长为3.00 cm，外边长为3.33 cm，试完成以下问题：

(1) 根据表4.6.4中数据用逐差法求出传感器的灵敏度 B。

(2) 结合图4.6.5中所给数据求出液体的表面张力系数 α。

(3) 若 α 的理论值为 72.38×10^{-3} N/m，计算实验结果的相对误差 E。(注：$g=9.794$ m/s^2)

表4.6.4　传感器定标数据

m/g	0.500	1.000	1.500	2.000	2.500	3.000	3.500	4.000
U/mV	7.3	15.8	23.2	29.8	37.9	45.2	53.3	60.9

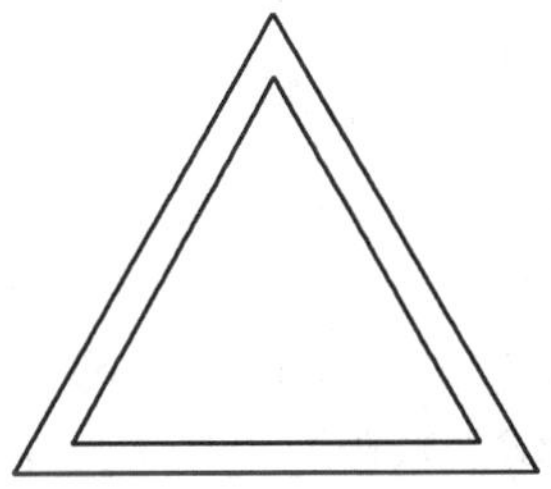

图4.6.4　正三角形环

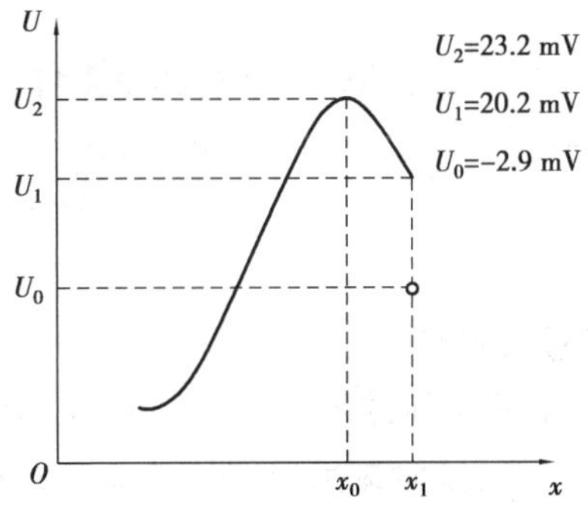

图4.6.5　拉脱过程中电压表示数的变化曲线

实验4.7　用电位差计校准电流表

【实验概述与思政要素】

磁电式电表在经常使用或长期保存后，其元件参数和性能都会发生变化，如元件老化、磁性减弱、转动部件磨损等。这样，电表的准确度等级就可能降低，故需定期对其作校准，若校准结果表明其误差已经超过允许值,则该电表只能降级使用,或用校准曲线加以修正。

本实验的实际意义在于通过学习用电位差计校准电表的方法,可以加强同学们对设计性实验的练习,培养独立工作能力,并且学习到校准电表的基本方法,还能更好地掌握电位差计以及类似地电学仪器的使用方法,加深对电位差计工作原理的理解。

以毫安表为例,设被校表的示值为 I,校准结果为 I',则差值为

$$\Delta I = I - I'$$

以 I 为横坐标,ΔI 为纵坐标,作出如图 4.7.1 所示的校准曲线(各数据点连成折线)。只要将读出的被校表的示值减去该读数所对应的 ΔI,就能得到校准后的数值。也可以从校准曲线的 ΔI 中找出绝对值最大的值,由此确定被校表的准确度等级。

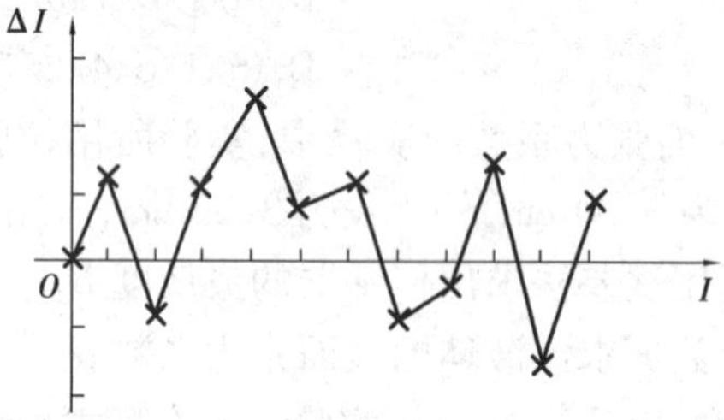

图 4.7.1　校准曲线

用同类的标准表来校准被校表最方便,但通常要求标准表的准确度等级要比被校表至少高两个级别。高精度的电表往往价格昂贵,而电位差计的准确度等级较高,且价格低廉。因此,实验室常采用电位差计来校准电表。

【实验目的】

①训练简单测量电路的设计和测量条件的选择。

②加深对补偿法测量原理的理解和运用。

【实验原理】

(1)**电位差计原理**

电位差计测量电压的依据是补偿原理。图 4.7.2 的电路中,当改变滑片 N 的位置,使 A、N 间的电压 $U_{AN}=E_x$,这时流过检流计的电流为零,则检流计指零。这就是电压 U_{AN} 与 E_x 互相补偿,如果 A、B 间的电压分布已知,就可以得到 U_{AN},进一步就可以知道电压 E_x 的值。这就是补偿原理。依据电压补偿原理制作的箱式电位差计的原理图如图 4.7.3 所示。

1)电位差计的校准

图 4.7.3 中的双刀双掷开关 S_1 倒向右侧,则检流计和校准电路连接,然后调节变阻器 R_P,使检流计 G 内没有电流通过,即标准电阻 R_S 两端的电压与标准电池的电动势 E_S 相等,这样电路中的电流为一个标准值。

2)电位差计的测量

S_1 倒向左侧则检流计和被测电路连接,改变调节电阻 R 的数值,再次使检流计内无电流通过,即 R 两端电压与待测电动势 E_x 相等。

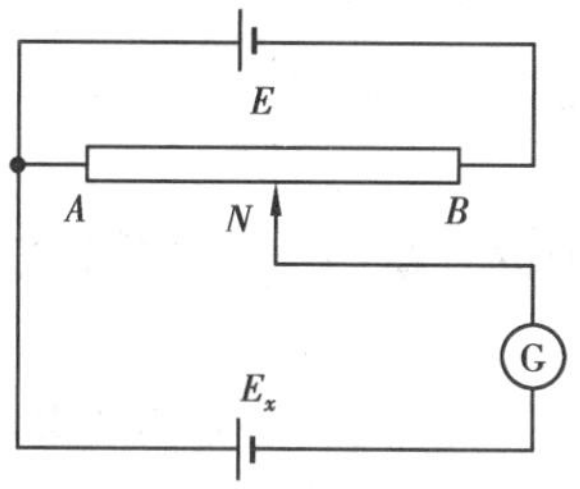

图4.7.2　电压补偿原理

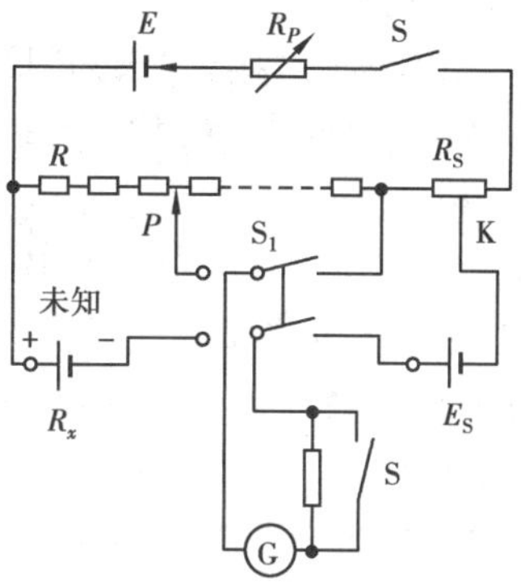

图4.7.3　箱式电位差计原理

(2)**可行性分析**

将电流表与一只阻值已知的标准电阻 R_S 串联,用电位差计测出 R_S 两端的电压。然后可以计算出流过 R_S 的电流(可近似认为是实际电流的大小),流过电流表的电流也是这个值,然后确定电流表的示值和这个值的差异。

(3)**电路设计与参数选择**

设计电路与选择参数时主要应考虑以下几点:

①当电流达到待校表的量程时,R_S 两端的电压也应接近电位差计的量程,从而可根据待校表和电位差计的量程确定 R_S 的阻值。

②要求电路能实现被校电流在0~2 mA 连续可调,还要兼顾电压调节的均匀性。

③确定电路元件参数,包括电源输出电压。

④所设计的电路应安全可靠(要考虑各器件的额定电流和额定功率)。

【实验仪器】

待校准毫安表(1.5级)、直流稳压电源、ZX21电阻箱一只、标准电阻(0.1级,100 Ω)、UJ36a电位差计(0.1级,量程230 mV,如图4.7.4所示)。

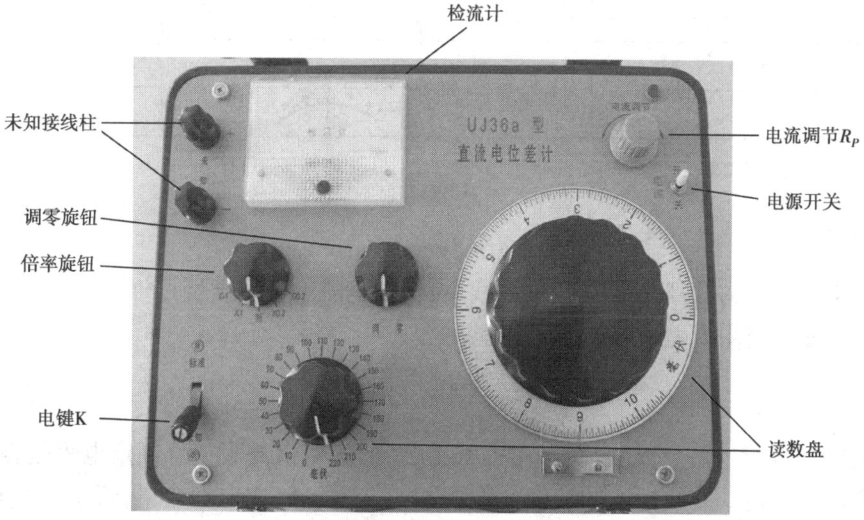

图4.7.4　电位差计面板

UJ36a 电位差计的使用步骤如下：

①将待测电压(电动势)接到“未知”接线柱上(极性一定不要接反)。

②将电键 K 置于中间位置，把“倍率”旋钮由“断”的位置按测量需要旋到“ ×1”或“ ×0. 2”挡位上(本实验取 ×1 挡)，打开电源，调节“调零”旋钮使检流计指针指零。

③左手将电键 K 推向“标准”(不要松手，如松手电键就会回到断开位置)，右手调节“电流调节 R_P”旋钮，使检流计指零，然后松开电键 K。

④估计待测电压大致为多少，然后使电位差计的两个读数盘的读数和乘以“倍率”大致等于待测电压(这样方便下一步找到电压补偿点)。

⑤将电键 K 拨向“未知”，调节电位差计两个读数盘(不要调节“电流调节 R_P”旋钮)，在小范围内找到使检流计指零的位置，这就是补偿点(即两读数盘的读数和乘以“倍率”等于待测电压)，将 K 拨回中间位置，记录两读数盘的读数和。

⑥重复步骤③④⑤，测出其他电压。

⑦测量完毕务必将电位差计右上角的电源开关关掉，防止内部干电池电量耗尽，造成漏液。

【实验内容】

①画出实验电路图，确定元件参数，并进行安全性分析(预习时完成)。

②在断电的情况下，根据自己设计的电路图连接实验电路，经检查无误后再通电。

③为了减小误差，校准时，电路电流应从零开始逐渐增大到被校电流表的量程，测量一组数据；然后使电路电流从稍大于被校表量程开始逐渐减小至零，相应的再测量一组数据，两次的测量电压取平均值。实验数据记入表 4. 7. 1。

表 4. 7. 1　电流表校准的实验数据

I/mA	0	0. 2	0. 4	0. 6	0. 8	1. 0	1. 2	1. 4	1. 6	1. 8	2. 0
U_+/mV											
U_-/mV											
$\overline{U}$/mV											
I'/mA											
ΔI/mA											

【数据处理】

①由表 4. 7. 1 中的数据作 ΔI-I 校准曲线，对被校电流表做出质量评价。

被校表的最大引用误差由式(4. 7. 1)计算：

$$r=\frac{|\Delta I_{\max}|}{I_m}\times 100\% \tag{4. 7. 1}$$

式中，I_m 为被校表的量程；$|\Delta I_{\max}|$ 为校准曲线上 ΔI 的绝对值最大值。判定电表是否合格，就是判断电表是否能达到它所标明的准确度等级 a。若 $r\leqslant a\%$，则电表合格；若 $a\%<r\leqslant 5\%$，电表应降级使用，并注明降为几级；若 $r>5\%$，则该表应作报废处理。

注意：指针式电表分为0.1，0.2，0.5，1.0，1.5，2.5，5.0七个等级。

②利用校准曲线对电表示值分别为0.30，0.70，1.10，1.50，1.90 mA时的测量结果进行修正，将修正结果填入表4.7.2。

表4.7.2　修正测量结果

I/mA	0.30	0.70	1.10	1.50	1.90
ΔI/mA					
I'/mA					

③完成实验报告。要求论述实验的设计过程，包括电路设计、参数选择、校准步骤、数据处理及结论等。

【思考题】

1. 校准电表时，为什么需要把电流从小到大做一遍，再从大到小做一遍？如果两者结果完全一致，说明了什么问题？两者结果不一致，又说明了什么问题？

2. 能否用UJ36a型电位差计校准0～3 V的电压表？提出你的设计电路并拟定实验方案。

3. 使用UJ36a型电位差计校准电流表的操作步骤为____________。

①将电键K推向"标准"，调节"电流调节 R_P"旋钮，使检流计指零，松开电键K。

②电键K置于中间，"倍率"旋钮由"断"旋到"×1"挡。

③估计待测电压，然后使电位差计的两个读数盘的读数大致等于待测电压。

④将待测电压接到"未知"接线柱上。

⑤重复测量，测出不同电流大小下的电压值。

⑥将电键K拨向"未知"，调节两个读数盘，使检流计指针指零，将电键K拨回中间位置，记录两个读数盘的读数和。

⑦打开电源，调节"调零"旋钮使检流计指针指零。

⑧测量完毕，将"倍率"旋钮由"×1"挡旋到"断"，关闭电源开关。

A. ①②③④⑤⑥⑦⑧　　B. ④②⑦①③⑥⑤⑧

C. ②①⑦③④⑤⑥⑧　　D. ⑥②④①⑧③⑦⑤

4. 电位差计校准电流实验中，当电位差计读出电压为53.6 mV时，其主刻度盘的读数应为____________。

A. 50　　B. 3　　C. 0.6　　D. 53

实验4.8　三线摆和圆环摆测刚体的转动惯量

【实验概述与思政要素】

刚体转动惯量是理论力学中一个表征刚体转动特征的物理量，是刚体转动惯性大小的量度。转动惯量的大小与刚体质量的大小，转轴的位置、质量对转轴的分布等因素都有关。

本实验的重要意义在于可以准确测量出复杂刚体的转动惯量。在理论课中学习过对于形状简单的刚体,可以通过数学方法计算出它绕特定转轴的转动惯量。但对形状复杂的刚体,用数学方法计算就非常困难了,有时甚至不可能。因此学会一些测量刚体转动惯量的实验方法是有用的。正确测定物体的转动惯量,在工程技术、工业制造及产品设计中有着重要的意义。实践是检验真理的唯一标准,在理论课中学习过的转动惯量公式是否正确,我们也可以在实验中加以验证,并对比实验结果和理论计算结果之间的差异。

测量刚体转动惯量的实验方法很多,所用实验仪器也各异,其中以三线摆的设计最为简单。三线摆是通过扭转运动测定物体的转动惯量,其特点是物理图像清楚、操作简便易行、适合各种形状的物体,如机械零件、电机转子、枪炮弹丸、电风扇的风叶等的转动惯量都可用三线摆测定。这种实验方法在理论和技术上有一定的实际意义。圆盘在用三根悬线悬挂起来后,不再需要用固定的转轴来支撑,也不会产生因转轴倾斜而增加的摩擦,实验结果稳定,误差小。

圆环摆则是一个复摆,本实验把三线摆,圆环摆和单摆联系在一起,一方面是为了丰富实验内容,更重要的是为了活跃学生的思想,培养开拓创新的钻研精神。因此,学生在实验时切勿仅以测出物体的转动惯量大小为唯一目的。

【实验目的】

①学习用三线摆测量刚体转动惯量的实验方法。

②通过圆环摆讨论移轴定理。

③研究转动惯量与质量分布、摆动周期等之间的关系。

【实验原理】

(1)三线摆和测量转动惯量

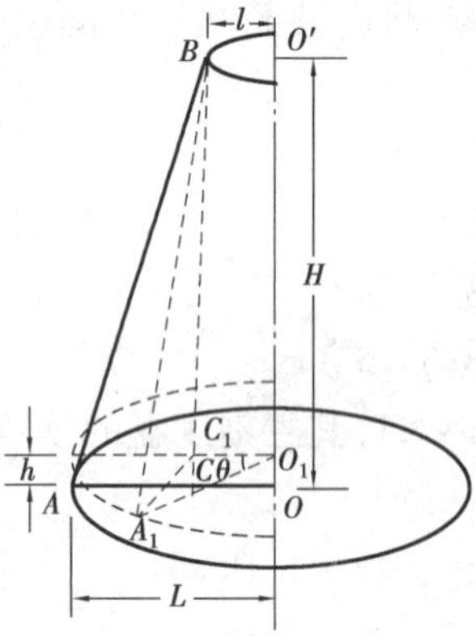

图 4.8.1　三线摆

在理想情况下,用完全柔软、没有弹性的悬线构成的三线摆,在摆角很小,并忽略空气阻力的情况下,圆盘的角位移和它所受的由悬线的张力和重力的合力形成的力矩的大小成正比而方向相反。这与单摆的小角摆动相一致。因此三线摆可看成是一个准简谐振动系统。

如图 4.8.1 所示,在圆盘绕中心轴摆动起来后,圆盘的质心就沿着转轴上升并随之下降,摆动过程中的转动动能和重力势能相互转化。

当圆盘离开平衡位置向某一方向转过一个角度 θ_0 时,整个圆盘的位置升高 h,增加的势能为

$$E_p = mgh \tag{4.8.1}$$

式中,m 为圆盘的质量;g 为重力加速度。

圆盘在达到最大角位移后将反向转动,当它通过平衡位置时,其转动动能最大

$$E_k = \frac{1}{2}I\omega_0^2 \tag{4.8.2}$$

式中,I 为圆盘的转动惯量;ω_0 为圆盘通过平衡位置时的角速度。

如果不考虑空气的阻力,根据机械能守恒定律 $E_p = E_k$,有

$$mgh = \frac{1}{2}I\omega_0^2 \tag{4.8.3}$$

分析图4.8.1中各量关系，在θ_0足够小的条件下，有

$$h = \frac{Ll}{2H}\theta_0^2 \tag{4.8.4}$$

而圆盘的最大角速度为

$$\omega_0 = 2\pi\frac{\theta_0}{T} \tag{4.8.5}$$

合并式(4.8.3)、式(4.8.4)和式(4.8.5)，得

$$I = \frac{mgLl}{4\pi^2 H}T^2 \tag{4.8.6}$$

式中，T为圆盘的摆动周期；l和L分别为上下圆盘悬点到中心轴的距离；H为两圆盘之间的垂直距离，在圆盘上加载重物后，H有时会伸长。但g、L、l等均为常数，令

$$\frac{gLl}{4\pi^2} = K \tag{4.8.7}$$

得

$$I = K\frac{m}{H}T^2\text{（实验公式）} \tag{4.8.8}$$

上式即为测定圆盘绕中心轴转动时转动惯量的实验公式。其理论公式为

$$I' = \frac{1}{2}mR^2\text{（理论公式）} \tag{4.8.9}$$

式中，R为圆盘的半径。

测定三线摆圆盘的转动惯量，是三线摆实验的基础。之后无论圆盘上放上任何待测物，只要用测量圆盘转动惯量的相同实验过程，测出总的转动惯量，再减去圆盘的转动惯量后，即可得到待测物体的转动惯量。

例如，测量圆环绕中心轴的转动惯量I_0，根据以上讨论，把质量为m_0的圆环放在圆盘上，使两者的中心轴重合。测得它们共同绕中心轴摆动的周期T_0，则圆环的转动惯量

$$I_0 = K\frac{m+m_0}{H_0}T_0^2 - I\text{（实验公式）} \tag{4.8.10}$$

式中，I为圆盘的转动惯量；H_0为放上圆环后三线摆上下圆盘间距离。其理论公式为

$$I_0' = \frac{1}{2}m_0(R_1^2 + R_2^2)\text{（理论公式）} \tag{4.8.11}$$

式中，R_1和R_2分别为圆环的内外半径。

(2)圆环摆和移轴定理

如图4.8.2所示，将圆环悬挂在立柱一侧的刀口上，使它在竖直面内做小角摆动，与单摆的摆动周期$T = 2\pi\sqrt{\frac{l}{g}} = 2\pi\sqrt{\frac{I}{mgl}}$相似，圆环的摆动周期为

$$T = 2\pi\sqrt{\frac{I_A}{m_0 gh}} \tag{4.8.12}$$

式中，I_A为圆环绕过A点的转轴的转动惯量；h为悬点A与圆环质心之间的距离，即圆环的内

半径 R_1。由此得移轴后的圆环的转动惯量为

$$I_A = \frac{m_0 g R_1}{4\pi^2} T_A^2 \tag{4.8.13}$$

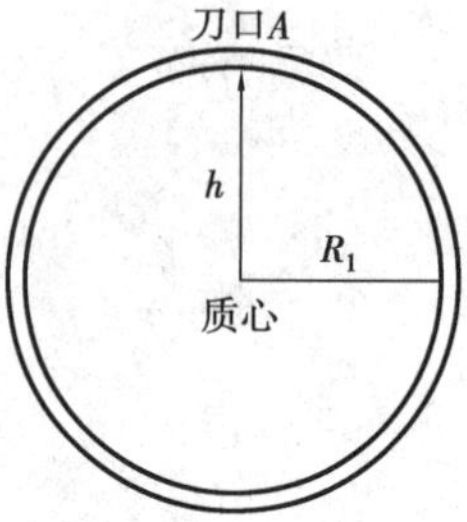

图 4.8.2　圆环摆

若将圆环移轴前后的转动惯量 I_A 和 I_0 之差用理论公式

$$I_A - I_0 = m_0 R_1^2 \tag{4.8.14}$$

与实验数据比较,其差值若在误差允许的范围内为 $m_0 R_1^2$,则可以认为移轴定理是正确的。

(3)**用三线摆研究转动惯量与质量分布、摆动周期等之间的变化关系**

将两个(或三个)质量为 m_x,半径为 R_x,形状完全相同的圆柱体对称地放在圆盘上,如图 4.8.3 所示。圆柱体中心离圆盘中心的距离为 x。测得它们共同绕中心轴摆动的周期为 T_x,则单个圆柱体绕中心轴转动的转动惯量为

$$I_x = \frac{1}{2}\left(K\frac{m + 2m_x}{H_x}T_x^2 - I\right)(\text{实验公式}) \tag{4.8.15}$$

式中,I 为圆盘的转动惯量,H_x 为上下圆盘之间的距离。根据移轴定理,其理论值为

$$I'_x = m_x x^2 + \frac{1}{2}m_x R_x^2(\text{理论公式}) \tag{4.8.16}$$

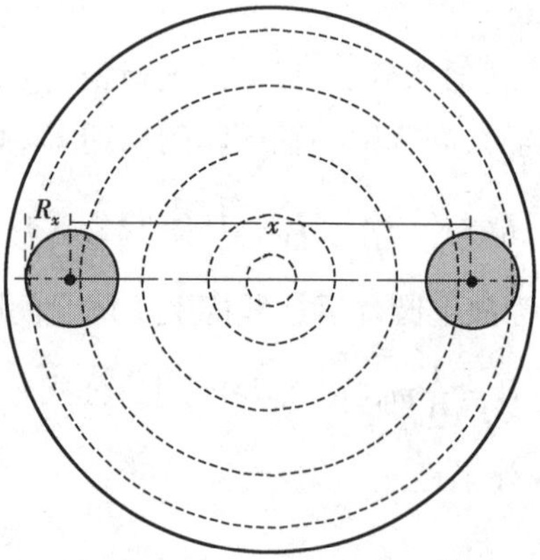

图 4.8.3　三线摆下圆盘俯视图

如果改变圆柱体中心离圆盘中心的距离 x,分别测出相应的摆动周期 T_x 和转动惯量 I_x,作 T_x-x 图和 I_x-x^2 图,从中即可发现一些它们之间的变化关系。

【实验仪器】

实验过程中所使用的仪器主要包括三线摆(含圆环、圆柱体3个)、电子数字计时器、水准器、尺、游标卡尺和电子天平。

(1)三线摆

如图4.8.4所示,一个质量均匀的圆盘用三根细线悬挂起来,3个悬点在圆盘的周边均分圆周。悬点上端对称地悬在较小的上圆盘上,利用调整螺钉可分别调整三根悬线的长度,使圆盘达到水平。若将上圆盘扭转一个小角度,在悬线张力和重力的共同作用下,圆盘将在平衡位置附近往复摆动。通过对摆动周期等参数的测量,可以测定圆盘和圆盘上盛放的物体的转动惯量。

(2)电子数字计时器

计时器的外形如图4.8.5所示。计时由鼠标控制,点击左键可以“启动/停止”计时,点击右键可以对计时器的时间“复零”。

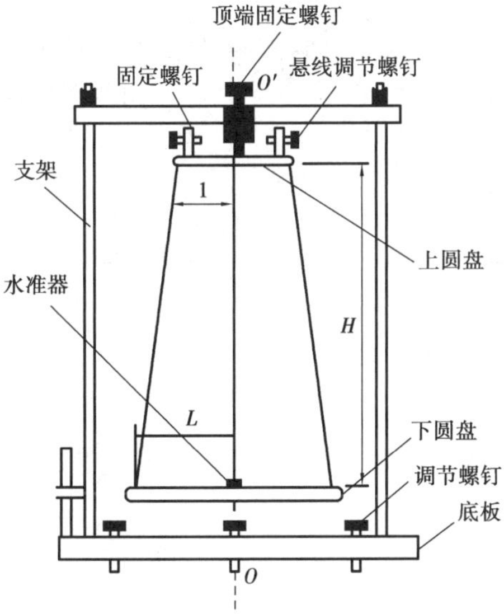

图4.8.4　三线摆装置结构

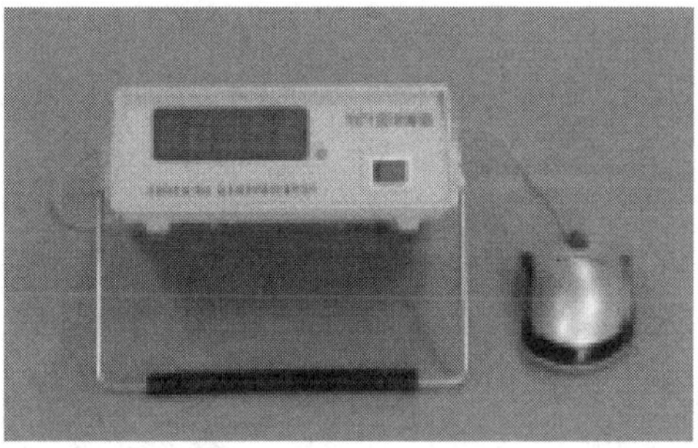

图4.8.5　电子数字计时器

【实验内容】

①测定三线摆圆盘、圆环等绕中心轴转动的转动惯量。

②用圆环摆测定圆环移轴后的转动惯量,并讨论移轴定理。

③研究转动惯量及其质量分布、摆动周期等之间的变化关系。

操作步骤如下:

①测量出上圆盘三悬点之间的距离 a,取平均值$\bar{a}$。计算出悬点到中心轴的距离

$$l = \frac{\sqrt{3}}{3}\bar{a} = \frac{\sqrt{3}}{3} \cdot \frac{a_1 + a_2 + a_3}{3}$$

在测量小圆盘悬点之间的距离时,可先放松圆盘顶端的固定螺丝,将小圆盘转过90°角,便于测量。

②将水准器置于三线摆的圆盘上，调整上圆盘边上的 3 个调整螺丝，改变三根悬线的长度，使圆盘水平，并用固定螺丝将 3 个调整螺丝固定。

③在测量两圆盘之间的垂直距离 H 时，鉴于两圆盘可能不平行，应该在 3 个悬点处，测出 3 个 H 值，取平均值。

④轻轻转动上圆盘，约 5°，使圆盘摆动。用数字计时器测量圆盘摆动 30 次所需的时间 t，再求出转动周期 T。但在测量圆环摆的摆动周期时，则需要测量摆动 60 次以上所需要的时间。

⑤在用计时器测量时间 t 时，应在圆盘转角最大（角速度最小）时开始计时，并默数 4、3、2、1、0，当数到“0”时，启动计时。这样既有一个启动思想准备过程，又不会少计一个周期。

⑥根据实验原理，测量出其他各有关参数。实验中务必分清各量的“足标”，以免搞混。

【数据处理】

①用三线摆测量圆盘绕中心轴转动的转动惯量 I。

三线摆测量圆盘绕中心轴转动转动惯量 I	圆盘质量 m/kg	下圆盘半径 $R/(\times 10^{-2}\text{m})$	下圆盘悬点到中心轴距离 $L/(\times 10^{-2}\text{m})$	上圆盘各悬点距离 a_1、a_2、a_3 $/(\times 10^{-2}\text{m})$			上圆盘悬点到中心距离 $l/(\times 10^{-2}\text{m})$	圆盘摆动 30 次所需的时间 t/s	周期 T/s	两圆盘之间的垂直距离 $H/(\times 10^{-2}\text{m})$

常数：$K = \dfrac{gLl}{4\pi^2} =$ ________ $\text{m}^3 \cdot \text{s}^{-2}$

实验值：$I = K\dfrac{m}{H}T^2 =$ ________ $\text{kg} \cdot \text{m}^2$

理论值：$I' = \dfrac{1}{2}mR^2 =$ ________ $\text{kg} \cdot \text{m}^2$

相对误差：$E =$ ________

②用三线摆测量圆环绕中心轴转动的转动惯量 I_0。

三线摆测量圆环绕中心轴转动惯量 I_0	圆环质量 m_0/kg	圆环内半径 $R_1/(\times 10^{-2}\text{m})$	圆环外半径 $R_2/(\times 10^{-2}\text{m})$	两圆盘之间的垂直距离 $H_0/(\times 10^{-2}\text{m})$	圆盘摆动 30 次所需的时间 t/s	周期 T_0/s

圆盘绕中心轴的转动惯量：$I =$ ________ $\text{kg} \cdot \text{m}^2$

实验值：$I_0 = K\dfrac{m + m_0}{H_0}T_0^2 - I =$ ________ $\text{kg} \cdot \text{m}^2$

理论值：$I_0' = \dfrac{1}{2}m_0(R_1^2 + R_2^2) =$ ________ $\text{kg} \cdot \text{m}^2$

相对误差：$E =$ ________

③用圆环摆测定圆环移轴后的转动惯量,并验证移轴定理。

以圆环内切点为轴的转动惯量 I_0	圆环质量 m_0/kg	圆环内半径 R_1/($\times 10^{-2}$m)	圆环摆动 60 次时间 t/s	周期 T_A/s

实验值:$I_A = \dfrac{m_0 g R_1}{4\pi^2} T_A^2 =$ ____________ kg · m²

理论值:$I'_A = m_0 R_1^2 + I'_0 =$ ____________ kg · m²

相对误差:$E =$ ____________

④用三线摆研究转动惯量与质量分布、摆动周期等之间的变化关系。

$2m_x =$ ________;$H_x =$ ________;$R_x =$ ________.

圆柱体中心到圆盘中心的距离 x/($\times 10^{-2}$m)	0	1.5	3	4.5	6	7.5
x^2/($\times 10^{-2}$m)	0	2.25	9	20.25	36	56.25
摆动 30 次所需的时间 t/s						
周期 T_x/s						
圆柱体转动惯量实验值 I_x/($\times 10^{-2}$m)						
圆柱体转动惯量理论值 I'_x/($\times 10^{-2}$m)						

实验值:$I_x = \dfrac{1}{2}\left(K\dfrac{m + 2m_x}{H_x} T_x^2 - I\right) =$ ____________ kg · m²

理论值:$I'_x = m_x x^2 + \dfrac{1}{2} m_x R_x^2 =$ ____________ kg · m²

相对误差:$E =$ ____________

作 T_x-x 图和 I_x-x^2 图,并讨论实验结果。

将实验值和理论值作比较。

注意:理论值也是通过实验测量计算出来的,因此也有误差。

【思考题】

1. 为什么测量圆环摆的摆动时间 t 的次数要比测量三线摆的摆动次数多?试从误差分析角度讨论。

2. 试讨论三线摆摆动时,摆角的大小对实验结果的影响,并讨论其所引起的误差的大小。

3. 圆环摆和三线摆一样,都是准简谐振动,把圆环摆的摆动周期 T_A 用单摆的摆动周期公式表示,有

$$T_A = 2\pi\sqrt{\frac{l_A}{g}}$$

请从理论和实验两方面讨论其摆长 l_A。

4. 若三线摆圆盘上所放待测物的质量与圆盘的质量 m 相等(3 只圆柱体的质量与圆盘的

质量基本相等)，请问这时三线摆的最小摆动周期应是多少？试从理论和实验两方面进行讨论。

5. 三线摆在摆动过程中，受到空气阻尼，振幅越来越小，其振动周期＿＿＿＿＿＿。

A. 越来越大　　　　B. 越来越小

C. 保持不变　　　　D. 忽大忽小

实验4.9　空气比热容比的测量

【实验概述与思政要素】

一定质量的物质，在温度升高时，所吸收的热量与该物质的质量和升高的温度乘积之比，称作这种物质的比热容(比热)，用符号 c 表示。其国际单位制中的单位是焦耳每千克开尔文[J/(kg · K)]或焦耳每千克每摄氏度[J/(kg · ℃)]。J 是指能量，K 是指热力学温度，即令 1 千克的物质的温度上升(或下降)1 开[尔文]所需的能量。

空气的比热容没有确定值，即便是在温度确定时，通常使用定压比热容或定容比热容来反映空气比热容的大小，这两者都与温度有关(温差不太大时可认为基本相等)。但这两种比热容的受热过程不同，最终的结果都是使 1 千克物质温度升高 1 开[尔文]，可谓殊途同归。虽然结果一样，但是反观其过程会发现并不一样，实验的条件也不相同。这也告诉我们，在生活中并不能只注重结果，而不关注过程，要透过现象看本质，虽然是同样的结局，但事件发展的过程可能会有较大差异。

气体的比热容比 γ(又称绝热指数)是一个重要的热力学参量，经常出现在热力学方程中。测量 γ 的方法有多种，绝热膨胀测量是一种重要的方法。传统的比热容比实验是利用开口 U 形水银压力计或水压力计测量气体的压强，用水银温度计测量温度，测量结果较为粗略，实验误差大。本实验采用的是高精度、高灵敏度的硅压力传感器和电流集成温度传感器分别测量气体的压强和温度，克服了原有实验的不足，实验时能更明显地观察分析热力学现象，实验结果较为准确。

【实验目的】

①学习用绝热膨胀法测定空气的比热容比 γ。

②观测、分析热力学系统的状态变化和过程特征，掌握基本物理规律。

③了解硅压力传感器和电流型集成温度传感器的工作原理，掌握其使用方法。

【实验原理】

气体的受热过程不同，比热容也不同。定容比热容是将 1 kg 气体保持体积不变的情况下加热，当其温度升高 1 ℃时所需的热量；而定压比热容则是将 1 kg 气体在保持压强不变的情况下加热，当其温度升高 1 ℃时所需的热量。

对理想气体的定压比热容 C_p 和定容比热容 C_V 之关系由式(4.9.1)表示

$$C_p - C_V = R \tag{4.9.1}$$

式中,R 为气体普适常数。气体的比热容比 γ 值为

$$\gamma=\frac{C_p}{C_V}\tag{4.9.2}$$

气体的比热容比又称为气体的绝热系数,它是一个重要的物理量,γ 值经常出现在热力学方程中。

测量 γ 值的实验装置如图 4.9.1 所示。以贮气瓶内的空气作为研究的热力学系统,进行以下的实验过程:

①首先打开放气活塞 2,贮气瓶与大气相通,再关闭放气活塞 2,瓶内充满与周围空气同温同压的气体(环境大气压强 p_0、室温 T_0)。

②打开进气活塞 1,用充气球向瓶内打气,充入一定量的气体,然后关闭进气活塞 1,此时瓶内空气被压缩,压强增大,温度升高。等待瓶内气体温度稳定,即瓶内气体的温度等于室温,此时瓶内气体处于状态Ⅰ(p_1,V_1,T_0)。

③迅速打开放气活塞 2,使瓶内气体与大气相通,当瓶内气体压强降到 p_0 时,立刻关闭放气活塞 2,设有体积为 ΔV 的气体喷泻出贮气瓶。由于放气过程较快,瓶内保留的气体来不及与外界进行热交换,可以认为是一个绝热膨胀的过程。在此过程后瓶内保留的气体由状态Ⅰ(p_1,V_1,T_0)转变为状态Ⅱ(p_0,V_2,T_1)。V_2 为贮气瓶的体积,V_1 为保留瓶中这部分气体在状态Ⅰ(p_1,T_0)时的体积。

④由于瓶内气体温度 T_1 低于室温 T_0,所以瓶内气体将慢慢从外界吸热,直至达到室温 T_0 为止,此时瓶内气体压强也随之增大为 p_2,则稳定后的气体状态为Ⅲ(p_2,V_2,T_0)。从状态Ⅱ到状态Ⅲ的过程可以看作是一个等容吸热过程。

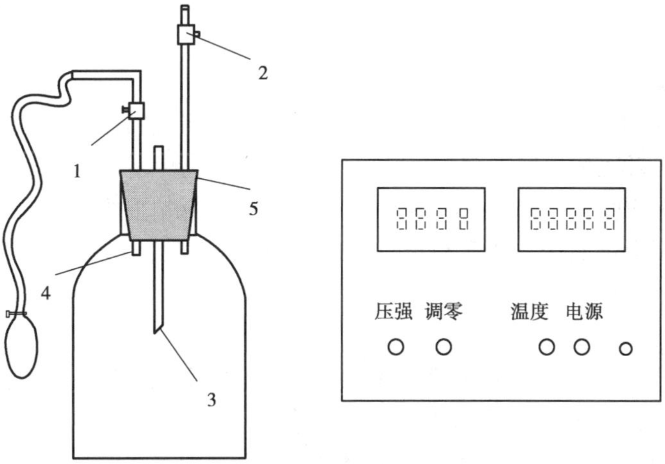

图 4.9.1　实验装置

1—进气活塞;2—放气活塞;3—AD590 集成温度传感器;4—气体压力传感器;5—704 胶黏剂

状态Ⅰ→状态Ⅱ→状态Ⅲ的过程如图 4.9.2 所示。状态Ⅰ→状态Ⅱ是绝热膨胀过程,由绝热过程的方程得

$$p_1V_1^{\gamma}=p_0V_2^{\gamma}\tag{4.9.3}$$

状态Ⅰ和状态Ⅲ的温度均为 T_0,由气体状态方程得

$$p_1V_1=p_2V_2\tag{4.9.4}$$

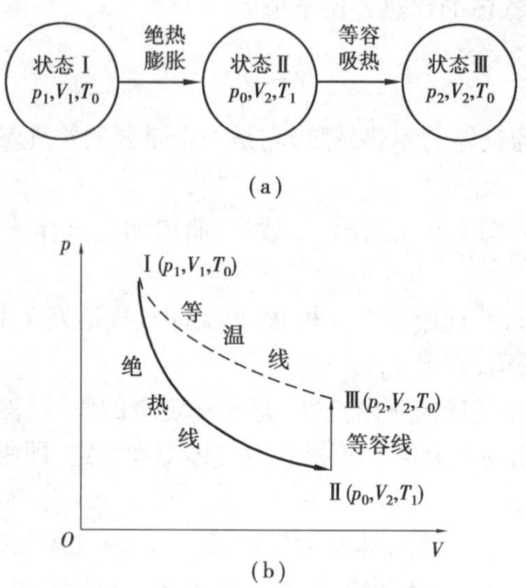

图 4.9.2　气体状态变化及 p-V 曲线

联立式(4.9.3)和式(4.9.4),消去 V_1,V_2 得

$$\gamma=\frac{\ln p_1-\ln p_0}{\ln p_1-\ln p_2}=\frac{\ln\dfrac{p_1}{p_0}}{\ln\dfrac{p_1}{p_2}} \tag{4.9.5}$$

由式(4.9.5)可以看出,只要测得 p_0、p_1 和 p_2,就可以求出空气的比热容比 γ。

【实验仪器】

FD-TX-NCD 空气比热容比测定仪、直流稳压电源、数字气压计等,如图 4.9.1 所示。

本实验所用的硅压力传感器事先已由厂家标定,当被测气体压强为(p_0 +10.00)kPa 时,数字电压表显示为 200 mV,测量灵敏度为 20 mV/kPa,测量精度为 5 Pa。

由于各只硅压力传感器灵敏度不完全相同,故压力传感器与测试仪不能互换使用。

【实验内容】

①连接好仪器的电路,AD590 温度传感器的正、负极请勿接错。开启电源,预热 15 min,打开放气活塞 2,然后用调零电位器调节零点,把三位半数字电压表示值调到 0。

②用气压计测定大气压强 p_0,用温度计测量环境温度 T_0(室温)。

③关闭放气活塞 2,打开进气活塞 1,用充气球将空气充入贮气瓶内,使瓶内压强升高(数字电压表显示值升高 20 ~ 100 mV),关闭进气活塞 1。待瓶中气体温度降到与室温相同且压强稳定时,瓶内气体状态为Ⅰ(p_1,T_0),记下仪器上显示的电压值(U_{p_1},U_{T_0})。

④迅速打开放气活塞 2,使瓶内气体与大气相通,由于瓶内气压高于大气压,瓶内部分气体将突然喷出,发出"嗤"的放气声。当瓶内气体压强降至环境大气压强 p_0 时(这时放气声刚刚消失),迅速关闭放气活塞 2,此时瓶内气体状态为Ⅱ(p_0,T_1)。

⑤当瓶内气体温度从 T_1 上升至室温 T_0,且压强稳定后,此时瓶内气体状态为Ⅲ(p_2,T_0),

记下仪器上显示的电压值(U_{p_2},U_{T_0})。

每次测出一组压强值 p_0,p_1,p_2,利用式(4.9.5)计算空气比热容比 γ。重复实验7次,计算 γ 的平均值。其中 p_1,p_2 的计算公式为

$$p_1=(p_0+50U_{p_1})\,\mathrm{Pa},\quad p_2=(p_0+50U_{p_2})\,\mathrm{Pa}$$

⑥实验结束时务必打开放气活塞2,以免仪器长期受压而损坏。

测量数据填入表4.9.1。

表4.9.1　空气比热容比测量数据记录

T_0 ________℃;p_0 ________Pa

测量次数	测量值/mV				计算值		
	状态Ⅰ		状态Ⅲ		P/Pa		γ
	U_{p_1}	U_{T_0}	U_{p_2}	U_{T_0}	p_1	p_2	
1							
2							
3							
4							
5							
6							
7							

【数据处理】

完成以上表格,计算$\bar{\gamma}$,并与理论值 $\gamma=1.402$ 比较,计算相对误差,分析误差原因。

【注意事项】

①实验前应检查系统是否漏气,方法是关闭放气活塞2,打开进气活塞1,用充气球向瓶内打气,使瓶内压强升高(对应电压值升高20~100 mV,不要超过100 mV),关闭进气活塞1,观察压强是否稳定,若始终下降则说明系统有漏气之处,须找出原因。

②实验内容④中,打开放气活塞2时,当听到放气声结束时应迅速关闭活塞,提早或推迟关闭活塞2,都将影响实验要求,引入误差。由于数字电压表尚有滞后显示,如用计算机实时测量,发现此放气时间约零点几秒,并与放气声产生、消失很一致,所以关闭放气活塞2用听声更可靠些。

【思考题】

1. 本实验研究的热力学系统是指哪一部分气体?
2. 如果用抽气的方法测量 γ 是否可行?公式(4.9.5)是否适用?
3. 气比热容比的测定中,主要经过__________和__________两种热力学过程。
4. 空气比热容比测量过程中,气瓶内空气通过充气后达到稳定状态Ⅰ(p_1,V_1,T_0),然后打

开放气阀门放气,此时瓶内气体达到一个瞬间状态Ⅱ(p_0,V_2,T_1),当"嗤"的放气声结束后迅速关闭阀门,最后瓶内气体稳定后达到状态Ⅲ(p_2,V_2,T_0);在整个过程中,状态Ⅰ到状态Ⅱ气体经历________过程,状态Ⅱ到状态Ⅲ气体经历________过程,其中 T_0 ______ T_1(>,=,<);气体气压 p_0,p_1,p_2 大小关系是________。

实验 4.10 用电桥测电阻

【实验概述与思政要素】

测量电阻有多种方法,利用电桥测量电阻是常用的方法之一,它是在电桥平衡的条件下将标准电阻与待测电阻相比较以确定待测电阻的数值。

从原理上看,电桥法更精确。它在测量中避开了电源随时间变化造成的误差。一个严谨的科学实验一般是要重复操作获得多个测量值,看有无差异后求均值的。这就要在一个时间段内完成。而我们常用的化学电源如干电池、铅酸蓄电池等,其实际电压值是会随时间变化的。这就造成了误差。而电桥法测量范围避开了电源,是一大优点。这种测量方法还避免了电流表分压、电压表分流、过多导线分压等问题。若要精确测出电流表、电压表的分值情况是不现实的。另外,对于达到相同效果的仪器来说,电桥更便宜、易选。测量精准,需要原理正确并且仪器达到精度要求。伏安法若要考虑电流表分压、电压表分流,就有很大的计算量,需用一个小 CPU,这就增加了很高的费用。而电桥中只要用相近精确度的电阻器,就能减小相对误差。目前电桥法已广泛应用于工程技术测量中。

为了适应不同的测量目的,科学家们设计了多种不同功能的电桥。最简单的是单臂电桥,即惠斯通电桥,用来精确测量中等量值电阻(几十欧[姆]至几十万欧[姆])。这种电桥是由英国发明家克里斯蒂在 1833 年发明的,但是由于惠斯通第一个用它来测量电阻,所以人们习惯上就把这种电桥称作了惠斯通电桥。此外,还有测量低值电阻(十欧[姆]以下)的双臂电桥,即开尔文电桥;有测量电感、电容及其损耗的交流电桥等。各种电桥的工作原理和实验思想方法大致相同。

【实验目的】

①理解并掌握用单臂电桥测定电阻的原理和方法。

②学会用滑线式单臂电桥测中值电阻。

③熟练掌握箱式单臂电桥测中值电阻。

【实验原理】

图 4.10.1 为单臂电桥原理图。R_1,R_2,R_3,R_4 联成一个四边形 $abcd$,每条边都称为电桥的一个桥臂,在四边形的对角 a 和 c 之间接有直流电源 E,称为电源对角线,在另一对角 b 和 d 之间接上检流计 G 及其保护电阻 R_G,称为测量对角线。电桥的"桥"就是指这条测量对角线,其作用就是将"桥"两端 b 和 d 的电势进行比较。

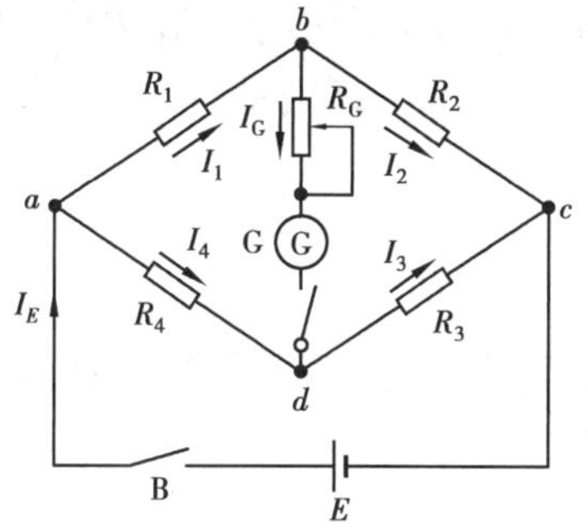

图4.10.1　单臂电桥原理

测量时,通常将 R_1 换成待测电阻 R_x,其余桥臂上都接可调节的标准电阻,调节 R_2、R_3 和 R_4 使检流计中没有电流流过,即"桥"的两端 b 和 d 两点电势相等,此时称为电桥平衡。当电桥平衡时,$U_{ab}=U_{ad}$,$U_{bc}=U_{dc}$,所以

$$I_1R_1=I_4R_4$$

$$I_2R_2=I_3R_3$$

另由于 $I_1=I_2$,$I_4=I_3$,因此电桥平衡时,其桥臂上各电阻必定满足

$$R_1R_3=R_2R_4$$

即

$$R_1=\frac{R_4}{R_3}R_2 \text{ 或 } R_1=\frac{R_2}{R_3}R_4 \tag{4.10.1}$$

式中,$\frac{R_4}{R_3}\left(\text{或}\frac{R_2}{R_3}\right)$称为电桥的倍率,相应电阻所在的桥臂称为比例臂;而 R_2(或 R_4)则是用来与 R_x 进行比较的电阻,所在的桥臂称为比较臂。电桥法测电阻,实际上是用比较法进行测量的,且被测电阻 R_x 等于倍率乘以比较臂的电阻值。

调节电桥达到平衡有两种方法:一种是选定倍率$\frac{R_4}{R_3}$为某值,只调节比较臂上的电阻 R_2 使电桥达到平衡;另一种方法是选定比较臂 R_2 为定值不变,调节倍率$\frac{R_4}{R_3}$的比值从而使电桥达到平衡。第一种方法的精度较高,是实际测量中常用的方法。

将 R_1 换成待测电阻 R_x。待测电阻 R_x 的准确程度取决于$\frac{R_4}{R_3}$和 R_2 的准确程度,若保持$\frac{R_4}{R_3}$不变,把 R_2 和 R_x 的位置相互交换,再调节 R_2 使电桥平衡,测得 R_2'。根据电桥平衡得

$$R_x=\frac{R_3}{R_4}R_2' \tag{4.10.2}$$

与式

$$R_x=\frac{R_4}{R_3}R_2$$

联立得

$$R_x=\sqrt{R_2R_2'} \tag{4.10.3}$$

由于上式中 R_x 与 R_4、R_3 无关，因此消除了因比例臂 R_4、R_3 的数值不准而引起的系统误差。这种将测量中的某些元件互相交换位置，从而抵消系统误差，是处理系统误差的基本方法之一，称为交换法。

【实验仪器】

直流稳压电源、检流计、数字万用表、电阻箱、保护电阻、待测电阻、滑线式单臂电桥、QJ23箱式单臂电桥等。

(1)滑线式单臂电桥

滑线式单臂电桥如图4.10.2所示，画有斜线部分为铜片，作连接之用，G为检流计，R_G 为检流计的保护电阻，ac 为均匀铜丝，d 为滑动刀口，刀口未按下时，检流计电路不通，故刀口具有开关作用。按下刀口 d_1（或 d_2），刀口的位置可由下面的米尺读出，同时刀口又把粗细均匀电阻丝分成左、右两段，故有 $\frac{R_4}{R_3}=\frac{L_4}{L_3}$，电桥平衡时，有

$$R_x=\frac{L_4}{L_3}R_2 \tag{4.10.4}$$

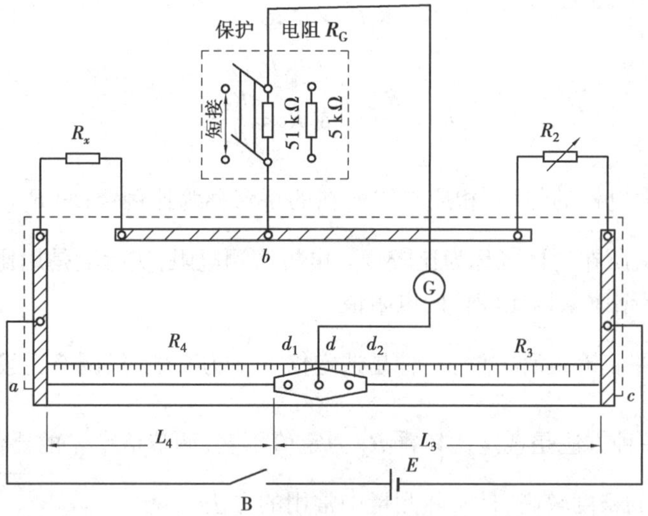

图4.10.2　滑线式电桥

(2)箱式单臂电桥

将组成电桥的各元件组装在一个箱子内，成为便于携带、使用方便的箱式电桥。QJ23型单臂电桥是实验室广泛应用的一种箱式电桥，其原理如图4.10.3所示。其中 R_4、R_3 作为比例臂，R_2 为比较臂，改变 c 点的位置可以改变比例臂倍率 R_4/R_3 的值，为计算方便，倍率一般取 10^n 幂（$n=0,\pm1,\pm2,\pm3$）。QJ23型箱式电桥的面板如图4.10.4所示。使用时，当待测电阻超过50 kΩ时，或在测量中转动比较臂最小一挡转盘（×1挡），已难分辨检流计的指针偏转，此时需外接高灵敏的检流计，以提高测量结果的正确性。

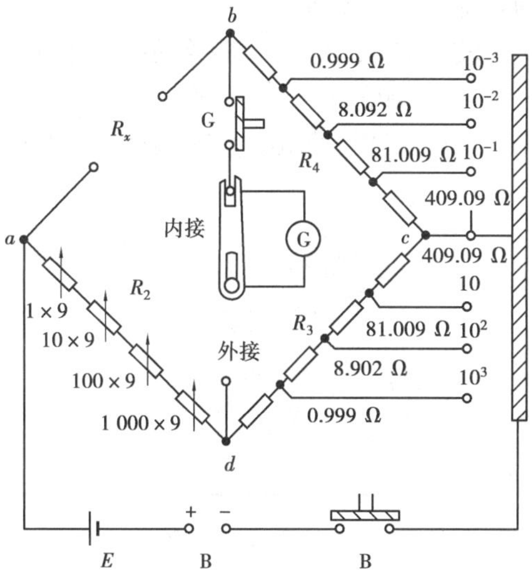

图4.10.3　QJ23型电桥原理

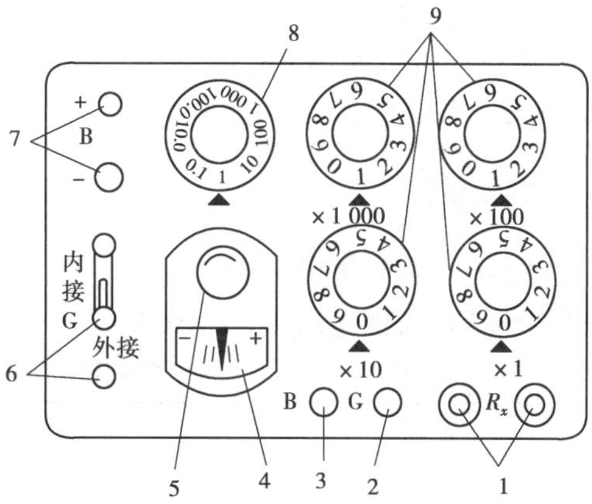

图4.10.4　QJ23型电桥面板

1—待测电阻接线柱;2—检流计按钮;3—电源按钮;

4—检流计; 5—检流计调零旋钮;6—检流计内外接选择;

7—外接电源;8—倍率;9—比较臂旋钮

【实验内容】

①用数字万用表分别粗测待测电阻 R 及两只电阻的并联电阻 $R_{并}$,注意合理选择量程和正确表达测量结果。

②用滑线式单臂电桥测量上述电阻 R 及 $R_{并}$。

a. 打开稳压电源,在空载条件下调节输出电压约为 2 V,关上电源。打开检流计,进行调零。

b. 按“滑线式电桥”图连好线路,R_2 用电阻箱代替。

c. 取倍率 $M=\dfrac{R_4}{R_3}=1$,即 $L_4=L_3$,并预置电阻箱的示值 R_2 为 R_x 的粗测值。

d. 打开电源,保护电阻取“粗调(51 kΩ)”位置(开关中立),轻轻按下刀口 d_1(或 d_2),调节电阻箱示值,使检流计指针趋近于零;松开刀口,保护电阻取“中调(5 kΩ)”,再次按下刀口,调节电阻箱,使检流计指针趋近于零;保护电阻取“细调(短接)”,微调电阻箱示值直至检流计指针指零,此时电桥平衡,记下电阻箱上 R_2 值。

保持倍率 $M=\dfrac{R_4}{R_3}=1$ 不变,交换 R_x 与电阻箱的位置,重复上述调节使电桥平衡,记下 R_2' 值。由 $R_x=\sqrt{R_2R_2'}$ 求出电阻值,用不确定合成公式求出 U_{R_x},写出最终结果。

③用 QJ23 型箱式单臂电桥再次测量 R 和 $R_{并}$ 的电阻值。

a. 接上待测电阻 R_x,用 G 旁的连接片,将图 4.10.4 中的标号为 6 的两个接线柱连接起来(即用内部检流计),同时检查检流计的机械零点。

b. 在 B 的两端钮按电源的正、负接上 4.5 V 的外接电源(若仪器内部已装入干电池,不必外接电源)。按下 B,检查检流计是否指零,若否,则对检流计进行调零。

c. 根据 R_x 的粗测值,选择合适倍率 M,然后转动比较臂 R_2 上 4 个旋钮(务必是四位数,即 ×1 000 挡不能为 0),使读数之和乘倍率 M 约等于 R_x 的粗测值。

d. 按下开关 B,点按 G,观察检流计指针偏转,调节比较臂旋钮,使电桥平衡,记下 R_2 的总读数值,则待测电阻 $R_x = MR_2$。

e. 测量完毕,松开 B、G 按钮。

【数据处理】

①数字万用表粗测电阻,$R=$ ________ Ω,$R_{并}=$ ________ Ω。

②滑线式电桥测电阻(表 4.10.1)。

表 4.10.1 实验数据记录表

比较臂 \ R_x	R_2	R_2'	$R_x=\sqrt{R_2R_2'}$
R/Ω			
$R_{并}/\Omega$			

R_x 的不确定度可按式(4.10.5)计算

$$U_R=\frac{R_x}{2}\sqrt{\left(\frac{U_{R_2}}{R_2}\right)^2+\left(\frac{U_{R_2'}}{R_2'}\right)^2} \tag{4.10.5}$$

式中,U_{R_2}、$U_{R_2'}$是电阻箱示值分别为 R_2 和 R_2' 时所对应的电阻不确定度。因实验中 R_2、R_2' 为单次测量,故不确定度就是电阻箱的仪器误差,其仪器误差为

$$\Delta R=\sum a_i\% R_i+0.002m(\Omega)$$

式中,a_i 为电阻箱各转盘的准确度等级(表 4.10.2)。

表 4.10.2 电阻箱各转盘的准确度等级

挡位	10 000	1 000	100	10	1	0.1
准确度等级	0.1	0.1	0.5	1.0	2.0	5.0

R_i 是调节后各转盘的示值,而第二项是由转盘的接触电阻引起的误差,m 是电阻箱所用阻值范围所含的转盘数,如 $R=1\ 023.4(\Omega)$,则

$$\begin{aligned}\Delta R&=0.1\%\times1\ 000+0.5\%\times0+1.0\%\times20+2.0\%\times3+5.0\%\times0.4+0.002\times6\\&=1.292(\Omega)\end{aligned}$$

③QJ23 箱式电桥测电阻(表 4.10.3)。

表 4.10.3 实验数据记录表

示数 \ R_x	倍率 M	比较臂电阻 R_2	$R_x=MR_2$
R/Ω			
$R_{并}/\Omega$			

箱式电桥中，比例臂和比较臂的误差均已表示在电桥的准确度等级内，若不考虑电桥的灵敏度带来的误差，其仪器误差为

$$\Delta R_x = M(a\% R_2 + b\Delta R_2)(\Omega)$$

式中，a 为箱式电桥的准确度等级；b 为固定系数；ΔR_2 为比较臂 R_2 的最小步进值。（当 $a = 0.01 \sim 0.02$ 时，b 取 0.03；当 $a = 0.05 \sim 0.1$ 时，b 取 0.2；当 $0.1 < a \leqslant 0.2$ 时，b 取 1。）本实验中，$a = 0.2$，$b = 1$，$\Delta R_2 = 1$，又因单次测量，故测量结果的不确定度 $U_{R_x} = \Delta R_x$。

实验报告要求计算出待测电阻的数值和不确定度，写出最终表达式。

【思考题】

1. 试证明单臂电桥平衡时，4 个桥臂的阻值应满足 $R_1R_3 = R_2R_4$。

2. 若单臂电桥中有一个桥臂断开（或短路），电桥是否能调到平衡状态？若实验中出现该故障，则调节时会出现什么现象？

3. 在实际操作电桥测电阻时，总是要先预置仪器上的数值大致等于待测电阻的阻值，为什么要这样做？

4. 用 QJ23 型箱式直流电桥测电阻，若待测电阻约为 50 Ω，其倍率应选用________（注：测量值 $R_x = MR_2$ 且仪器量程为 0 ~9 999）。

5. 用箱式惠斯登电桥测量电阻时，将进行下列操作，请按实验步骤选出正确的排列顺序。

①调节比较臂电阻 R_2 至电桥平衡。

②先按电源电键 B，再按检流计电键 G，观察检流计偏转情况。

③将倍率和 R_2 旋钮置于合适的挡位。

④将待测电阻接入接线柱 R_x 两旋钮之间。

⑤记录倍率和比较臂电阻 R_2 的值。

⑥将电源正负极接入箱式电桥的电源端。

⑦按下 B，调节调零旋钮使检流计指针指零。

A. ④⑥⑦③②①⑤　　B. ④⑦⑥②③①⑤

C. ④⑥⑦①②③⑤　　D. ④⑥②⑦③①⑤

6. 测量电阻有多种方法，利用电桥测量电阻是常用的方法之一，实验中用最大阻值为 99 999.9的电阻箱代替标准电阻，利用单臂电桥原理测量未知电阻。根据要求完成以下内容：

（1）试将单臂电桥原理图画出，并作必要的文字说明，将各个元器件的符号明确标出，包括待测电阻 R_x 及电阻箱 R_2。

（2）试证明单臂电桥平衡时，4 个桥臂的阻值应满足 $R_xR_3 = R_2R_4$。

（3）某同学用滑线式电桥测电阻实验中，使用交换法测得的数据如下，试计算待测电阻 R_x，写出完整的表达式。

比较臂 \ R_x	R_2	R_2'
R/Ω	602.1	599.3

实验 4.11　用霍尔传感器测量磁场

【实验概述与思政要素】

霍尔效应是一种磁电效应，它是指置于磁场中的载流体，如其电流方向与磁场方向垂直，则在垂直于电流和磁场的方向上会产生附加的横向电场的现象，如图 4.11.1 所示。这一现象是 1879 年由霍普斯金大学 24 岁的研究生霍尔（E. C. Hall）在他的导师罗兰的指导下发现的。

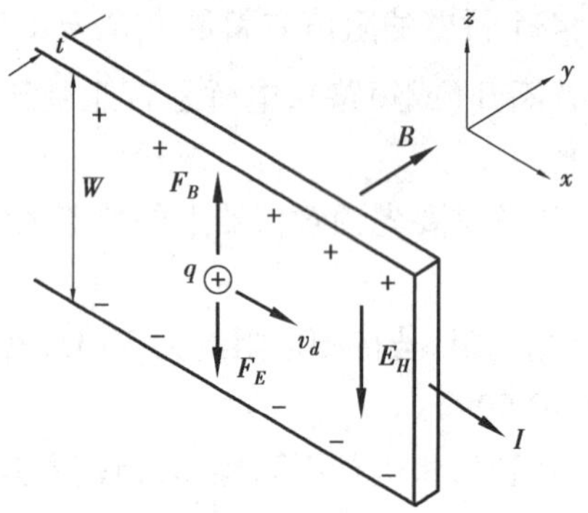

图 4.11.1　霍尔效应原理

由霍尔元件制成的磁场测量装置，可直接将磁和电联系起来，并具有测量范围广（10^7 ~ 10T）、测量精度较高（0.01% ~1%）、适用于多种磁场以及设备简单等优点，还可以用来测量电流、压力、转速、半导体材料的参数等。由于半导体材料较之金属材料具有更强的霍尔效应，霍尔效应随着半导体材料的发现和加工工艺的发展，在科学实验和工程技术中得到广泛应用。在自动控制和计算机等方面，霍尔效应的应用也越来越多。

例如，轿车的自动化程度越高，微电子电路越多，就越怕电磁干扰。而在汽车上有许多灯具和电器件，尤其是功率较大的前照灯、空调电机和雨刮器电机在开关时会产生浪涌电流，使机械式开关触点产生电弧，产生较大的电磁干扰信号。采用功率霍尔开关电路可以减小这些现象。霍尔器件通过检测磁场变化，转变为电信号输出，可用于监视和测量汽车各部件运行参数的变化。例如位置、位移、角度、角速度、转速等，并可将这些变量进行二次变换；可测量压力、质量、液位、流速、流量等。霍尔器件输出量直接与电控单元接口，可实现自动检测。霍尔器件都可承受一定的振动，可在 -40 ~150 ℃工作，全部密封不受水油污染，完全能够适应汽车的恶劣工作环境。

磁场的测量不仅是磁学测量的主要任务之一，而且在电子、材料、医学、交通、宇航以及高能物理等领域都得到了广泛的应用。

磁场的测量方法很多，不仅有许多成熟的古老方法，如用电磁感应原理的冲击法，而且有许多新的测量手段。物理学的发展为磁场的测量提供了许多新的途径，如霍尔效应法、磁共振法（核磁共振、顺磁共振、光磁共振）等，其中尤以霍尔法使用最为普遍。电子技术的进步和计算机的广泛使用，也使磁场测量在实现自动化、数字化等方面发生新的飞跃。

本实验利用霍尔传感器测量磁场，并研究载流线圈的磁场分布。

【实验目的】

①学习用霍尔传感器测量磁场的实验方法。

②用测定灵敏度后的霍尔传感器,定量测定线圈及其组合——亥姆霍兹线圈轴线上的磁场分布,加深对线圈磁场计算公式的理解。

③了解高斯计的测磁原理。

【实验原理】

(1)磁场线圈

在磁场测量中,能够产生磁场的设备称为磁化装置。常见的磁化装置有磁场线圈、电磁铁、超导磁体等。磁场线圈是利用电流的磁效应而设计的,它制作简单,一般用在磁场不太强的场合。常用的磁场线圈有螺线管线圈和亥姆霍兹线圈。

1)螺线管线圈

把导线均匀地密绕在管状线圈架上,构成一个单层螺线管,如图4.11.2所示。当线圈通过电流 I 时,磁场分布主要集中在螺线管内部空间,在外部空间磁场则很弱。

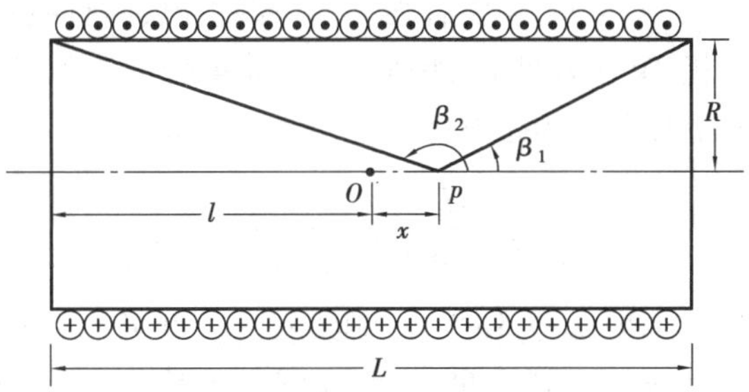

图4.11.2　螺线管线圈截面

由毕奥-萨伐尔定律可以得出螺线管内轴线上距中心 O 点 P 处的磁感应强度为

$$B_p=\frac{\mu_0 nI}{2}(\cos\beta_1-\cos\beta_2)$$

或

$$B_p=\frac{\mu_0 nI}{2}\left[\frac{l-x}{\sqrt{R^2+(l-x)^2}}+\frac{l+x}{\sqrt{R^2+(l-x)^2}}\right] \tag{4.11.1}$$

式中,μ_0 为真空磁导率;n 为单位长度上的线圈匝数;I 为螺线管线圈中的电流;l 为螺线管的半长度;R 为螺线管的半径;x 为轴线上任意一点到螺线管轴线中心点的距离。

由式(4.11.1)可见,螺线管的中心点处($x=0$),磁感应强度为

$$B_0=\mu_0 nI\frac{l}{\sqrt{R^2+l^2}}=\mu_0 nI\frac{L}{\sqrt{D^2+L^2}} \tag{4.11.2}$$

而螺线管两端口处($x=\pm l$)的磁感应强度为

$$B_l=\frac{\mu_0 nI}{2}\frac{2l}{\sqrt{R^2+(2l)^2}}=\frac{\mu_0 nI}{2}\frac{L}{\sqrt{\left(\frac{D}{2}\right)^2+L^2}} \tag{4.11.3}$$

式中,$L=2l$ 为螺线管的总长度;$D=2R$ 为螺线管的直径。

若 $L \gg D$，上述两式可近似写成

$$B_0 = \mu_0 nI \tag{4.11.4}$$

$$B_l = \frac{1}{2}\mu_0 nI = \frac{1}{2}B_0 \tag{4.11.5}$$

可见，在螺线管的两端口处（$x = \pm l$）的磁感应强度仅为中心处的一半。但是对大部分螺线管而言，其内部仍有一个磁场较为均匀的区域，这个均匀区域随着 L 与 D 的比值减小而变短。即螺线管越粗越短，磁场均匀区域越小。只有在 $L \gg D$ 时，才可以用式(4.11.4)和式(4.11.5)计算。这种"无限长"的直螺线管轴线上的磁感应强度的分布曲线如图4.11.3所示。

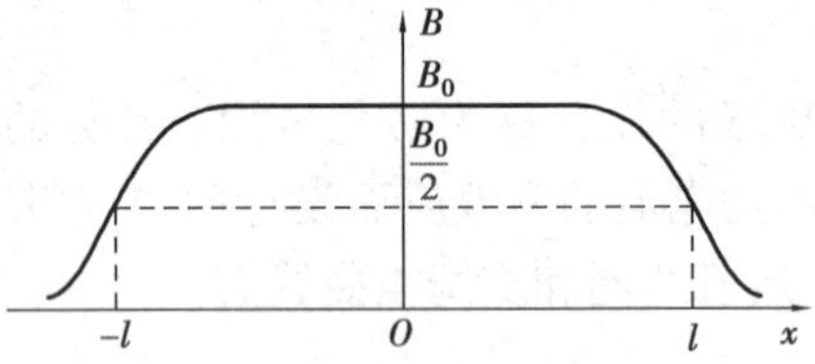

图4.11.3　通电螺线管线圈内部磁场分布

事实上，单层螺线管产生的磁场是很弱的，为了获得较强的磁场单纯靠增加单位长度的匝数 n 或电流 I 往往力不从心。I 太大，需要有强大的电源供电，而且线圈发热需解决冷却问题。此外，I 越大则要求导线越粗，又会降低 n。因此，为了获得较强的磁场需采用多层螺线管。均匀密绕多层螺线管轴线上中心点处的磁场由式(4.11.6)决定

$$B = \frac{\mu_0 NI}{2(R_2 - R_1)} \ln \frac{R_2 + \sqrt{R_2^2 + l^2}}{R_1 + \sqrt{R_1^2 + l}} \tag{4.11.6}$$

式中，R_1 为多层螺线管的内半径；R_2 为外半径，螺线管的长度仍为 $L = 2l$。

由上述讨论可知，如果 $L \gg D$ 得到满足，绕制时能做到均匀密绕，螺线管的参数和通过线圈的电流 I 为已知，那么螺线管内轴线上中心点的磁感应强度 B_0 就可求得，并且在中心点附近有一个磁场较为均匀的区间。这样就可以利用通电螺线管内的磁场作为已知磁场来测量一些与磁场有关的物理量，如霍尔元件的灵敏率 K_H，霍尔传感器的灵敏度 K_S 等。

2）亥姆霍兹线圈

图4.11.4(a)为一对相同的圆形线圈，它们的绕向一致，彼此平行且共轴。当两线圈都通以电流 I 且距离 a 等于线圈的半径 R 时，可以在线圈的轴线上得到不太强的均匀磁场，这对共轴线圈称为亥姆霍兹线圈。如果这对共轴线圈间的距离 a 不等于 R，则轴线上的磁场分布就不均匀。

如图4.11.4所示，半径为 R，绕有 N 匝线圈的圆形线圈，当通过电流 I 时，在它的轴线上到圆心距离为 x 的 P 点处的磁感应强度 B 为

$$B = \frac{\mu_0 NI}{2} \frac{R^2}{(R^2 + x^2)^{3/2}} \tag{4.11.7}$$

这样，共轴线圈对轴线上的磁场就可由两个圆电流线圈轴线上的磁场叠加来求得。对于亥姆霍兹线圈，两线圈中电流的大小、方向一致，则在轴线上任意一 P 点处产生的磁感应强度 B_1 和 B_2 的方向一致，因此 P 点的磁感应强度为

$$B_P = B_1 + B_2 \tag{4.11.8}$$

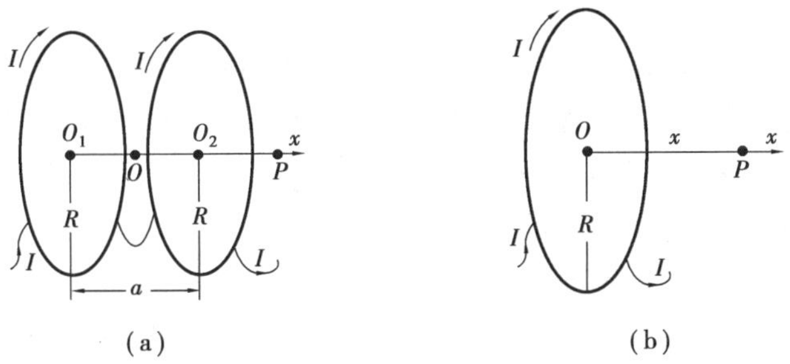

图4.11.4　亥姆霍兹线圈

根据式(4.11.7)，B_1 和 B_2 的大小分别为

$$B_1 = \frac{\mu_0 NIR^2}{2} \frac{1}{\left[R^2 + \left(x + \frac{a}{2}\right)^2\right]^{3/2}}$$

$$B_2 = \frac{\mu_0 NIR^2}{2} \frac{1}{\left[R^2 + \left(x - \frac{a}{2}\right)^2\right]^{3/2}}$$

所以 P 点的总磁感应强度为

$$B_p = \frac{\mu_0 NIR^2}{2} \left\{ \frac{1}{\left[R^2 + \left(x + \frac{a}{2}\right)^2\right]^{3/2}} + \frac{1}{\left[R^2 + \left(x - \frac{a}{2}\right)^2\right]^{3/2}} \right\} \tag{4.11.9}$$

式中，N 为每一个线圈的匝数。当 $a = R$ 时，在亥姆霍兹线圈轴线上的中心 O 点（$x = 0$）处

$$B_0 = \mu_0 NI \frac{1}{(5/4)^{3/2} R} = 0.716 \frac{\mu_0 NI}{R} \tag{4.11.10}$$

同样可求得，在两圆心 O_1 点（$x = -R/2$）和 O_2 点（$x = R/2$）处的磁感应强度相等，其值为

$$B_{O_1} = B_{O_2} = \frac{\mu_0 NI}{2R}\left(1 + \frac{1}{2\sqrt{2}}\right) = 0.677 \frac{\mu_0 NI}{R} \tag{4.11.11}$$

在亥姆霍兹两线圈之间轴线上的其他各点，磁感应强度的值都介于上述两值之间。可见，亥姆霍兹线圈轴线上的中心 O 点（$x = 0$）附近的磁场基本上是均匀的。这就是亥姆霍兹线圈的主要优点，它可以在较大的空间范围内产生较均匀的磁场。正因为如此，亥姆霍兹线圈常用来产生与地磁场大小相等、方向相反的磁场，以抵消地磁场对测量的影响。

亥姆霍兹线圈的两圆线圈间距离分别为 $a > R$，$a = R$ 和 $a < R$ 时，其轴线上的磁场分布曲线如图4.11.5所示。

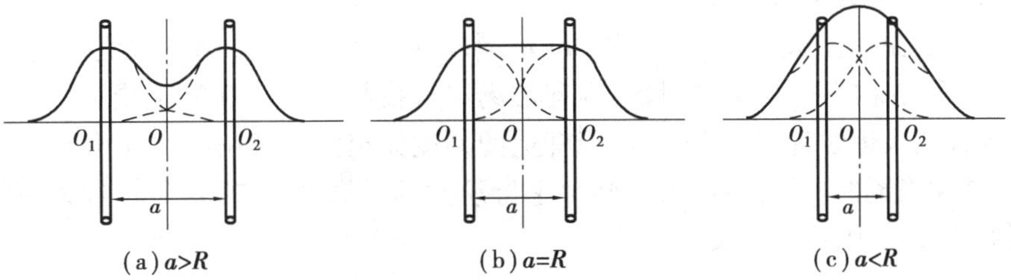

图4.11.5　亥姆霍兹线圈磁场分布

(2)**霍尔传感器**

本实验所用的霍尔传感器是由霍尔元件、放大电路和剩余电压补偿电路等组合而成的测量磁感应强度的微型器件。其中,放大电路的作用是将霍尔元件的输出电压加以放大,便于测量。由于制作霍尔元件的半导体材料不均匀、电极连接不对称以及各种副效应而引起的剩余电压,可由剩余电压电路用电压补偿的方法加以消除。

微型霍尔传感器具有体积小、输出信号大、使用方便等优点。在仪器仪表、家用电器、通信、电力、汽车等领域都有广泛应用。测量磁感应强度 B 常采用线性霍尔传感器,例如 CS49X 系列线性霍尔传感器,经电压补偿电路补偿后,它的输出电压 U_S 和磁感应强度 B 成正比 $U_S \sim B$,即

$$U_S = K_S B \text{ 或 } B = \frac{U_S}{K_S} \tag{4.11.12}$$

式中,K_S 为霍尔传感器的灵敏度。在已知灵敏度 K_S 时,测定了输出电压 U_S 即可得到磁感应强度 B。K_S 的单位为 V/T,T 为特斯拉。1 特斯拉 $=10^4$ 高斯,即 1 T $=10^4$ Gs。

本实验仪使用的 CS49X 系列线性霍尔传感器的线性范围为 0 ~ 100 mT(0 ~ 103 Gs),灵敏度在 15 ~ 35 V/T(1.5 ~ 3.5 mV/Gs),它的工作电压 $V_{CC}=5$ V。

【实验仪器】

全套仪器含 HEB-1 型霍尔效应测磁实验仪(主机)、长直螺线管、亥姆霍兹线圈和霍尔传感器探杆,如图 4.11.6 所示。由图可见,长直螺线管和亥姆霍兹线圈组装在同一支架上,亥姆霍兹线圈的两个线圈间的距离可以任意改变,距离的大小,可从支架上的标尺刻度读出。两线圈间的最小距离为 17.5 mm。

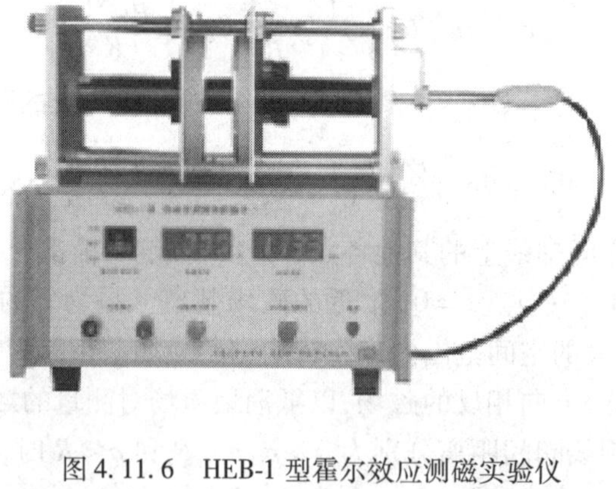

图 4.11.6　HEB-1 型霍尔效应测磁实验仪

(1)HEB-1 **型霍尔效应测磁实验仪**

霍尔传感器探杆长 400 mm,在 300 mm 范围内刻有毫米刻度。霍尔传感器置探杆的“0”刻度处,其平面与探杆垂直,用以测量“纵向磁场”,即磁场方向与探杆轴线平行,如螺线管中的磁场。探杆插入螺线管的位置,可从探杆上的刻度读出。探杆用航空插头与主机连接(在后盖上)。使用航插时应注意:插入时必须手持航插的后端,并对准定位键插入;拔出时必须手持航插的前端,否则拔不出来。

(2)**长直螺线管和亥姆霍兹线圈**

长直螺线管	螺线管长 $L=0.240$ m	绕线总匝数 N 标于螺线管上
	螺线管内径 $D_1=0.0200$ m	螺线管外径 $D_2=0.0240$ m
亥姆霍兹线圈	线圈内径 $D_1=0.0920$ m	线圈外径 $D_2=0.1040$ m
	等效半径 $R=0.0489$m	每个线圈的匝数 $N=300$ 匝

(注:等小半径的计算公式为:$R=(R_2-R_1)/\ln(R_2/R_1)$)

(3)**霍尔效应测磁实验仪(主机)**

仪器的前面板布置如图4.11.7所示。

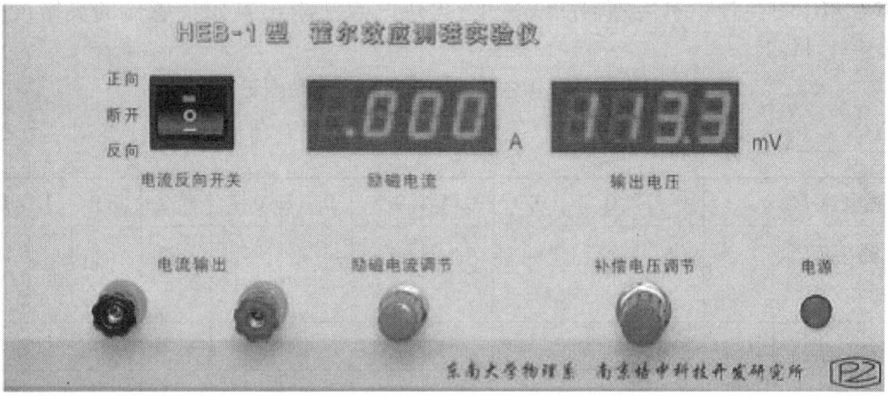

图4.11.7　霍尔效应测磁实验仪操作面板

前面板所示包括励磁电源和测量读数两部分。励磁电源部分包括“电流反向开关”、“励磁电流”指示电表、“励磁电流调节”旋钮和“电流输出”接线柱。“电流反向开关”分三挡,“正向”电流、“反向”电流和电流“断开”。反向开关是一个双刀双掷开关,接了二根交叉线,它的连接如图4.11.8所示。反向的原理同学可根据图自己琢磨。

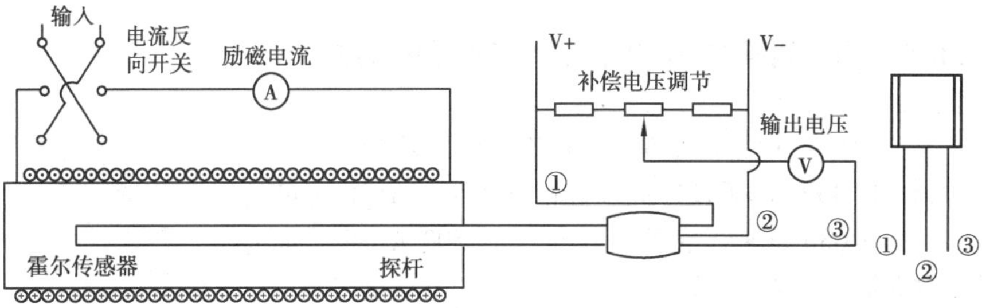

图4.11.8　实验系统的电路

在用反向开关反向电流时,应先调小励磁电流,以保护反向开关触点免遭大电流跳火损坏。

测量读数部分包括“输出电压”指示电表和“补偿电压调节”旋钮。“输出电压”电表指示霍尔传感器的输出电压 U_S。“补偿电压调节”用以调节在磁感应强度 B 为“0”时,使剩余电压得到补偿而使输出电压为“0”。

(4)**实验系统**

实验系统是将实验仪器连接成能进行实验测试的装置。本实验系统如图4.11.8所示。

【实验内容】

(1)测量霍尔传感器的灵敏度

①根据实验原理和仪器介绍,将电流输出端接长直螺线管,开启电源,预热 5 min。

②在磁感应强度 B 为“0”时,调整补偿电路,使输出电压 U_S 为“0”。

③探杆固定在中心“0”(即刻度为 134 mm)处,测量螺线管线圈中心的磁感应强度。改变励磁电流大小和方向,测量输出电压 U_S(为减小误差,正向和反向电流都要做)。

④求出霍尔传感器的灵敏度 K_S 并填入表 4.11.1。

⑤作 U_S-B_0 图检查霍尔传感器的线性度,再用两点法求出霍尔传感器的灵敏度。将实验数据填入表 4.11.1。

表 4.11.1　霍尔传感器灵敏度测量数据记录

$N=$ ________, $n=\frac{N}{L}$　$B_0=\mu_0 nI$

励磁电流 I/A		0.1	0.2	0.3	0.4	0.5	0.6	0.7	0.8	0.9	1.0	平均值
磁感应强度 $B_0/10^{-3}$T												
测得电压 10^{-3}V	U_S^+											
	U_S^-											
	U_S											
灵敏度 V/T												

注意:本实验仪励磁电源使用的 W317 稳压器,如果频繁地在大电流时用“电流反向开关”转换电流方向,有时稳压器的保护电路会使励磁电源不再工作。这时可以关闭电源,重新启动。为了避免死机,建议同学在实验时从大电流开始做起,逐渐减小到零。经转换方向后,再负向增大电流到最大。

(2)研究亥姆霍兹线圈在不同耦合条件下的磁场分布

实验条件:

①$a=R=0.048$ m,取励磁电流 $I=0.500$ A(不反向)。

②$a>R$, $a=0.060$ m $>R$,取励磁电流 $I=0.500$ A(不反向)。

③$a<R$, $a=0.030$ m $>R$,取励磁电流 $I=0.500$ A(不反向)。

将测量数据填入表 4.11.2。

表 4.11.2　亥姆霍兹线圈磁场分布数据记录

线圈间距离	传感器坐标 x /($\times10^{-3}$m)	-100	-80	-60	-40	-30	-20	-10	0	10	20	30	40	60	80	100
	探杆刻度 /($\times10^{-3}$m)	234	214	194	174	164	154	144	134	124	114	104	94	74	54	34
$a=R$	测得电压 U_S /mV															
	磁感应强度 B /($\times10^{-3}$T)															

续表

$a>R$	测得电压 U_S/mV															
	磁感应强度 B /($\times10^{-3}$T)															
$a<R$	测得电压 U_S/mV															
	磁感应强度 B /($\times10^{-3}$T)															

说明：支架上标尺的中心“0”位置，到支架右侧的“在此读数”位置间的距离为 134 mm。

【数据处理】

(1)霍尔传感器的灵敏度

①由表 4.11.1 中数据求出霍尔传感器的灵敏度 K_S。

②作 U_S-B_0 图检查霍尔传感器的线性度，再用两点法求出霍尔传感器的灵敏度。

(2)亥姆霍兹线圈在不同耦合条件下的磁场分布

①由表 4.11.2 中数据计算亥姆霍兹线圈中心轴线上各点的磁场强度并填入表中。

②以霍尔传感器坐标 x 为横坐标，磁感应强度 B 为纵坐标，作 B-x 图。

③从所作 $a=R$ 图中求出在亥姆霍兹线圈轴线上的中心点 O 处的磁感应强度 B_0 和两圆 O_1 点 $x=-R/2$ 与 O_2 点 $x=R/2$ 处的磁感应强度 B_{O_1} 与 B_{O_2}，与理论值

$$B_0=0.716\frac{\mu_0 NI}{R}$$

$$B_{O_1}=B_{O_2}=0.677\frac{\mu_0 NI}{R}$$

作比较，是否吻合，讨论之。

④将从实验所得的 B-x 图，与图 4.11.5 作比较，是否吻合，讨论之。

【思考题】

1. 如果测得的亥姆霍兹线圈产生的磁场分布两边不对称，试分析其原因。

2. 用从实验中学到的知识，讨论如何设计一台高斯计。(提示：高斯计是以高斯为单位，测量磁感应强度 B 的测量仪器。)

3. 如果霍尔传感器的灵敏度 $K=15.0$ V/T，经调零后，将其放在长直螺线管内某一点，传感器输出电压是 450 mV，则此处的磁感应强度 $B=$ ____________。

4. 在用霍尔传感器研究亥姆霍兹线圈的磁场分布时，如果两个亥姆霍兹线圈的距离 $a=0.05$ m，线圈的截面半径 $R=0.07$ m，则其磁场分布关系为____________。

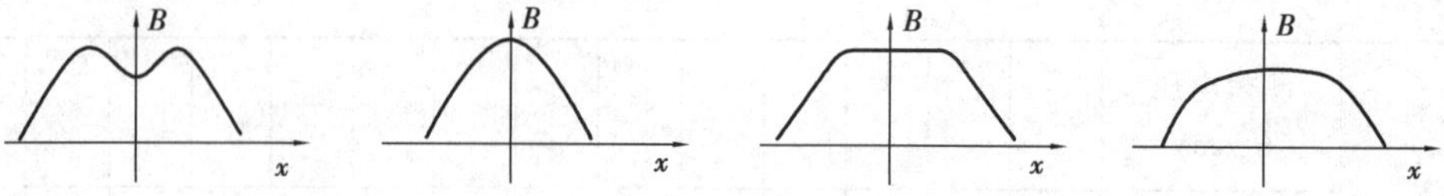

A.　　B.　　C.　　D.

【参考资料】

霍尔效应原理

将一块半导体或导体材料，沿 Z 方向加以磁场 $\boldsymbol{B}$，沿 X 方向通以工作电流 I，则在 Y 方向产生出电动势 V_H，如图 4.11.9 所示，这现象称为霍尔效应。V_H 称为霍尔电压。

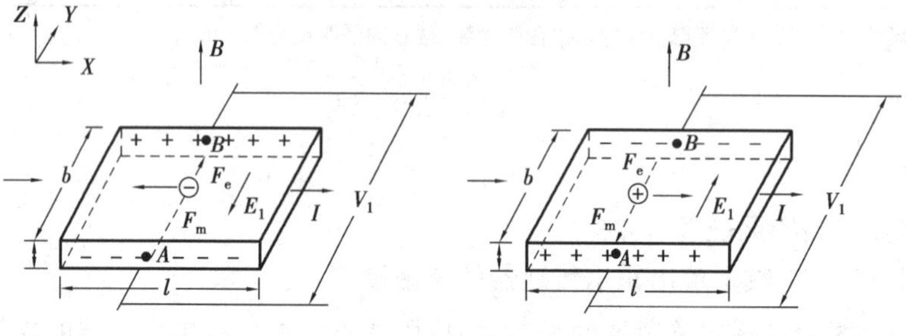

(a)　　(b)

图 4.11.9　霍尔效应原理

实验表明，在磁场不太强时，电位差 V_H 与电流强度 I 和磁感应强度 B 成正比，与板的厚度 d 成反比，即

$$V_H = R_H \frac{IB}{d} \tag{4.11.13}$$

或

$$V_H = K_H IB \tag{4.11.14}$$

式(4.11.13)中，R_H 称为霍尔系数。式(4.11.14)中，K_H 称为霍尔元件的灵敏度，单位为 mV/(mA · T)。产生霍尔效应的原因是形成电流的做定向运动的带电粒子即载流子(N 型半导体中的载流子是带负电荷的电子，P 型半导体中的载流子是带正电荷的空穴)在磁场中受到洛仑兹力的作用。

如图 4.11.9(a)所示，一块长为 l、宽为 b、厚为 d 的 N 型单晶薄片，置于沿 Z 轴方向的磁场 $\boldsymbol{B}$ 中，在 X 轴方向通以电流 I，则其中的载流子——电子所受到的洛仑兹力为

$$\boldsymbol{F}_m = q\boldsymbol{V} \times \boldsymbol{B} = -e\boldsymbol{V} \times \boldsymbol{B} = -eVB\boldsymbol{j} \tag{4.11.15}$$

式中，$\boldsymbol{V}$ 为电子的漂移运动速度，其方向沿 X 轴的负方向。$e = 1.602 \times 10^{-19}$ C，为电子的电荷量。$\boldsymbol{F}_m$ 指向 Y 轴的负方向。自由电子受力偏转的结果，向 A 侧面积聚，同时在 B 侧面上出现同数量的正电荷，在两侧面间形成一个沿 Y 轴负方向上的横向电场 $\boldsymbol{E}_H$(即霍尔电场)，使运动电子受到一个沿 Y 轴正方向的电场力 $\boldsymbol{F}_e$，A、B 面之间的电位差为 V_H(即霍尔电压)，则

$$\boldsymbol{F}_e = q\boldsymbol{E}_H = -e\boldsymbol{E}_H = eE_H\boldsymbol{j} = e\frac{V_H}{b}\boldsymbol{j} \tag{4.11.16}$$

$\boldsymbol{F}_e$ 将阻碍电荷的积聚，最后达稳定状态时有

$$\boldsymbol{F}_M + \boldsymbol{F}_e = 0$$

$$-eVB\boldsymbol{j} + e\frac{V_H}{b}\boldsymbol{j} = 0$$

即

$$eVB = e\frac{V_H}{b}$$

得

$$V_H = VBb \tag{4.11.17}$$

此时，B 端电位高于 A 端电位。

若 N 型单晶中的电子浓度为 n，则流过样片横截面的电流为

$$I = nebdV$$

得

$$V = \frac{I}{nebd} \tag{4.11.18}$$

将式(4.11.18)代入式(4.11.17)，得

$$V_H = \frac{I}{ned}IB = R_H\frac{IB}{d} = K_H IB \tag{4.11.19}$$

式中，$R_H = \frac{1}{ne}$称为霍尔系数，它表示材料产生霍尔效应的本领大小；$K_H = \frac{1}{ned}$称为霍尔元件的灵敏度，一般地说，K_H 越大越好，以便获得较大的霍尔电压 V_H。因 K_H 和载流子浓度 n 成反比，而半导体的载流子浓度远比金属的载流子浓度小，所以采用半导体材料作霍尔元件灵敏度较高。又因 K_H 和样品厚度 d 成反比，所以霍尔片都切得很薄，一般 $d \approx 0.2$ mm。

上面讨论的是 N 型半导体样品产生的霍尔效应，B 侧面电位比 A 侧面高；对于 P 型半导体样品，由于形成电流的载流子是带正电荷的空穴，与 N 型半导体的情况相反，A 侧面积累正电荷，B 侧面积累负电荷，如图 4.11.9(b)所示，此时，A 侧面电位比 B 侧面高。由此可知，根据 A、B 两端电位的高低，就可以判断半导体材料的导电类型是 P 型还是 N 型。

由式(4.11.14)可知，如果霍尔元件的灵敏度 R_H 已知，测得了控制电流 I 和产生的霍尔电压 V_H，则可测定霍尔元件所在处的磁感应强度为

$$B = \frac{V_H}{IK_H}$$

高斯计就是利用霍尔效应来测定磁感应强度 B 值的仪器。它是选定霍尔元件，即 K_H 已确定，保持控制电流 I 不变，则霍尔电压 V_H 与被测磁感应强度 B 成正比。如按照霍尔电压的大小，预先在仪器面板上标定出高斯刻度，则使用时由指针示值就可直接读出磁感应强度 B 值。

由式(4.11.9)知

$$R_H = \frac{V_H d}{IB}$$

因此，将待测的厚度为 d 的半导体样品，放在均匀磁场中，通以控制电流 I，测出霍尔电压

V_H，再用高斯计测出磁感应强度 B 值，就可测定样品的霍尔系数 R_H。又因 $R_H=\frac{1}{ne}\left(\text{或}\frac{1}{pe}\right)$，故可以通过测定霍尔系数来确定半导体材料的载流子浓度 n（或 p）（n 和 p 分别为电子浓度和空穴浓度）。

严格地说，在半导体中载流子的漂移运动速度并不完全相同，考虑到载流子速度的统计分布，并认为多数载流子的浓度与迁移率之积远大于少数载流子的浓度与迁移率之积，可得半导体霍尔系数的公式中还应引入一个霍尔因子 r_H，即

$$R_H=\frac{r_H}{ne}\text{或}\left(\frac{r_H}{ne}\right)$$

普通物理实验中常用 N 型 Si、N 型 Ge、InSb 和 InAs 等半导体材料的霍尔元件在室温下测量，霍尔因子 $r_H=\frac{3}{8}\pi\approx1.18$，所以 $R_H=\frac{3\pi}{8}\frac{1}{ne}$。

实验 4.12　分光计调节及棱镜折射率的测量

【实验概述与思政要素】

1814 年，夫琅和费在研究太阳暗线时改进了当时的观察仪器，设计了由平行光管、三棱镜和望远镜组成的分光计。这是第一个分光计的出现，其设计思想、基本构造原理是现代光谱仪、摄谱仪设计制造的基本依据。

分光计经常用来测量光的波长、棱镜角、棱镜材料的折射率和色散率等。分光计是精确测定光线偏转角的仪器，也称测角仪，它是光学实验中常用的实验仪器。光学中的许多基本量如波长、折射率都可以直接或间接地用光线的偏转角来表示，因而这些量都可以用分光计来测量。

分光计的基本光学结构又是许多光学仪器（如棱镜光谱仪、光栅光谱仪、分光光度计、单色仪等）的基础。它在物理实验中既能够培养学生的基本实验技能，又能培养学生应用理论知识解决实际问题的能力，因此它是大学物理实验的重要组成部分。

在观察有关现象和测量角度时，为获得正确的测量结果，必须保证让分光计的光学系统（准直管和望远镜）要适合平行光。即要求望远镜光轴与分光计的主轴垂直，以保证观察面是一个平面。这也是调节步骤中难度最大的。

由于分光计比较精密，操作控制部件较多且复杂，使用时需要按一定的规则严格调整，方能获得较高精度的测量结果。对于学习分光计的调整思想、方法与技巧，在光学仪器中有一定的代表性，学习它的调节和使用方法，有助于掌握更为复杂的光学仪器的使用。

【实验目的】

①了解分光计的结构及各组成部分的作用。

②掌握分光计的调节和使用方法，能正确测定三棱镜的顶角。

③学会用最小偏向角法测定棱镜材料的折射率。

【实验原理】

玻璃三棱镜是光学基本元件如图 4. 12. 1 所示。AB 和 AC 是两个透光的光学表面，称为折射面，其夹角 α 称为三棱镜的顶角；BC 面一般为毛玻璃面，称为三棱镜的底面。

如图 4. 12. 2 所示，当一束单色光经三棱镜 AB 面入射，经过两次折射后，从 AC 面射出，其中 i_1 为入射角，i_2' 为出射角。入射光和出射光之间的夹角称为偏向角，记为 δ，其中，随着入射角 i_1 大小变化，出射角 i_2' 也随之变化，因此其偏向角 δ 也随之发生变化，当入射角 i_1 与出射角 i_2' 相等时，即 $i_1 = i_2'$（证明略），入射光与出射光之间的夹角最小，称为最小偏向角，记为 $\delta_{\min}$。

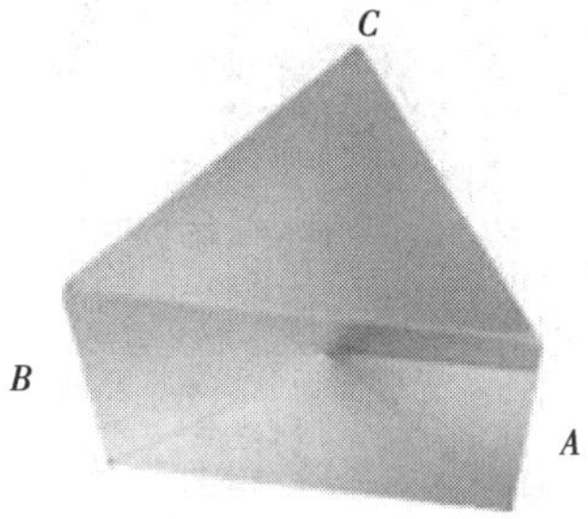

图 4. 12. 1　三棱镜实物

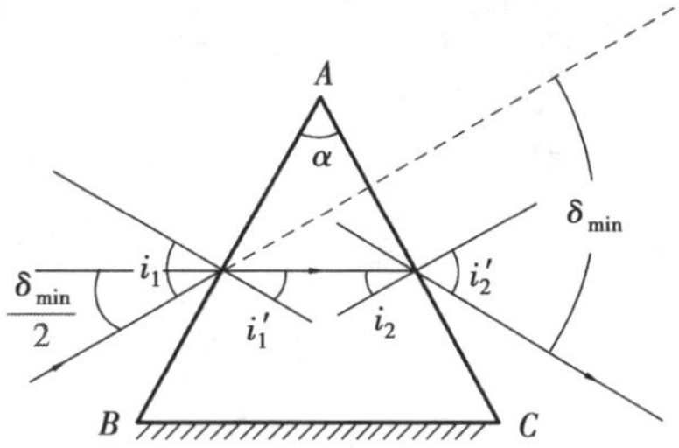

图 4. 12. 2　测三棱镜折射率光路

由图 4. 12. 1 中可以看出，

$$i_1' = \frac{\alpha}{2}$$

$$\frac{\delta_{\min}}{2} = i_1 - i_1' = i_1 - \frac{\alpha}{2} \tag{4. 12. 1}$$

$$i_1 = \frac{1}{2}(\delta_{\min} + \alpha) \tag{4. 12. 2}$$

设棱镜材料折射率为 n，则

$$\sin i_1 = n \sin i_1' = n \sin \frac{\alpha}{2} \tag{4. 12. 3}$$

故

$$n = \frac{\sin i_1}{\sin \frac{\alpha}{2}} = \frac{\sin \frac{\delta_{\min} + \alpha}{2}}{\sin \frac{\alpha}{2}} \tag{4. 12. 4}$$

由此可知，要求得棱镜材料的折射率 n，必须测出其顶角 α 和最小偏向角 $\delta_{\min}$。

如果实验中所用光源为非单色光源，如汞光灯，其在入射光相同的情况下，经三棱镜折射后，不同波长的入射光的出射角各不相同，即发生色散，形成不同颜色的彩色光谱。由此可知，对于不同波长的单色光，产生不同的最小偏向角，因此折射率是光波长的函数。

【实验仪器】

分光计、三棱镜、汞灯、平面镜等。

分光计主要由底座、望远镜、载物台、平行光管和读数装置等5 个部分组成,物理实验常用的 JJY 型分光计结构,如图 4. 12. 3 所示。

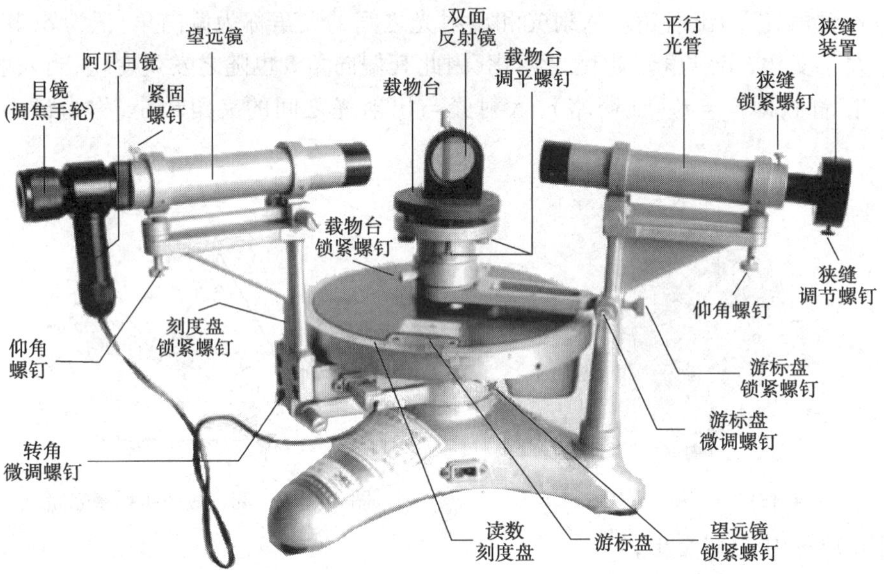

图 4. 12. 3　JJY 型分光计构造

①底座。底座上安置着中心轴(又称主轴),轴上装有可绕中心轴转动的望远镜、读数刻度盘、游标盘、载物台和与底座座脚相连接的平行光管。

②望远镜。望远镜采用的是阿贝式准直望远镜,结构如图 4. 12. 4 所示。由目镜、管筒、分划板、小棱镜、小灯泡和物镜组成。望远镜可以绕分光计的中心轴转动,并可以用制动螺钉固定在游标盘的某一位置上,其角度位置可由游标盘的读数装置读得。

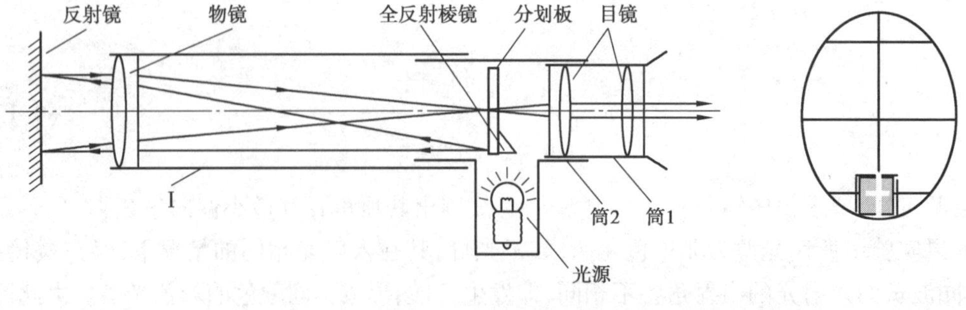

图 4. 12. 4　阿贝式望远镜结构和分划板

③载物台。载物台是用来放置光学元件的平台,可绕分光计的中心轴转动;松开该平台固定螺钉,可使平台沿中心轴升降;台下有 3 个调节螺钉,用以调节平台的水平度。

④平行光管。平行光管是用来出射平行光束的，它在分光计上的位置是固定的；它的狭缝调节可以使狭缝宽度发生变化；松开固定螺钉可使狭缝前后移动，以使狭缝位于平行光管物镜的焦平面上；当狭缝被照亮时，光线便以平行光形式射出平行光管，如图 4.12.5 所示。

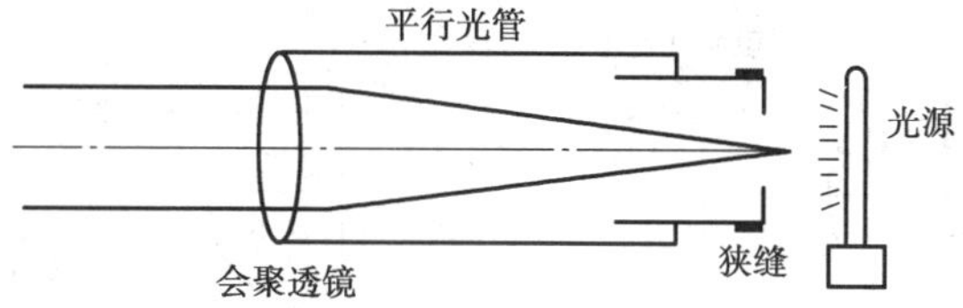

图 4.12.5　平行光管内部构造

⑤刻度读数盘。读数装置由刻度盘和游标盘两部分组成，读数方法与游标卡尺相似。对于 JJY 型分光计，刻度盘上每一格的值为 30′，游标盘上刻有 30 根小刻线，其最小分辨读数为 1′，它即为 JJY 型分光计的误差限。图 4.12.6 中的角度示值为 116°12′。

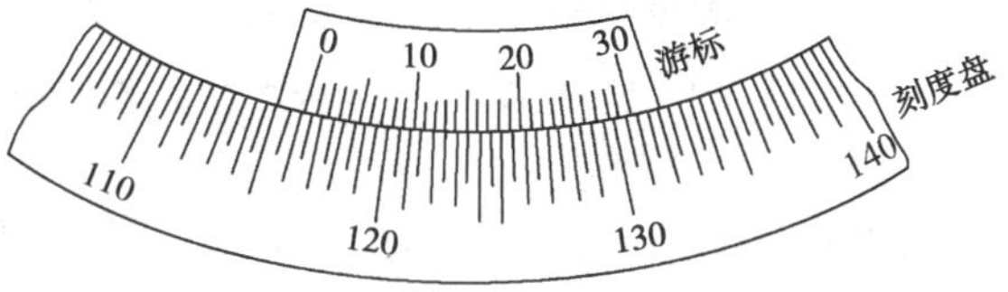

图 4.12.6　刻度盘和游标盘

为了消除刻度盘和分光计中心转轴之间的偏心差，在刻度圆盘同一直径的两端各装一个角游标。测量角度时，对一个角度的两个位置，两个游标都应读数，算出每个游标在两个位置上的读数差，再取它们的平均值作为望远镜或载物台转过的角度。

【实验内容】

(1) **分光计的调整**

分光计调节的分光计的基本要求和调节方法：

①调节望远镜聚焦于无穷远处。

②调节望远镜的光轴与分光计的中心转轴相垂直。

③调节载物台平面与分光计中心轴相垂直。

④调节平行光管能产生平行光，平行光管的光轴应与分光计的中心转轴相垂直。

1) 目测粗调

目测调整望远镜光轴（调倾仰调节螺钉）、平行光管光轴（调倾仰调节螺钉）、载物台平面（台下三螺钉等高），使三者大致垂直于分光计中心转轴。目测粗调是重要的一步，是进一步细调的基础，它可以缩短调整时间。

2) 望远镜的调焦

①目镜调焦。开启望远镜照明灯，此时望远镜的目镜视场中叉丝可能不清晰，旋转目镜调节手轮，调整目镜与分划板相对位置，使叉丝与小十字变清晰为止。

②物镜调焦。在载物台上放置一双面平面反射镜，平面镜平面与载物台下螺钉 a、b 连线垂直或平行，两种放置方法如图 4.12.7 所示。

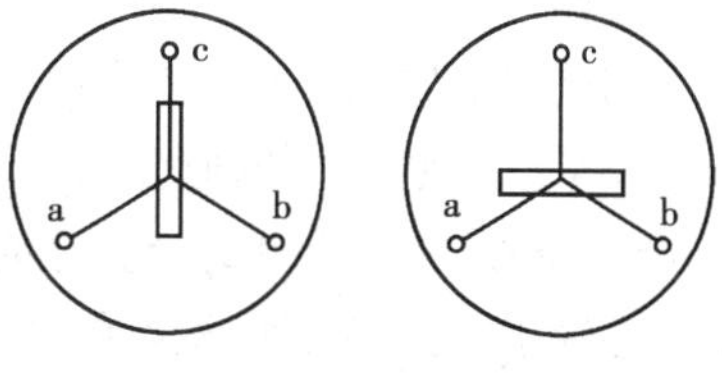

图 4.12.7　平面镜放置

使望远镜光轴大致垂直平面镜，调望远镜俯仰角，左右转动载物台，从望远镜中能看到十字反射像。松开目镜套管固定螺钉，移动套管到物镜距离(即分划板与物镜相对位置)，使小十字及其反射像皆十分清晰为止，如图 4.12.8 所示。

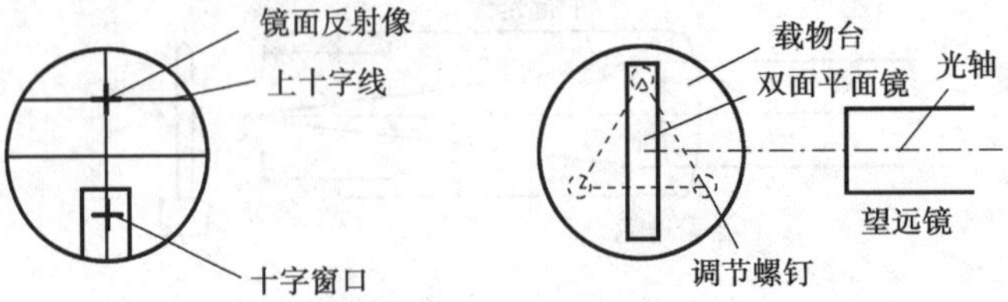

图 4.12.8　望远镜垂直正对反射镜

③眼睛左右移动时，微调目镜系统，使小十字反射像与叉丝无相对位移，从而消除视差。

3) 调节望远镜光轴和载物台平面与分光计中心轴相垂直

①转动载物台，使平面镜前后两面反射的十字反射像皆在望远镜视场内。仔细调望远镜俯仰角，使之正对平面镜两面都能看到十字反射像。设其中一反射像与上十字叉丝距离为 h，如图 4.12.9(a) 所示，用“各半”调节法消除 h。

②调节载物台下 a 或 b 两螺钉之一，使此 h 缩短为 $h/2$，如图 4.12.9(b) 所示，再调节望远镜俯仰角，使十字反射像与分划板上十字叉丝重合，如图 4.12.9(c) 所示。

③转动载物台，用“各半”调节法调节使另一反射面的十字反射像与分划板上十字叉丝重合，如图 4.12.9(c) 所示。

④将平面镜转动 90°后放在载物台上，调节载物台下螺钉 c(此时只调节 c 螺钉，其他勿调节)，使十字反射像与分划板上十字叉丝重合。

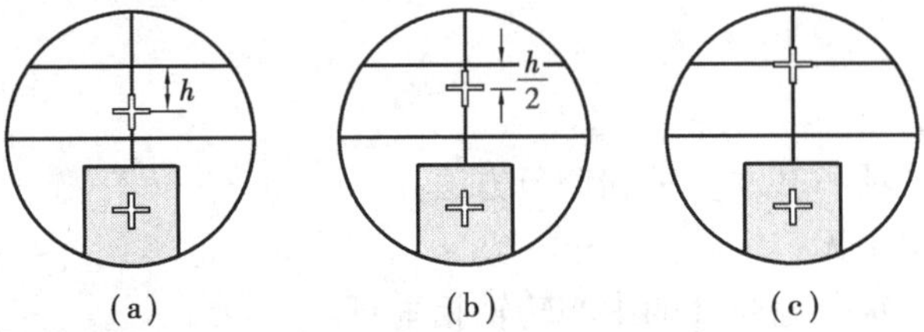

图 4.12.9　用“各半”调节法调反射十字像

4) 调整平行光管，使之能发出平行光并使其光轴与分光计中心轴相垂直

①调平行光管产生平行光。

点亮汞灯或钠灯，均匀照亮狭缝，以前面调好的望远镜为准来调节平行光管。改变狭缝与平行光管透镜间的距离，使狭缝在望远镜视场中清晰成像，且像与分划板叉丝无视差。此时平行光管发射的光即为平行光了。

②调平行光管光轴与分光计中心轴垂直。

调整狭缝宽度，通过望远镜观察使狭缝宽约 0.3 mm。转动狭缝体，使狭缝亮线呈水平状，再调节平行光管下面的倾角螺丝，改变平行光管的俯仰，使狭缝亮线位于望远镜分划板的中央，与叉丝线的水平线重合。这时平行光管的光轴与望远镜的光轴一致了，因而也垂直于分光计中心轴了。此调节过程如图 4.12.10 所示。

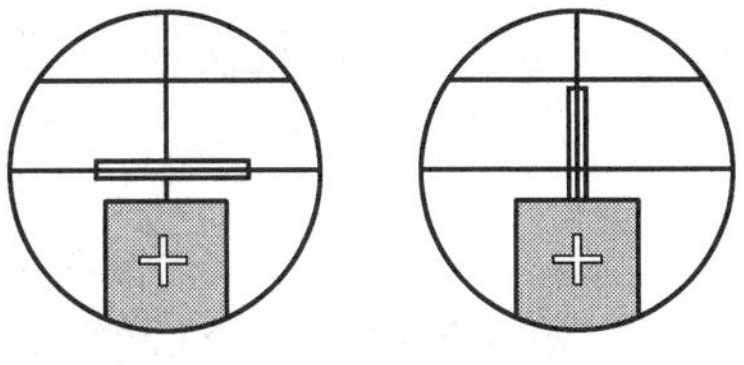

图4.12.10　平行光管与分光计中心轴垂直调节

分光计完全调好后，望远镜、平行光管、载物台的状态不能再改变（否则整个调节要重新进行）。接下去可以进行各种实验测量了。

(2)三棱镜的顶角测量

图4.12.11为自准直法测量三棱镜顶角的示意图。将三棱镜放到分光计载物台上，望远镜照明小灯发出的光线垂直入射于三棱镜 AB 面而沿原路反射回来，记下此时光线入射方位 $T_1(\varphi_{左}、\varphi_{右})$ 两角度值；然后转动望远镜使光线垂直入射于 AC 面，记下沿原路反射回来的方位 $T_2(\varphi'_{左}、\varphi'_{右})$ 两角度值，则望远镜转角 φ 大小为

$$\varphi=|T_2-T_1|=\frac{1}{2}(|\varphi'_{左}-\varphi_{左}|+|\varphi'_{右}-\varphi_{右}|)$$

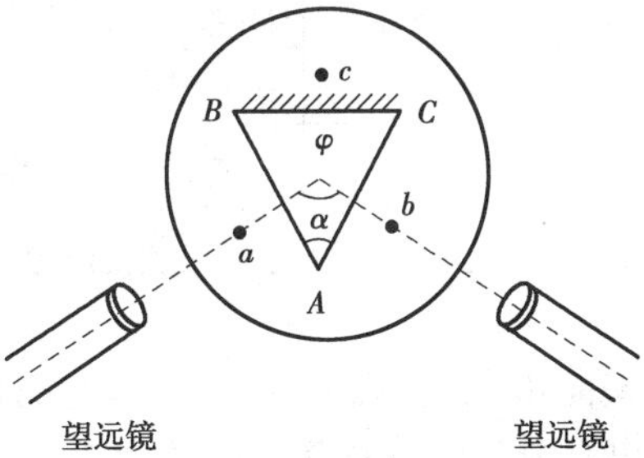

图4.12.11　自准直法测三棱镜顶角

三棱镜顶角 α 大小则为

$$\alpha=180^\circ-\frac{1}{2}(|\varphi'_{左}-\varphi_{左}|+|\varphi'_{右}-\varphi_{右}|)$$

(3)三棱镜最小偏向角的测量

①将三棱镜 AB 面和平行光管放置在夹角约145°的位置，把望远镜移动至图4.12.12中的位置，通过望远镜筒便可以观察到三条宽度约为0.3 mm的彩色光谱。

②轻轻转动载物台（改变入射角），同时，通过望远镜筒跟踪彩色光谱条纹。继续转动载物台，直到彩色光谱条纹突然向相反的方向移动时，这个位置即是光线以最小偏向角射出的方向。

③固定载物台，再使望远镜微动，使其分划板上的中心竖线对准其中的那条绿谱线（546.1 mm）。记下此时两游标处的读数 $(\theta_{左}、\theta_{右})$；取下三棱镜（载物台保持不动），转动望远镜对准平行光管，以确定入射光的方向，再记下两游标处的读数 $(\theta'_{左}、\theta'_{右})$。

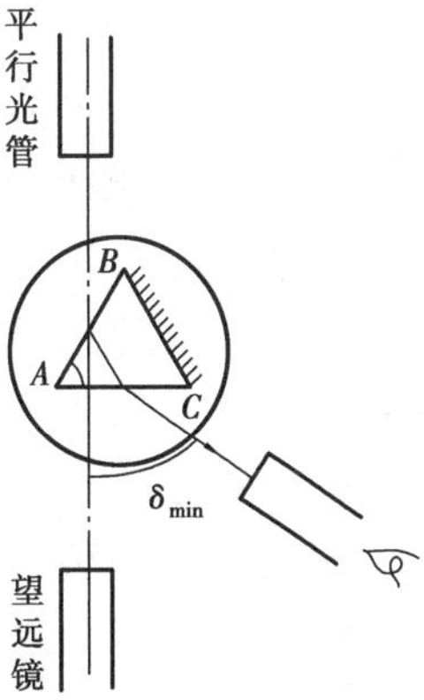

图4.12.12　最小偏向角测量

④按 $\delta_{min}=\frac{1}{2}(|\theta'_{左}-\theta_{左}|+|\theta'_{右}-\theta_{右}|)$，计算出最小偏向角 δ_{min} 的值。

【数据处理】

设棱镜材料折射率为 n，最小偏向角 δ 与顶角 α 及折射率 n 关系如下（学生可以根据折射定律自行证明）：

$$n=\frac{\sin i_1}{\sin\frac{\alpha}{2}}=\frac{\sin\frac{\delta_{min}+\alpha}{2}}{\sin\frac{\alpha}{2}}$$

由此可知，要求得棱镜材料的折射率 n，必须测出其顶角 α 和最小偏向角 δ_{min}。折射率是光波波长的函数。非单色光源（如汞灯）发出的光，经过三棱镜折射以后，其中各单色光成分会有不同的偏向角，出射光形成色散光谱线。偏向角可以分别测量。一般折射率常用钠黄光代表，记作 n_D，本实验测量为 $n_{绿}$。

①列表记录所有测量数据（表 4.12.1）。

表 4.12.1　测量数据表

测三棱镜顶角	$\varphi_{左}$	$\varphi_{右}$	$\varphi'_{左}$	$\varphi'_{右}$	顶角 α
测量值/(°)					
测三棱镜最小偏向角	$\theta_{左}$	$\theta_{右}$	$\theta'_{左}$	$\theta'_{右}$	最小偏向角 δ_{min}
测量值/(°)					

②将测出的顶角 α 和最小偏向角 δ_{min} 代入公式，求出绿光的折射率 $n_{绿}$。

注意：处理数据时，需要写出必要的计算过程。

【思考题】

1. 要使分光仪分划板的叉丝竖线清晰应该如何调节？要看清反射的十字又如何调节？

2. 如何调节分光仪使望远镜的主轴与载物台的中心轴垂直？

3. 如何调节平行光管使之与望远镜共轴？

4. 根据分光计的调节步骤，完成以下内容：

①首先要目测粗调水平。然后用自准法调整望远镜聚焦无穷远时应将平面镜放置到载物台上，请在图 4.12.13(a)中画出平面镜在载物台上的位置（图中 3 个点为载物台调平螺钉）。

②当无论以平面镜的哪一个面对准望远镜，均能观察到亮十字时，应采用__________法，使亮十字像与水平上方准线重合，至此望远镜和分光计的主轴相互垂直。这个步骤的调节过程中，望远镜的俯仰角螺钉是否可以调节？____________（是/否）

③完成以上调节后，平面镜应该如何放置，请在图 4.12.13(b)中画出平面镜的放置的位置。在接下来的调节过程中，是否可以调节望远镜的俯仰角螺钉？____________（是/否）

④测量三棱镜的顶角过程中，请在图 4.12.13(c)中画出三棱镜在载物台上的放置位置。

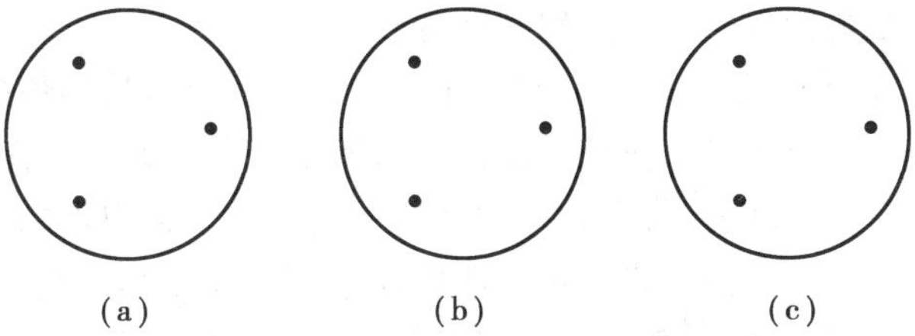

图 4. 12. 13　分光计调节步骤

⑤某同学测量出三棱镜的顶角和最小偏向角的数据(表 4. 12. 2),试计算此三棱镜的折射率 n。

表 4. 12. 2　某同学测量数据表

三棱镜顶角	φ_1	φ_2	φ_1'	φ_2'
测量值	102°23′	282°22′	222°43′	42°50′
最小偏向角	θ_1	θ_2	θ_1'	θ_2'
测量值	176°47′	356°35′	125°13′	305°11′

5. 在分光计实验中,用自准法调节望远镜光轴和载物台台面使之与分光计主轴垂直,平面镜放置应选如下哪种情况调节最方便____________。

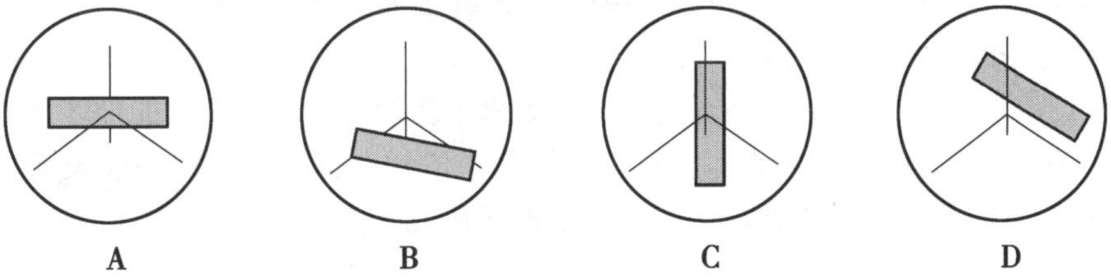

实验 4. 13　光栅衍射

【实验概述与思政要素】

光栅也称衍射光栅,是利用多缝衍射原理使光发生色散(分解为光谱)的光学元件。它是一块刻有大量平行等宽、等距狭缝(刻线)的平面玻璃或金属片。光栅的狭缝数量很大,一般每毫米几十至几千条。单色平行光通过光栅每个缝的衍射和各缝间的干涉,形成暗条纹很宽、明条纹很细的图样,这些锐细而明亮的条纹称作谱线。谱线的位置随波长而异,当复色光通过光栅后,不同波长的谱线在不同的位置出现而形成光谱。光通过光栅形成光谱是单缝衍射和多缝干涉的共同结果。

最早的光栅是 1821 年由德国科学家 J. 夫琅和费用细金属丝密排地绕在两平行细螺丝上制成的。因形如栅栏,故名为"光栅"。现代光栅是用精密的刻划机在玻璃或金属片上刻划而成的。光栅是光栅摄谱仪的核心组成部分,其种类很多。按所用光是透射还是反射分为透射光栅、反射光栅。反射光栅使用较为广泛;按其形状又分为平面光栅和凹面光栅。此外还有全息光栅、正交光栅、相光栅、闪耀光栅、阶梯光栅等。

在我们的生活中，光栅也是随处可见的。光栅是结合数码科技与传统印刷的技术，能在特制的胶片上显现不同的特殊效果。我们日常在电影院观看的3D电影有的就是利用光栅技术实现的。当从镜头的一边看过去，将看到在薄片另一面上的一条很细的线条上的图像，而这条线的位置则由观察角度决定。如果我们将这数幅在不同线条上的图像，对应于每个透镜的宽度，分别按顺序分行排列印刷在光栅薄片的背面上，当我们从不同角度通过透镜观察，将看到不同的图像。在平面上展示栩栩如生的立体世界，电影般的流畅动画片段，匪夷所思的幻变效果。物理实验的知识与我们的生活是紧密联系的，在课堂上学习的实验其实离我们并不遥远，它时刻围绕在我们的身边，等待我们去发现和探索。

【实验目的】

①观察光栅的衍射光谱，理解光栅衍射基本规律。

②进一步熟悉分光计的调节和使用。

③学会利用光栅衍射测定光栅常数、光波长、角色散率。

【实验原理】

如图4.13.1(a)所示，a 为光栅狭缝宽度，光通过狭缝后进行衍射和干涉，b 为刻痕宽度，光射到它上面向四处散射而透不过去，d 为相邻两狭缝上相应两点之间的距离（$d=a+b$），称为栅常数，是光栅的基本参数之一。

如图4.13.1(b)所示，当单色平行光通过光栅每个缝的衍射和各缝间的干涉，形成暗条纹很宽、明条纹很细的图样，这些锐细而明亮的条纹称作**谱线**。谱线的位置随波长而异，当复色光通过光栅后，不同波长的谱线在不同的位置出现而形成光谱。

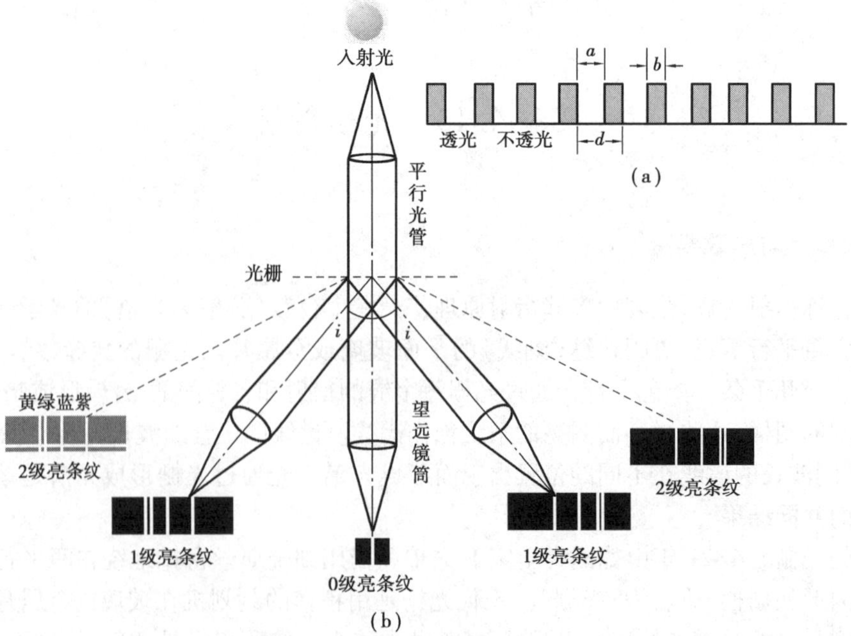

图4.13.1 光栅衍射

根据夫琅和费衍射理论，当波长为 λ 的平行光垂直投射到光栅上，通过每个狭缝的光都要产生衍射，若在光栅后面放置一会聚透镜，所有的衍射光通过透镜后将相互干涉，所以光栅的衍射条纹是**单缝衍射**和**多缝干涉**的总效果。

(1)**光栅方程**

如图4.13.2所示，对于衍射角为 φ 的衍射光波，相邻两缝对应点射出的光束的光程差为

$$\Delta=(a+b)\sin\varphi=d\sin\varphi \tag{4.13.1}$$

当 φ 满足

$$d\sin\varphi=k\lambda(k=0,\pm1,\pm2,\cdots) \tag{4.13.2}$$

即光程差等于波长的整数倍时，该方向上的衍射光将相干相长，出现亮条纹，式(4.13.2)称为**光栅方程**，其中 k 为亮条纹级数，$k=0,\pm1,\pm2,\cdots$，所对应的条纹分别称为中央(零级)极大，正、负第一极大，正、负第二极大……，当衍射角 φ 不满足光栅方程时，衍射光或者相互抵消，或者强度很弱，几乎称为一片暗背景。

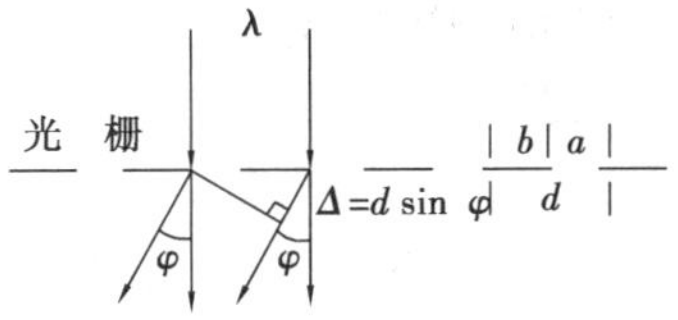

图4.13.2 衍射光路

当平行光以入射角 i (光栅法线与入射光的夹角)射到光栅上时，光栅方程变为

$$d(\sin\varphi\pm\sin i)=k\lambda(k=0,\pm1,\pm2,\cdots) \tag{4.13.3}$$

入射光与衍射光在光栅法线同侧时，上式中 $\sin i$ 前取正号，否则取负号。i 为光的入射方向与光栅平面法线之间的夹角，如果 $i=90°$ 时，即入射光与光栅的法线重合时，光栅方程则为 $d\sin\varphi=k\lambda(k=0,\pm1,\pm2,\cdots)$。

如果光源发出的是复色光，除零级外，不同波长的同一级谱线将对应不同的衍射角 φ。因此，在透镜焦平面上将出现按波长次序排列的谱线(图4.13.1)，称为**光栅光谱**，如果使用低压汞光灯，则可以容易观察到3条比较明显的彩色条纹，绿条纹 $\lambda_{绿}=546.1$ nm，黄色条纹有两条，即 $\lambda_{黄内}=577.0$ nm 和 $\lambda_{黄外}=579.1$ nm。

(2)**光栅角色散率**

角色散率是光栅、棱镜等分光元件的重要参数，从光栅方程可知，衍射角 φ 是波长 λ 的函数，这就是光栅有色散作用的原因，随着 k 的增大，色散率也就越大，衍射光栅的角色散率 D 定义为

$$D=\Delta\varphi/\Delta\lambda \tag{4.13.4}$$

即同一级的两条谱线的衍射角之差 $\Delta\varphi$ 与波长差 $\Delta\lambda$ 的比值。通过光栅方程对 λ 微分，得到 $d\cos\varphi\mathrm{d}\varphi=kd\lambda$，所以角色散率 D 可表示为

$$D=\mathrm{d}\varphi/\mathrm{d}\lambda=k/(d\cos\varphi) \tag{4.13.5}$$

由式(4.13.5)知，光栅光谱具有以下特点：光栅常数 d 越小(即每毫米所含光栅刻线数目越多)，角色散率越大；高级数的光谱比低级数的光谱有较大的角色散率。

根据光栅方程，若已知入射光的波长为 λ，测出该波长对应谱线衍射角 φ，即可求出光栅常数 d；反之，若已知光栅常数 d，测出各特征谱线所对应的衍射角 φ，可求出波长 λ。

【实验仪器】

分光计、光栅、汞灯、平面镜等。

【实验内容】

(1)**分光计的调节**

①将望远镜调焦至无穷远,并确保在目镜中观察到清晰绿色十字叉丝线。

②结合实验4.12分光计的调节方法,结合望远镜筒的升降螺钉及载物台面的3个调平螺钉,使望远镜筒及载物台面分别与分光计主轴垂直。

③调节平行光管顶端的狭缝装置,通过狭缝装置的内外伸缩,保证通过望远镜筒能观察到清晰的狭缝,使狭缝宽约0.3 mm。

④转动狭缝装置,使狭缝亮线呈水平状,再调节平行光管下面的倾角螺丝,改变平行光管的俯仰,使狭缝亮线位于望远镜分划板的中央,与叉丝线的水平线重合。这时平行光管的光轴与望远镜的光轴一致,使两者同时垂直分光计的主轴。

(2)**通过分光计观察光栅衍射光谱**

①将望远镜内的竖直准线与狭缝像重合,锁紧望远镜。按图4.13.3所示将光栅置于载物台上,光栅平面与载物台下两螺钉b、c的连线垂直。用小灯照亮望远镜的十字窗口,被光栅平面反射的亮十字应出现在分划板上。转动游标盘(载物台)并调节螺钉b或c,使十字像与分划板上方的十字线重合(注意不可调节望远镜,光栅也无须转过180°),此时平行光管垂直于光栅。

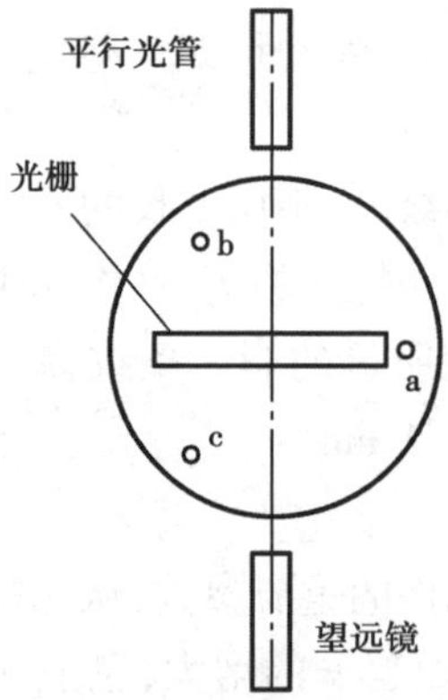

图4.13.3　光栅放置位置

②松开并左右转动望远镜,观察汞灯的衍射光谱,可以看到一条较亮的淡绿色的白条纹为中央明条纹,望远镜转至左右两侧时,可以对称地看到紫色、绿色和黄色条纹,调节图中的螺钉a,以保证光栅刻痕不倾斜。

③微调平行光管狭缝宽度,确保通过望远镜能清晰分辨出两条紧靠的黄色谱线为准。

④分别测量中央亮条纹两侧的第1级绿色、黄内和黄外条纹所在位置的角位置,并予以记录。

【数据处理】

1) 光栅常数与光波长的测量

①已知绿色谱线 $\lambda_{绿}=546.1\ \mathrm{nm}$，测出第 1 级光谱的衍射角 $\varphi_{绿}$。为消除偏心差，应读出两游标的角位置，即 $k=1$ 时的 $\theta_{左}$、$\theta_{右}$，$k=-1$ 时的 $\theta'_{左}$、$\theta'_{右}$。则衍射角为

$$\varphi_{绿}=\frac{1}{4}(|\theta'_{左}-\theta_{左}|+|\theta'_{右}-\theta_{右}|) \tag{4.13.6}$$

由光栅方程 $d\sin\varphi=k\lambda$，求出光栅常数 d。

②按上述步骤分别测出两条黄色谱线的衍射角 $\varphi_{黄内}$、$\varphi_{黄外}$，根据光栅方程，求出 $\lambda_{黄内}$ 和 $\lambda_{黄外}$ 的测量值，并根据 $\lambda_{黄内}=577.0\ \mathrm{nm}$ 和 $\lambda_{黄内}=579.1\ \mathrm{nm}$ 求其相对误差。

2) 角色散率 D 的测量

由汞灯光谱的两条黄线求出 $\Delta\varphi_{黄}$ 和 $\Delta\lambda_{黄}$，根据公式：$D=\Delta\varphi/\Delta\lambda$，计算光栅的角色散率 D。

注意：在求角色散率 D 时，需要将 $\Delta\varphi_{黄}$ 转化为弧度制度再计算。

再根据公式 $D=\mathrm{d}\varphi/\mathrm{d}\lambda=k/(d\cos\varphi)$，代入其中某彩色条纹的测量值，计算 D，比较两者差异并说明原因。

3) 记录所有测量数据于表 4.13.1

表 4.13.1　测量数据表

绿光衍射角	$\theta_{左}$	$\theta_{右}$	$\theta'_{左}$	$\theta'_{右}$	$\varphi_{绿}$
测量值					
黄内衍射角	$\theta_{左}$	$\theta_{右}$	$\theta'_{左}$	$\theta'_{右}$	$\varphi_{黄内}$
测量值					
黄外衍射角	$\theta_{左}$	$\theta_{右}$	$\theta'_{左}$	$\theta'_{右}$	$\varphi_{黄外}$
测量值					

处理数据时，需要写出必要的计算过程。

【注意事项】

①分光计应按操作规程正确使用，光栅和分光计上各光学元件禁止用手触摸。

②不要用眼镜直接观察点燃的汞灯，以免紫外线灼伤眼睛。

【思考题】

1. (1) 三棱镜使自然光发生色散的原理是____________________________________。

(2) 光栅使自然光发生色散的原理是______________________________________。

2. 光在垂直入射光栅时的光栅方程为____________，自然光经光栅衍射后会发生____________，同一级不同波长光的衍射角____________（正比、无关、反比）于光的波长。

3. 光栅衍射实验中，如果平行光管的狭缝调节过粗会有什么后果____________。

A. 出射光不是平行光　　　　B. 观察不到绿光谱线

C. 观察不到黄光谱线　　D. 观察不到两条黄光的谱线

4. 在分光计测量光栅常数实验中可以发现:光栅常数 d 越小,角色散率 D,则

A. 越大　　B. 越小

C. 不变　　D. 不确定

5. 在光栅衍射实验中,测量数据正确的规律是____________。

A. $\varphi_{绿} > \varphi_{黄内} > \varphi_{黄外}$　　B. $\varphi_{绿} < \varphi_{黄内} < \varphi_{黄外}$

C. $\varphi_{黄内} > \varphi_{绿} > \varphi_{黄外}$　　D. $\varphi_{黄内} < \varphi_{绿} < \varphi_{黄外}$

6. 在光栅衍射实验中,测量绿色光谱线,$K = \pm 1$ 级时,测得两侧游标示数分别为 344°23′、164°25′;$K = -1$ 级时,两侧游标对应的示数分别为 3°8′、183°16′,则绿光的衍射角 $\varphi_{绿}$ 为____________。

A. 9°24′　　B. 9°18′

C. 89°62′　　D. 18°48′

7. 简要描述光栅衍射实验中,调节分光计的平行光管发出的光垂直入射到光栅上的实验步骤。

8. 光栅方程 $d\sin\varphi = k\lambda$ 的适用条件是什么?实验中如何判断这些条件是否具备?

9. 光栅和棱镜都是色散元件,它们所形成的光谱有何区别?

实验 4.14　等厚干涉——牛顿环

【实验概述与思政要素】

由光波的叠加原理可知,当两列振动方向相同、频率相同而相位差保持恒定的单色光叠加后,光的强度在叠加区的分布是不均匀的,而是在有些地方呈现极大,另一些地方呈现极小,这种在叠加区出现的稳定强度分布现象称为光的干涉。

17 世纪初,物理学家牛顿在考察肥皂泡及其他薄膜干涉现象时,把一个玻璃三棱镜压在一个曲率已知的透镜上,偶然发现干涉圆环,并对此进行了实验观测和研究。他发现,用一个曲率半径大的凸透镜和一个平面玻璃相接触,用白光照射时,其接触点出现明暗相间的同心彩色圆圈,用单色光照射,则出现明暗相间的单色圆圈。这是由于光的干涉造成的,这种光学现象被称为“牛顿环”。但由于牛顿信奉光的微粒说而未能对其作出正确的解释。

托马斯·杨发现利用透明物质薄片同样可以观察到干涉现象,进而引导他对牛顿环进行研究,他用自己创建的干涉原理解释牛顿环的成因和薄膜的彩色,并第一个近似地测定了 7 种色的光的波长,从而完全确认了光的周期性,为光的波动理论找到了又一个强有力的证据。

薄膜干涉分为两种,一种称等倾干涉,另一种称为等厚干涉。等厚干涉是由平行光入射到厚度变化均匀、折射率均匀的薄膜上、下表面而形成的干涉条纹。薄膜厚度相同的地方形成同条干涉条纹,故称等厚干涉。牛顿环和楔形平板干涉都属等厚干涉。

干涉现象在科学研究和工业技术上有着广泛的应用。例如在光学检测中,包括对光学元件和光学系统的检查和测试可以利用等厚干涉条纹来测量玻璃板各处的厚度,以及测量照相机镜头的调制传递函数(MTF)等。利用等厚干涉来检测样品表面是否平整的最常见方法是

斐索干涉仪，它利用准直平行光在样品表面反射后与入射光发生干涉，从而得到等厚条纹。此外，还可以采用从迈克耳孙干涉仪改进而来的特怀曼-格林干涉仪。特怀曼-格林干涉仪也使用准直平行光源，并由于从迈克耳孙干涉仪改进而来，它可以使两束相干光的光程非常接近，从而相比于斐索干涉仪它对光源的相干长度要求有所降低。如测量光波波长，精确测量微小长度，厚度和角度，检测试件表面的光洁度，研究机械零件内应力的分布以及在半导体技术中测量硅片上氧化层的厚度等。

【实验目的】

①观察光的等厚干涉现象，加深对干涉现象的认识。

②掌握读数显微镜的使用方法，并用牛顿环测量平凸透镜的曲率半径。

③学习用列表法，逐差法和作图法处理实验数据，计算不确定度，并比较实验结果。

【实验原理】

牛顿环装置是由一块曲率半径较大的平凸玻璃透镜，以其凸面放在一块光学玻璃平板（平晶）上构成的，如图 4.14.1 所示。平凸透镜的凸面与玻璃平板之间的空气层厚度从中心到边缘逐渐增加，若以平行单色光垂直照射到牛顿环装置上，则经空气层上、下表面反射的两光束存在光程差，它们在平凸透镜的凸面相遇后，将发生干涉。从透镜上看到的干涉花样是以玻璃接触点为中心的一系列明暗相间的圆环（图 4.14.2），称为牛顿环。由于同一干涉环上各处的空气层厚度是相同的，因此它属于等厚干涉。

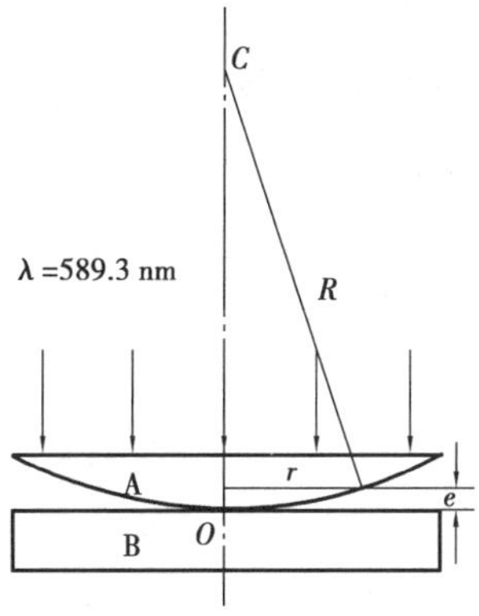

图 4.14.1　牛顿环装置

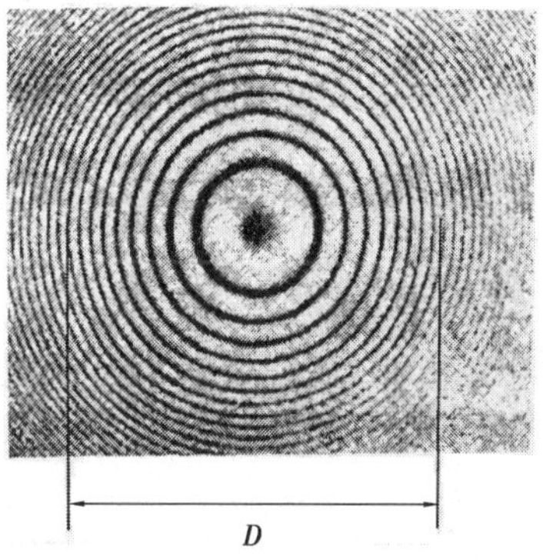

图 4.14.2　等厚干涉条纹——牛顿环

由图 4.14.1 可见，设透镜的曲率半径为 R，与接触点 O 相距为 r 处空气层的厚度为 e，其几何关系式为

$$R^2 = (R-e)^2 + r^2 = R^2 - 2Re + e^2 + r^2$$

由于 $R \gg e$，可以略去 e^2 得

$$e = \frac{r^2}{2R} \tag{4.14.1}$$

设光线是垂直入射的，计算光程差时还要考虑光线从光疏介质向光密介质发生反射时有一相位 π 的突变，光波从空气射向平玻璃板上反射时会有半波损失，从而带来 $\lambda/2$ 的附加程差，所以总程差为

$$\Delta = 2e + \frac{\lambda}{2} \tag{4.14.2}$$

产生暗环的条件是

$$\Delta = (2k+1)\frac{\lambda}{2} \tag{4.14.3}$$

式中，$k=0,1,2,3,\cdots$为干涉暗条纹的级数。综合式(4.14.1)、式(4.14.2)和式(4.14.3)可得第 k 级暗环的半径为

$$r_k^2 = kR\lambda \tag{4.14.4}$$

由式(4.14.4)可知，如果单色光源的波长 λ 已知，测出第 m 级的暗环半径 r_m，即可得出平凸透镜的曲率半径 R；反之，如果 R 已知，测出 r_m 后，就可计算出入射单色光波的波长 λ。但是用此测量关系式往往误差很大，原因在于凸面和平面不可能是理想的点接触；接触压力会引起局部形变，使接触处成为一个圆形平面，干涉环中心为一暗斑。或者空气间隙层中有了尘埃，附加了光程差，干涉环中心为一亮(或暗)斑，均无法确定环的几何中心。实际测量时，可以通过测量距中心较远的两个暗环的半径 r_m 和 r_n 的平方差来计算曲率半径 R。因为

$$r_m^2 = mR\lambda \qquad r_n^2 = nR\lambda$$

两式相减可得

$$r_m^2 - r_n^2 = R(m-n)\lambda$$

所以

$$R = \frac{r_m^2 - r_n^2}{(m-n)\lambda} \text{ 或 } R = \frac{D_m^2 - D_n^2}{4(m-n)\lambda} \tag{4.14.5}$$

由上式可知，只要测出 D_m 与 D_n(分别为第 m 与第 n 条暗环的直径)的值，就能算出 R。这样就可避免实验中条纹级数难于确定的困难，利用后一计算式还可克服确定条纹中心位置的困难。

【实验仪器】

牛顿环、钠光灯($\lambda = 589.3$ nm)、读数显微镜。

读数显微镜及其光路如图 4.14.3 所示。

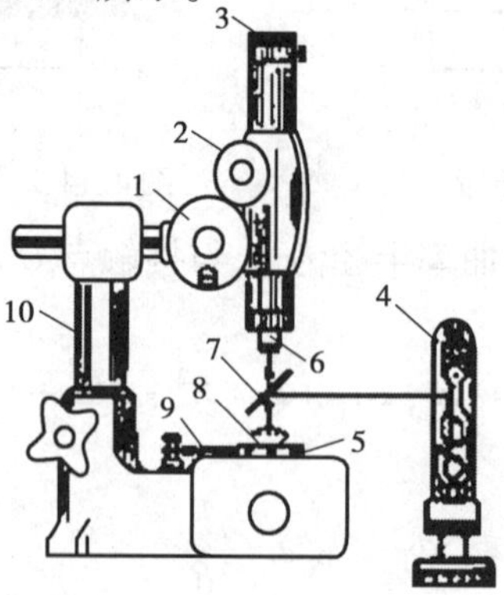

图 4.14.3　读数显微镜及光路

1—读数手轮；2—调焦手轮；3—目镜；4—钠光灯；5—平板玻璃；6—物镜；7—透反镜；8—平凸透镜；9—载物台；10—支架

【实验内容】

钠光灯发出波长 $\lambda=589.3$ nm 的光由与水平方向成45°的透反镜(半反射半透射)反射后,垂直入射到平凸透镜上,干涉条纹通过显微镜观察和测量。

(1)**用显微镜观察牛顿环**

利用显微镜观察物体必须同时满足两个条件:"对准"和"调焦"在被观察的物体上。实验调整、操作应按以下顺序进行:

①照明。调整读数显微镜的位置,使光线射向显微镜物镜下方45°透反镜,并使单色平行光垂直入射到牛顿环装置上。调节透反镜的取向,应使显微镜视野中亮度最大。

②调焦。首先调节目镜直至十字叉丝成像清晰。等厚干涉条纹定域在空气间隙上表面附近,故在观察时,读数显微镜必须对准此面调焦,在调焦过程中,旋转调焦手轮的方向时,必须先使显微镜筒接近平凸透镜,然后缓慢地自下而上进行调焦(自上而下调焦容易损坏物镜和被测标本,为操作规程所不允许),直到能看到清晰的干涉图样,即看到了放大了的牛顿环。

③对准。略微移动牛顿环,对准环中心部位,使显微镜中的十字叉丝将牛顿环大致四等分。如不够清晰可稍加调焦,直至条纹最清晰为止。

(2)**测量牛顿环直径**

转动显微镜测微鼓轮,使显微镜中十字叉丝由环中心向环左方移动,首先使叉丝的交点先超过第16条暗环,然后退回到第16条暗环,再转动测微鼓轮,使叉丝交点依次对准第15,14,13,…,8,7,6等暗环,记下每次显微镜的位置读数。继续转动测微鼓轮,使镜筒经过暗环中心再读出另一方第6环至第15环的读数。

在整个测量过程中,读数显微镜只可沿同一个方向旋转鼓轮,不能进进退退,以避免测微螺距间隙引起的回程误差。在测量某一条纹的直径时,如果在左侧测的是条纹的外侧位置,而在右侧则应测量的是条纹的内侧位置,此条暗环的直径可认为就等于这两个位置之间的距离。因为实验时主要测量间隔为 k 个干涉环的两个暗环的直径平方差。为了减少读数误差,应将 k 值取得大一些,则干涉条纹的相对误差就可减小近10倍。本实验要求测量 $k=6\sim15$ 级每一暗环的直径,利用逐差法和作图法分别求取条纹的直径平方差,则可获得较精确的 R 的实验值。

(3)**数据记录**

记录实验数据于表4.14.1。

表4.14.1 实验数据记录表

级数 m_i		15	14	13	12	11	10	9	8	7	6
位置	左方读数										
	右方读数										
直径	D_m										
直径平方	D_m^2										

【数据处理】

①利用式(4.14.5)逐差法计算出牛顿环的曲率半径 R。

②作 $D_m^2 \sim m$ 图，由斜率 $4\lambda R$ 计算 R。

③分析误差的主要来源。

【注意事项】

①牛顿环仪、透镜和显微镜的光学表面不清洁，要用专门的擦镜纸轻轻揩拭。

②测量显微镜的测微鼓轮在每一次测量过程中只能向一个方向旋转，中途不能反转。

③当用镜筒对待测物聚焦时，为防止损坏显微镜物镜，正确的调节方法是使镜筒移离待测物（即提升镜筒）。

【思考题】

1. 牛顿环干涉条纹形成在哪一个面上？产生的条件是什么？

2. 牛顿环干涉条纹的中心在什么情况下是暗的？什么情况下是亮的？

3. 分析牛顿环相邻暗（或亮）环之间的距离（靠近中心的与靠近边缘的大小）。

4. 为什么说读数显微镜测量的是牛顿环的直径，而不是显微镜内被放大了的直径？若改变显微镜的放大倍率，是否影响测量的结果？

5. 如何用等厚干涉原理检验光学平面的表面质量？

6. 利用读数显微镜测量一微小圆环的内环半径 R_1、外环半径 R_2 和厚度 d，如图 4.14.4 所示。试说明测量方法和测量步骤。

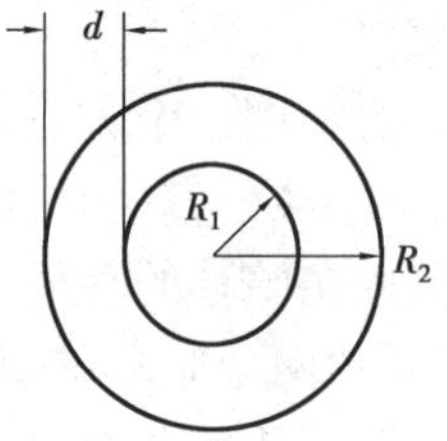

图 4.14.4　题 6 图

实验 4.15　太阳能电池的特性研究

【实验概述与思政要素】

太阳能是各种可再生能源中最重要的基本能源，生物质能、风能、海洋能、水能等都来自太阳能，广义地说，太阳能包含以上各种可再生能源。太阳能作为可再生能源的一种，则是指太阳能的直接转化和利用。通过转换装置把太阳辐射能转换成电能利用的，属于太阳能光发电技术，光电转换装置通常是利用半导体器件的光伏效应原理进行光电转换的，因此又称太阳能光伏技术。

20 世纪 50 年代，太阳能利用领域出现了两项重大技术突破：一是 1954 年美国贝尔实验室研制出 6% 的实用型单晶硅电池，二是 1955 年以色列 Tabor 提出选择性吸收表面概念和理论并研制成功选择性太阳吸收涂层。这两项技术突破为太阳能利用进入现代发展时期奠定了技术基础。

太阳能电池(图 4.15.1)近年也被人们用于生产、生活的许多领域。1974 年世界上第一架太阳能电池飞机在美国首次试飞成功,激起人们对太阳能飞机研究的热潮,太阳能飞机从此飞速地发展起来,只用了六七年时间太阳能飞机从飞行几分钟,航程几千米发展到飞越英吉利海峡。现在,最先进的太阳能飞机,飞行高度超过 2 万 m,航程超过 4 000 km。另外,太阳能汽车也发展很快。

图 4.15.1　太阳能发电及其应用

用太阳能电池发电确实是一种诱人的方式,据专家测算,如果能把撒哈拉沙漠太阳辐射能的 1% 收集起来,足够全世界的所有能源消耗。

在生产和生活中,太阳能电池已在一些国家得到了广泛应用,在远离输电线路的地方,使用太阳能电池给电器供电是节约能源、降低成本的好办法。芬兰制成了一种用太阳能电池供电的彩色电视机,太阳能电池板就装在住家的房顶上,还配有蓄电池,保证电视机的连续供电,既节省了电能又安全可靠。日本则侧重把太阳能电池应用于汽车的自动换气装置、空调设备等民用工业。我国的一些电视差转台和公交车站站牌也已用太阳能电池为电源,投资少,使用方便,很受欢迎。

20 多年来,太阳能利用技术在研究开发、商业化生产、市场开拓方面都获得了长足发展,成为世界快速、稳定发展的新兴产业之一。

太阳能电池根据所用材料的不同,太阳能电池还可分为硅太阳能电池、多元化合物薄膜太阳能电池、聚合物多层修饰电极型太阳能电池、纳米晶太阳能电池、有机太阳能电池、塑料太阳能电池,其中硅太阳能电池目前发展最成熟,在应用中居主导地位。硅太阳能电池分为单晶硅太阳能电池、多晶硅薄膜太阳能电池和非晶硅薄膜太阳能电池 3 种。

太阳能发电是当前及今后,非常具有发展前景的新能源领域。目前市面上生产太阳能电池的原材料还是以晶硅等半导体材料为主。我们国家目前在光伏发电领域具有很大的优势。光伏领域的关键在于能量转化效率的提升,这里面有很大的发展空间,等待同学们积极去探索研究。

在本实验中,使用氙灯作为实验光源,通过测量太阳能电池的一些特征参数,如开路电压、短路电流等,估算出太阳能电池的转换效率、内阻等,使学生熟悉太阳能电池的工作原理和应用技术。

【实验目的】

①测量光功率密度随距离变化的关系。
②测量短路电流及开路电压随入射功率变化的关系。
③测量太阳能电池的伏安特性曲线,并分析太阳能电池的内阻与入射光功率的关系。
④学会计算太阳能电池的一些特性参数,如转换效率、填充因子等。
⑤了解太阳能电池的主要应用领域及制作工艺。

【实验原理】

(1)**太阳能电池形成原理**

太阳能电池是通过光电效应或者光化学效应直接把光能转化成电能的装置。太阳能电池发电的原理主要是利用半导体的电学性质和光学性质。图 4.15.2 为纯净硅原子的结构示意图。

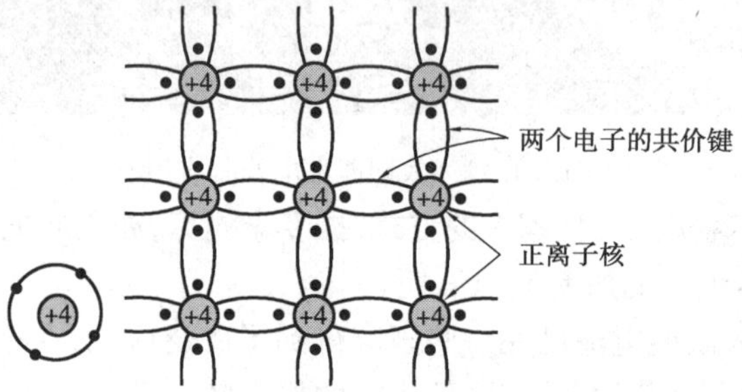

图 4.15.2　纯净硅原子

图中,正电荷(+4)表示硅原子,负电荷表示围绕在硅原子旁边的 4 个电子。当硅晶体中掺入其他的杂质,如硼、磷等,晶体的特性就会发生改变。

1)P 型半导体

当掺入硼时,硅晶体中就会存在着一个空穴,它的形成过程如图 4.15.3 所示。

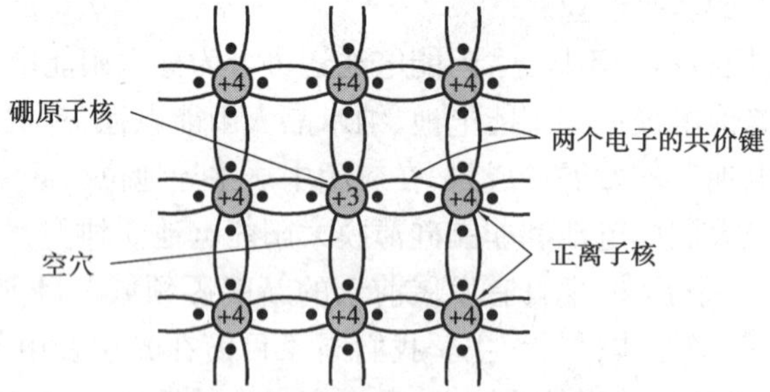

图 4.15.3　P 型半导体

图中,正电荷(+4)表示硅原子,负电荷表示围绕在硅原子旁边的 4 个电子。而正电荷(+3)表示掺入的硼原子,因为硼原子周围只有 3 个电子,所以就会产生如图 4.15.3 所示的空穴,这个空穴因为没有电子而变得很不稳定,容易吸收电子而中和,形成 P(positive)型半导体。

2)N型半导体

同样,掺入磷原子以后,因为磷原子有5个电子,所以就会有一个电子变得非常活跃,形成N(negative)型半导体。(+5)表示磷原子核,深色的为多余的电子,如图4.15.4所示。

当P型和N型半导体结合在一起时,在两种半导体的交界面区域里会形成一个特殊的薄层,界面的P型一侧带负电,N型一侧带正电。这是由于P型半导体多空穴,N型半导体多自由电子,出现了浓度差。N区的电子会扩散到P区,P区的空穴会扩散到N区,一旦扩散就形成了一个由N指向P的"内电场",从而阻止扩散进行。如图4.15.5所示,达到平衡后,就形成了这样一个特殊的薄层形成电势差,这就是PN结。

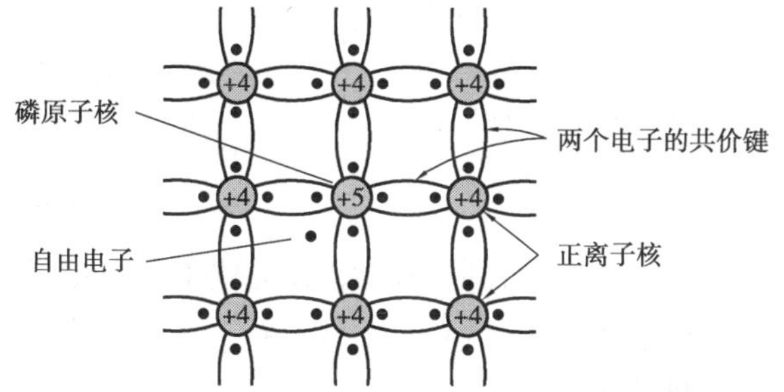

图4.15.4　N型半导体

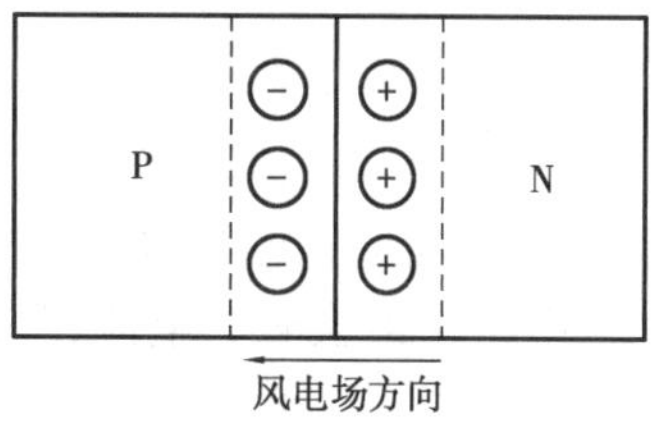

图4.15.5　PN结

当晶片受光后,PN结中,N型半导体的空穴往P型区移动,而P型区中的电子往N型区移动,从而形成从N型区到P型区的电流。然后在PN结中形成电势差,这就形成了电源,如图4.15.6所示。

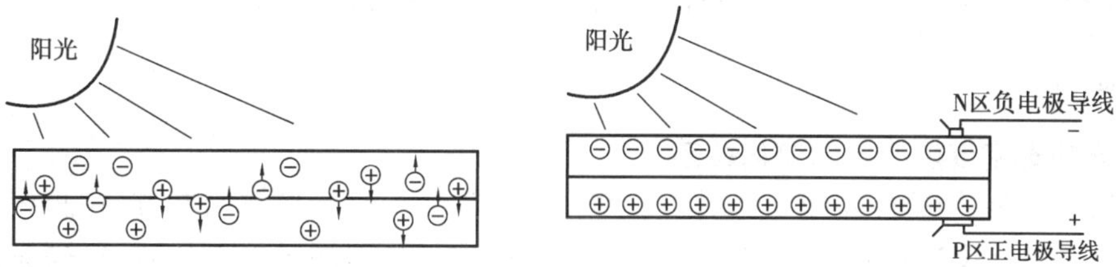

图4.15.6　太阳能电池形成过程

由于半导体不是电的良导体,电子在通过PN结后如果在半导体中流动,电阻非常大,损耗也就非常大。但如果在上层全部涂上金属,阳光就不能通过,电流就不能产生,因此一般用金属网格覆盖PN结,以增加入射光的面积。

另外硅表面非常光亮,会反射掉大量的太阳光,不能被电池利用。为此,科学家们给它涂上了一层反射系数非常小的保护膜(图4.15.7),将反射损失减小到5%甚至更小。一个电池所能提供的电流和电压毕竟有限,于是人们又将很多电池(通常是36个)并联或串联起来使用,形成太阳能光电板。

(2)太阳能电池的特征参数

太阳能电池除了外型尺寸外,还有如下特征参数:

①开路电压U_{OC}:光照下的PN结外电路开路时,P端对N端的电压。

②短路电流I_{SC}:光照下的PN结外电路短路时,从P端流出,经过外电路,从N端流入的电流称为短路电流。

③转换效率η:评估太阳能电池好坏的重要因素。

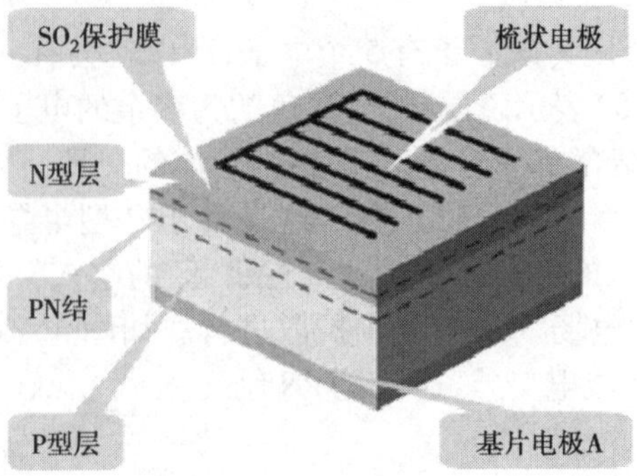

图 4.15.7　太阳能电池结构

$$\eta = \frac{U_M I_M}{P} \tag{4.15.1}$$

式中，U_M 为最佳工作电压，指太阳能电池输出功率最大时的电压；I_M 为最佳工作电流，指太阳能电池输出功率最大时的电流；P 为入射到整个太阳能电池上的光功率。

④填充因子 FF：评估太阳电池负载能力的重要因素。

$$FF = \frac{U_M I_M}{U_{OC} I_{SC}} \tag{4.15.2}$$

【实验仪器】

太阳能电池实验主机、功率指示计、光具座、光源、太阳能电池板。

【实验内容】

(1)光功率密度随距离的变化关系

将光源固定在导轨的左端 5 cm 处，功率计的接收探头位于导轨的右方，在测量之前先将探头挡住，避免其接受光的照射，并将功率调零之后才可开始测量。测量时，将探头的旋钮转至正中心，对准光源。并将探头每隔 2 cm 向右移动一次，并逐个记录功率计的读数填入表 4.15.1中。为了减少温度对功率计的影响，应从距离光源 50 cm 以外处开始测量。在实验报告中绘出光功率密度 J 随距离 L 的变化曲线（J-L 图）。将曲线进行延长就可用得到距离光源 50 cm 以内的光功率密度。图 4.15.8 为光功率密度 J 随距离 L 的变化参考实验曲线。

表 4.15.1　光功率密度 J 随距离 L 的变化关系测定

功率计圆探头直径 ϕ	6.0 mm								
接收表面积 S									
光源与功率计的距离 L/cm	55	57	59	61	63	65	67	69	71
入射光功率 P_1/mW									
功率密度 J/(mW · cm^{-2})									

光功率密度公式为

$$J = P/S = P/\left(\frac{\pi\varphi^2}{4}\right) \tag{4.15.3}$$

式中，P 为入射光的功率；S 为接收表面积。

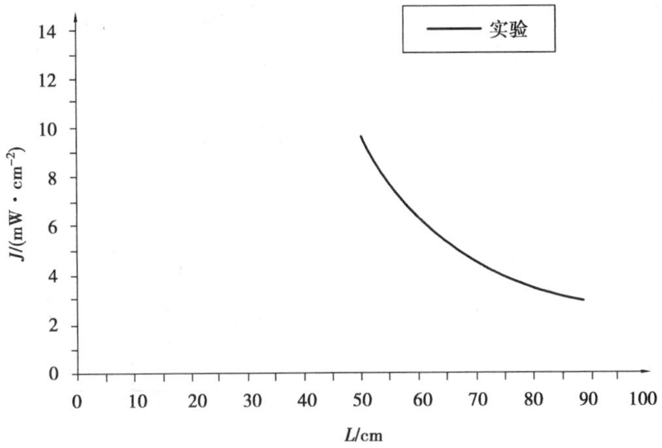

图 4.15.8　光功率密度 J 随距离 L 的变化曲线（J-L 图）

(2) 短路电流随入射功率的变换关系

将实验(1)中的功率计换成太阳能电池，用红黑线连接好太阳能电池和实验机箱，将实验主机的旋钮调至短路挡，测量短路电流随距离的变化关系，从与实验(1)中相同测量起点开始测量，同样是每隔 2 cm 测量一次，就可以得到短路电流随距离的变化关系，再结合实验(1)中所得到的功率密度随距离的变化关系就可以得到短路电流随入射功率的变化关系，绘出短路电流随入射功率的变化曲线（I_{sc}-P_2 图）。将测量数据填入表 4.15.2。图 4.15.9 为参考实验曲线。太阳能电池板的尺寸是 7.5 cm×8 cm。

表 4.15.2　短路电流随入射功率的变换关系测量

光源与板距离 L/cm	55	57	59	61	63	65	67	69	71
功率密度 $J/(mW \cdot cm^{-2})$									
入射光功率 P_2/mW									
短路电流 I_{SC}/mA									

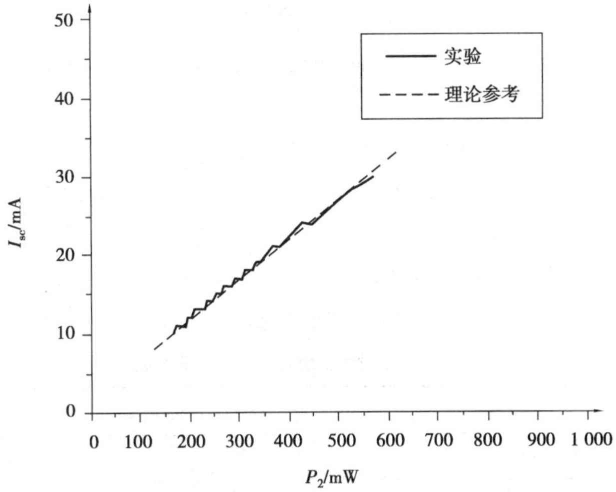

图 4.15.9　短路电流随入射功率的变化曲线（I_{sc}-P_2 图）

（3）**开路电压随入射功率的变换关系**

将实验（1）中的功率计换成太阳能电池，用红黑线连接好太阳能电池和实验机箱，将实验主机旋钮调至开路挡，测量开路电压随距离的变化关系。将测量数据填入表 4. 15. 3。从与实验（1）中相同测量起点开始测量，同样是每隔 2 cm 测量一次，就可以到的开路电压随距离的变化关系，再结合实验（1）中所得到的功率密度随距离的变化关系就可以得到开路电压随入射功率的变化关系，绘出开路电压随入射功率的变化曲线（U_{OC}-P_2 图）。图 4. 15. 10 为参考实验曲线。

表 4. 15. 3　开路电压随入射功率的变换关系测定

光源与板距离 L/cm	55	57	59	61	63	65	67	69	71
入射光功率 P_2/mW									
开路电压 U_{OC}									

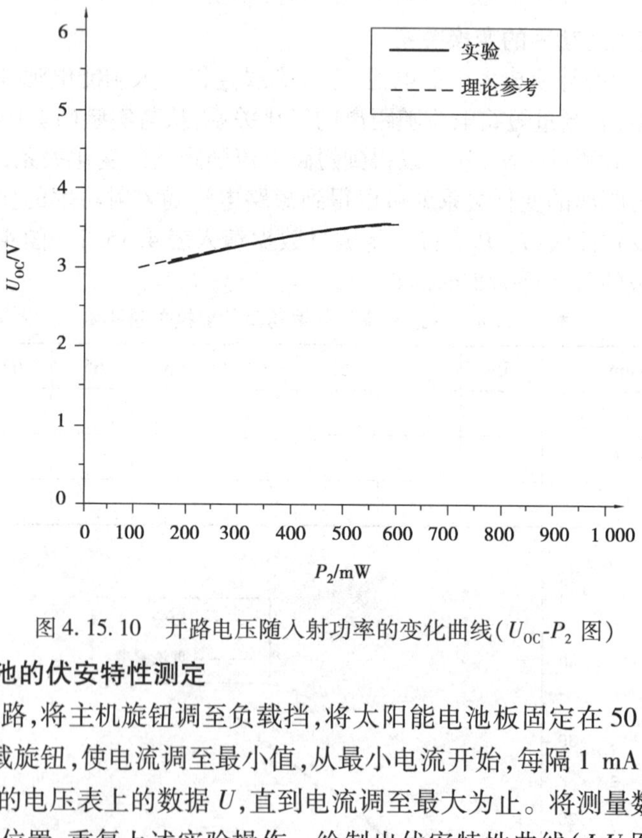

图 4. 15. 10　开路电压随入射功率的变化曲线（U_{OC}-P_2 图）

（4）**太阳能电池的伏安特性测定**

连接好实验电路，将主机旋钮调至负载挡，将太阳能电池板固定在 50 cm 外的某一位置，打开电源，调节负载旋钮，使电流调至最小值，从最小电流开始，每隔 1 mA 记录一次电流表上的数据 I 及其相应的电压表上的数据 U，直到电流调至最大为止。将测量数据填入表 4. 15. 4。改变太阳能电池的位置，重复上述实验操作。绘制出伏安特性曲线（I-U 图）。图 4. 15. 11 为伏安特性的测量原理图，图 4. 15. 12 为参考实验曲线。

表 4. 15. 4　太阳能电池伏安特性的测定

光源与板距离 L	55 cm																			
I_1/mA																				
U_1/V																				

续表

光源与板距离 L	65 cm																			
I_2/mA																				
U_2/V																				

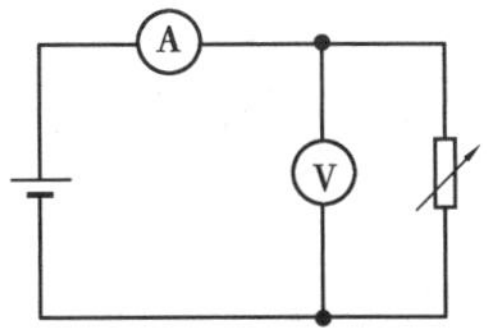

图 4. 15. 11　伏安特性测量原理

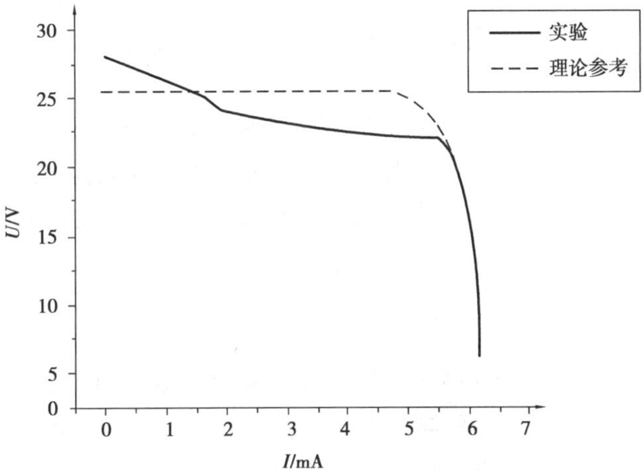

图 4. 15. 12　伏安特性曲线

【数据处理】

①完成表 4. 15. 1—表 4. 15. 4 共 4 个表格内所有数据的测量，按实验内容的要求分别进行计算，作图并分析曲线变化规律。(作图请用作图纸)

②太阳能电池内阻的计算。

由实验(4)中的测量得到电压 U_1 和电流 I_1 的实验数据可以计算出相应的电阻值 R 和输出功率值 P_3

$$R = \frac{U_1}{I_1} \qquad P_3 = U_1 I_1 \tag{4.15.4}$$

绘制出输出功率随电阻的变化曲线(P_3-R 图)。图 4. 15. 13 为参考实验曲线。在图中找出输出功率的最大值 P_{max}，再找出其对应的电阻值 R_0，R_0 和该太阳能电池的内阻相等。由此可以估算出该太阳能电池的内阻。

再根据实验(4)中所得到的另一组 I_2-U_2 的实验数据重复上述实验操作。比较两次测得内阻的变化情况，分析其原因。(内阻随入射光功率的减小而增大。)

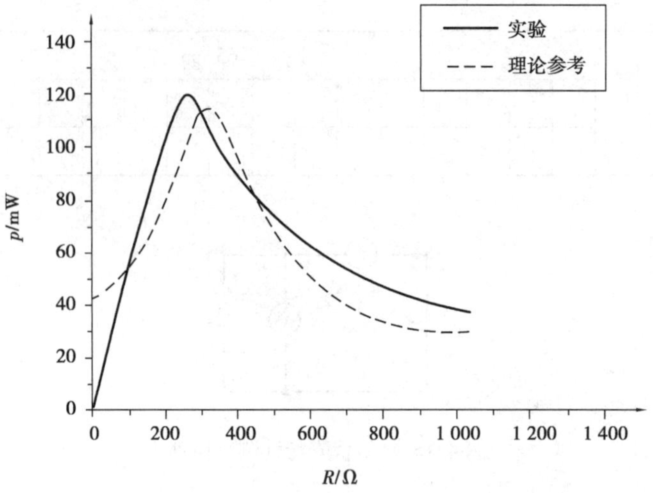

图 4. 15. 13　输出功率随电阻的变化曲线

③估算转换效率。

得到在太阳能电池在固定入射光强（距离光源距离 L 确定）的条件下的最大输出功率值 P_{max}，再由实验(2)得到在该确定距离 L 处的入射到整块太阳能电池上的光功率 P_2。整块太阳能电池的面积是 $S=7.5\ \text{cm}\times 8\ \text{cm}$。由此可以估算出该太阳能电池的光电转换效率 η 为

$$\eta=\frac{P_{max}}{P_2}\times 100\% \tag{4.15.5}$$

④估算填充因子。

得到在太阳能电池在固定入射光强（距离光源距离 L 确定）的条件下的最大输出功率值 P_{max}，再根据实验(2)和实验(3)中所测量得到的实验数据可以得到在该确定距离 L 处的短路电流 I_{SC} 和开路电压 U_{OC} 的值，由此可以估算出该太阳能电池的填充因子 FF

$$FF=\frac{P_{max}}{U_{OC}\cdot I_{SC}} \tag{4.15.6}$$

⑤分析实验误差来源。

【思考题】

1. 太阳能电池的主要材料是__________，多空穴的半导体称为__________型半导体，带有多余电子的半导体称为__________型半导体。太阳能电池是通过__________效应直接把光能转化成电能的装置。

2. 在太阳能电池特性实验中，测得距离光源 55 cm 处的光功率密度 $J=9.75\ \text{mW/cm}^2$，则一块 7.5 cm×8 cm 的太阳能电池板在此处接收到的入射光功率为__________mW，在此处的最大输出功率为 107.7 mW，则此太阳能电池的转换效率为__________。

3. 在太阳能电池的特性研究实验中，某同学首先测得入射光功率密度随距离变化关系如表 4.15.5 所示。

表 4.15.5　入射光功率密度随距离变化关系表

光源与功率计距离 L/cm	55	57	59	61	63	65	67	69
功率密度 J/(mW · cm^{-2})	26.56	25.82	24.18	22.57	20.15	18.80	17.50	15.55

随后使用尺寸为 7.5 cm × 8 cm 的太阳能电池板，测量开路电压和短路电流随距离的变化关系，如表 4.15.6 所示。

表 4.15.6　开路电压和短路电流随距离变化关系表

光源与板距离 L/cm	55	57	59	61	63	65	67	69
开路电压 U_{SC}/V	6.85	6.74	6.68	6.63	6.58	6.50	6.48	6.37
短路电流 I_{SC}/mA	42	41	39	37	36	35	34	33

最后该将太阳能电池板放在距离光源 65 cm 处，测量了电池板的输出功率 P 随负载 R 的变化数据，并画出了如图 4.15.14 所示的曲线图。试根据该同学测量的数据以及曲线图求出 65 cm 距离处太阳能电池的内阻 R，转换效率 η 以及填充因子 FF。（需列出计算公式并写出计算过程。）

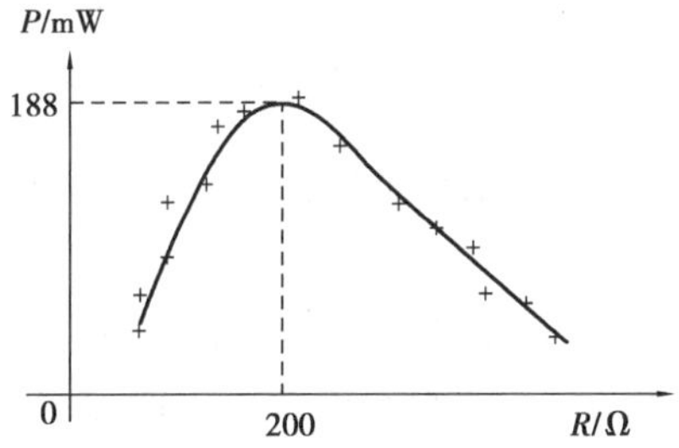

图 4.15.14　输出功率随电阻的变化曲线

实验 4.16　密立根油滴实验

【实验概述与思政要素】

由美国实验物理学家密立根（R. A. Millikan）首先设计并完成的密立根油滴实验，在近代物理学的发展史上是一个十分重要的实验。由于密立根油滴实验设计巧妙、原理清楚、设备简单、结果准确，所以它历来是一个著名的具有启发性的物理实验。它证明了：①任何带电体所带的电荷都是某一最小电荷——基本电荷的整数倍；②明确了电荷的不连续性；③精确地测定了基本电荷即电子电荷的数值 $e = 1.60 \times 10^{-19}$ C，为从实验上测定其他一些基本物理量提供了可能性。正是由于这一实验的成就，他荣获了 1923 年度诺贝尔物理学奖。近年来，根据这一实验的设计思想改进的磁飘浮方法测量分数电荷的实验，使经典的实验又焕发了青春。本实验不仅要学习测量电子电荷的方法，更重要的是要学习物理学家严谨的思维方式、求实的科学作风和坚韧不拔的科学精神。

【实验目的】

①领会密立根油滴实验的巧妙设计,体会一种微观量的宏观测量方法。
②测量基本电荷的电量,验证电荷的不连续性。
③通过实验培养学生严肃认真和一丝不苟的科学实验态度。

【实验原理】

用喷雾器将油喷入两块相距为 d 的水平放置的平行极板之间。油在喷射撕裂成油滴时,一般都是带电的。设油滴的质量为 m,所带的电荷为 q,两极板间的电压为 U,则油滴在平行极板间将同时受到重力 mg 和静电力 qE 的作用,如图 4.16.1 所示。如果调节两极板间的电压 U,可使该两力达到平衡,这时

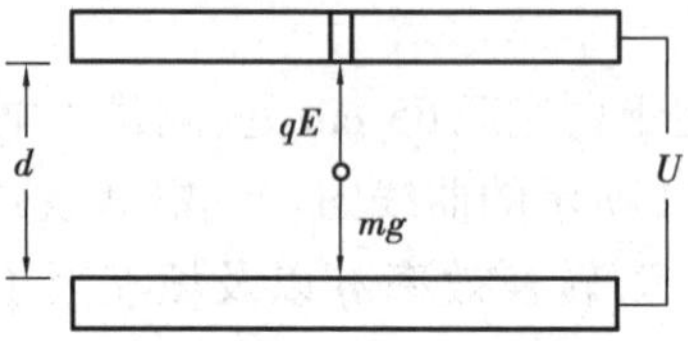

图 4.16.1　极板间油滴受力情况

$$mg = qE = q\frac{U}{d} \tag{4.16.1}$$

从式(4.16.1)可见,为了测出油滴所带的电量 q,除了需测定平衡电压 U 和极板间距离 d 外,还需要测量油滴的质量 m。

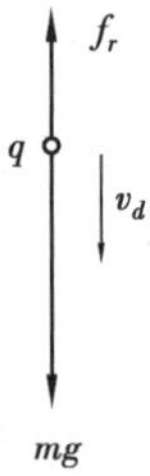

图 4.16.2　油滴受力情况

因 m 很小,无法直接测量,需用如下特殊方法测定:当平行极板不加电压时,油滴受重力作用而加速下降,由于空气阻力的作用,下降一段距离达到某一速度后 v_d,阻力 f_r 与重力 mg 平衡,如图 4.16.2 所示(空气浮力忽略不计),油滴开始匀速下降。根据斯托克斯定律,油滴匀速下降时

$$f_r = 6\pi r\eta v_d = mg \tag{4.16.2}$$

式中,η 是空气的黏滞系数;r 是油滴的半径(由于表面张力的原因,油滴总是呈小球状)。

设油的密度为 ρ,油滴的质量 m 可以用式(4.16.3)表示

$$m = \frac{4}{3}\pi r^3 \rho \tag{4.16.3}$$

由式(4.16.2)和式(4.16.3)联立,得到油滴的半径

$$r = \sqrt{\frac{9\eta v_d}{2\rho g}} \tag{4.16.4}$$

对于半径小到 10^{-6}m 的小球,空气的黏滞系数 η 应做如下修正

$$\eta' = \frac{\eta}{1 + \dfrac{b}{pr}} \tag{4.16.5}$$

这时斯托克斯定律应改为

$$f_r=\frac{6\pi r\eta v_d}{1+\frac{b}{pr}} \tag{4.16.6}$$

式中，b 为修正常数，$b=6.17\times10^{-6}$ m · cmHg；p 为大气压强，单位为 cmHg。得

$$r=\sqrt{\frac{9\eta v_d}{2\rho g}\frac{1}{1+\frac{b}{pr}}} \tag{4.16.7}$$

将式(4.16.7)代入式(4.16.3)，得

$$m=\frac{4}{3}\pi\left[\frac{9\eta v_d}{2\rho g}\cdot\frac{1}{1+\frac{b}{pr}}\right]^{\frac{3}{2}}\rho \tag{4.16.8}$$

油滴匀速下降的速度 v_d，可用下面的方法测出。当两极板间的电压 U 为零时，设油滴匀速下降的距离为 l，时间为 t，则

$$v_d=\frac{l}{t} \tag{4.16.9}$$

将式(4.16.9)代入式(4.16.8)，式(4.16.8)代入式(4.16.1)，得

$$q=\frac{18\pi}{\sqrt{2\rho g}}\left[\frac{\eta l}{t\left(1+\frac{b}{pr}\right)}\right]^{\frac{3}{2}}\frac{d}{U} \tag{4.16.10}$$

式(4.6.10)是测定油滴所带电量的理论公式。式中根号里还包含油滴的半径 r，但因它处于修正项中，可以不十分精确，因此可用式(4.16.4)计算。

在给定的实验条件下，$\rho=981$ kg/m^3，$g=9.794$ m/s^2，$\eta=1.83\times10^{-5}$ kg/(m · s)，$l=2.00\times10^{-3}$ m，$b=6.17\times10^{-6}$ m · cm Hg，$p=76.0$ cm Hg，$d=5.00\times10^{-3}$ m。

将以上数据代入式(4.16.10)得

$$q=\frac{1.43\times10^{-14}}{[t(1+0.02\sqrt{t})]^{\frac{3}{2}}}\frac{1}{U} \tag{4.16.11}$$

式(4.16.11)即为本实验最终依据的测量公式。

为了证明电荷的不连续性和所有电荷都是基本电荷 e 的整数倍，并得到基本电荷 e 值，应对实验测得的各个电量 q 求最大公约数。这个最大公约数就是基本电荷 e 值，也就是电子的电荷值。但由于学生实验技术不熟练，测量误差可能要大些，要求出 q 的最大公约数比较困难。所以通常用“倒过来验证”的办法进行数据处理，即用公认的电子电荷值 $e=1.60\times10^{-19}$ C 去除实验测得的电量 q，得到一个接近于某一个整数的数值 $n_i'=q_i/e$，这个整数 n_i' 就是油滴所带的基本电荷的数目。再用这个 n_i' 去除实验测得的电量，即得电子的电荷值 $e_i=q_i/n_i'$。这种数据处理方法只能作为一种实验验证，且只能在油滴带电量较少（少数几个电子）时可以采用，油滴带电量较大时不宜采用。

【实验仪器】

MOD-5 型密立根油滴仪（图 4.16.3）、喷雾器、实验用油等。

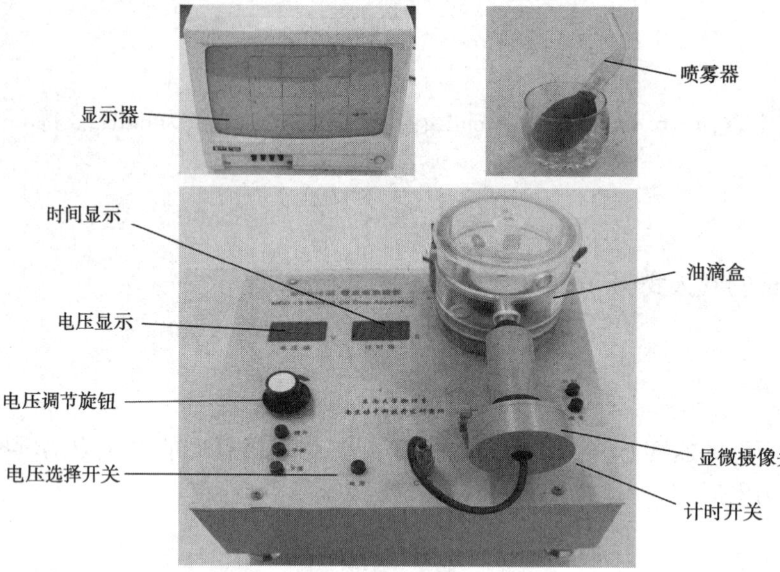

图 4. 16. 3 MOD-5 型密立根油滴仪

油滴盒是由两块经过精磨的平行极板(上、下电极板)中间垫以胶木圆环组成。平行极板间的距离为 d。胶木圆环上有进光孔、观察孔和石英窗口。油滴盒放在有机玻璃防风罩显微摄像头中。上电极板中央有一个 0. 4 mm 的小孔,油滴从油雾室经过雾孔和小孔落入上下电极板之间,上述装置如图 4. 16. 4 所示。油滴由照明装置照明。油滴盒可用调平螺丝调节,并由水准泡检查其水平。

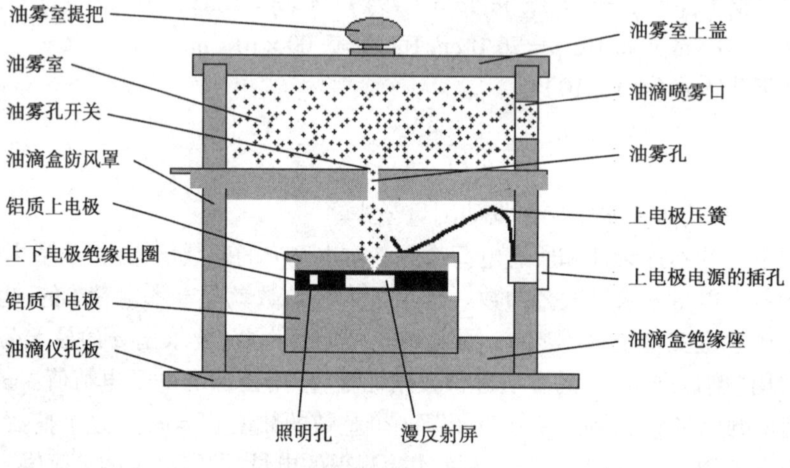

图 4. 16. 4 油滴盒剖面图

电源部分提供 4 种电压,包括:

①5 V 的电源电压,提供给数字电压表、数字计时器、发光二极管等。

②500 V 直流工作电压。该电压可以连续调节,并从电压表上直接读出,还可由工作电压选择开关控制。开关分为三挡,"平衡"挡提供极板以平衡电压;"下落"挡去平衡电压,使油滴自由下落;"提升"挡是在平衡电压上叠加了一个 200 V 左右的提升电压,将油滴从视场的下端提升上来,以便对一个油滴作反复多次测量。

③200 V 提升电压。

④12 V 的 CCD 电源电压。

【实验内容】

(1)**仪器调节**

①调平螺丝,使水准仪的气泡移到中央,这时平行极板处于水平位置,电场方向和重力平行。

②将"均衡电压"开关置于"下落"位置,这时上下电极板短路,并且不带电,油雾容易喷入。调整油雾室的喷雾口,使其朝向右前侧,打开油雾室的油雾孔开关以便喷油。

③打开电源开关,微调 CCD 镜头焦距使分划板刻度线清晰。

(2)**油滴的观察与运动控制**

竖拿喷雾器,对准油雾室的喷雾口,将少许油滴从喷雾室的喷口喷入,视场中将出现大量油滴,犹如夜空繁星。如果油滴太暗,可转动小照明灯,使油滴更明亮,微调显微镜,使油滴更清楚。

①练习控制油滴。当油滴喷入油雾室并观察到大量油滴时,工作电压开关拨到"平衡"位置,在平行极板上加上 250 V 左右的电压,驱走不需要的油滴,等待 1 ~ 2 min,只剩下几颗油滴在慢慢移动,注意其中的一颗,微调显微镜,使油滴很清楚,仔细调节电压使这颗油滴平衡;将选择开关拨到"提升"位置,把油滴提升到视场上方;然后将选择开关拨到"下落"挡,让油滴开始下落,之后再加上平衡电压使油滴停止运动。如此反复练习,以熟练掌握控制油滴的方法。

②练习选择油滴。要做好本实验,很重要的一点就是选择好被测量的油滴。油滴的体积既不能太大,也不能太小(太大时必须带的电荷很多才能达到平衡;太小时由于热扰动和布朗运动的影响,很难稳定),否则,难于准确测量。对于所选油滴,当取平衡电压为 100 ~ 400 V,匀速下降距离 2 mm 所用时间为 20 ~ 40 s 时,油滴大小和所带电量较适中,测量也较为准确。因此,需要反复测试练习,才能选择好待测油滴。

(3)**正式测量**

由式(4.16.11)可知,进行本实验真正需要测量的量只有两个,一个是油滴的平衡电压 U,另一个是油滴匀速下降距离 l 所需的时间 t。

①选择好合适的油滴,仔细调节平衡电压,应该将油滴悬于分化板上某条横线附近,以便准确地判断出这颗油滴是否平衡,应该仔细观察 1 min 左右,如果油滴在此时间内在平衡位置附近漂移不大,才能认为油滴是真正平衡了。记下此时的平衡电压 U。

②油滴平衡后,通过"提升"挡电压将油滴提升到第一条刻度线以上,让油滴下落至第一条刻度线时开始计时,测出油滴匀速运动 2.00 mm(对应分划板 4 格)所用的时间 t。接着再加上平衡电压,否则油滴很快消失,影响多次测量。

对一颗油滴进行多次反复测量(一般 5 次以上),且每次测量前均应重新调节平衡电压,分别算出每次测量的结果(油滴带电量和基本电荷)。要求用同样的方法至少测量 5 颗油滴,每颗油滴至少测 5 次,最终求出(所有)基本电荷的实验平均值。将数据记录于表 4.16.1。

表 4.16.1 数据记录表

编号	U/V	t/s	$\overline{U}$/V	$\bar{t}$/s	$q/(\times 10^{-19}\text{C})$	n'	n'取整	$e/(\times 10^{-19}\text{C})$
1								
2								
3								
4								
5								

【数据处理】

尽量测量多个油滴，每个油滴测量多次，完成表格，求出 e 的平均值，并根据理论值 $e = 1.60 \times 10^{-19}$ C 计算相对误差，分析误差产生的原因。

【注意事项】

①喷雾时切勿将喷雾器插入油雾室，甚至将油倒出来，更不应该将油雾室拿掉后对准上电

极板中央小孔喷油，否则会将油滴盒周围弄脏，甚至把落油孔堵塞。

②选择大小合适的油滴是实验的关键。大而亮的油滴，因其质量大，油滴带电量也多，匀速下落一定距离的时间短，增加测量和数据处理误差。而过小的油滴布朗运动明显，且不易观察。

③测量油滴运动时间应在两极板中间进行，太靠近上极板，小孔附近有气流，电场也不均匀；若太靠近下极板，测量后油滴容易丢失。

【思考题】

1. 为什么向油雾室喷油时要使两极板短路？
2. 对同一个油滴进行多次测量时，为什么平衡电压必须逐次调整？
3. 实验时如何保证测量的时间是对应油滴做匀速运动的时间？
4. 密立根油滴实验是采用了微观量的宏观测量方法来测得一个基本电荷的电荷量，其数值为____________，并证明了带电体所带电荷都是基本电荷的____________，该实验中涉及了两个受力平衡分别是重力和____________平衡，以及重力和____________平衡。
5. 密立根油滴实验中，当____________________时，油滴处于静止状态；当两极板电压$U=$____________时，此时____________________，油滴匀速下落。

实验4.17 动态悬挂法测量金属的杨氏模量

【实验概述与思政要素】

杨氏模量是工程材料弹性形变的一个重要物理参数，它标志着材料抵抗弹性形变的能力。测量杨氏模量的方法很多，包括静态法（拉伸法）、动态法（共振法）、波速测量法以及其他一些测量方法。其中，静态拉伸法目前也是比较常用的一种测试方法，其优点是具有直观性和操作性；但由于其拉伸试验载荷大，加载速度慢，存在弛豫过程，不能真实反映材料的结构变化，对一些脆性材料无法测量，同时也不能测量在不同温度下的杨氏模量的大小。

杨氏模量，又称为弹性模量，一般用英文字母 E 来表示。在材料的弹性限度之内，它可以量化应力与应变之间的关系。虽然杨氏模量是以 19 世纪英国物理学家 Thomas Young 来命名，但是这一概念早在 1727 年就已经由瑞士数学家 Leonhard Euler 提出了。有关杨氏模量的实验，最早是在 1782 年由意大利科学家 Giordano Riccati 完成的，这一工作比 Thomas Young 早了 25 年。杨氏模量中的“模量”一词，英文单词是 modulus，这一术语源于拉丁文 modus，也就是测量的意思。

目前按照国家标准规定的方法是“动态悬挂法”（或称“动力学法”），它是目前工程技术上经常采用的一种测量杨氏模量方法。

所谓“动态法”就是将一根截面均匀的试样（如铜棒、钢棒）悬挂在两只传感器（一只激振，一只拾振）下，在其两端自由悬挂的条件下，使其自由振动，实验时测出试样振动时的固有基频，并根据试样的几何尺寸、密度等参数，测得该种材料的杨氏模量值。

【实验目的】

①掌握用动态悬挂法测定在室温下金属材料的杨氏模量。

②学习确定试样节点处共振频率的方法(外延法)。

③设计性扩展实验,培养学生综合应用物理仪器及研究探索的科学精神。

【实验原理】

如图 4.17.1 所示,将一根截面均匀的试样(本实验采用圆截面金属钢棒和铜棒)用两根细金属丝悬挂在两只换能器(一只激振Ⅰ、一只拾振Ⅱ)下面。信号发生器产生一个音频正弦信号通过激振换能器Ⅰ转换成机械振动,由金属悬线传递给试样,激发试样振动,在试样两端自由的条件下试样做横向振动,试样的机械振动再通过另一根悬线传递给换能器Ⅱ,将机械信号还原成电信号,电信号经放大后在示波器上显示出来。

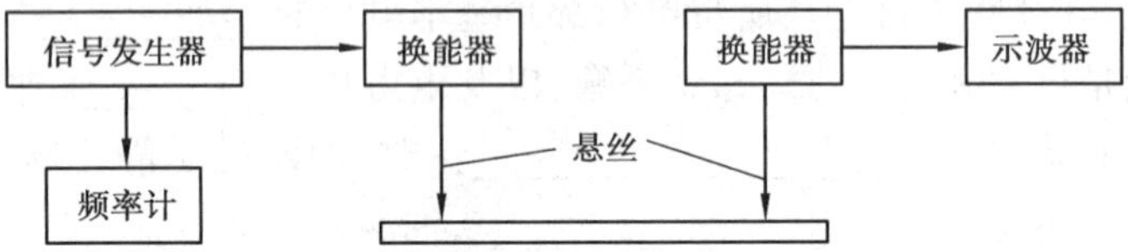

图 4.17.1　实验原理

不断调节信号发生器的输出频率,当其频率与试样固有频率一致时,试样共振,通过示波器可以观察到其共振波形振幅突然增加并达到最大。由拾振检测出试样共振时的共振频率 $f_{共}$;再测出试样的几何尺寸、质量等相关参数,根据试样的横振动方程,即可求得材料的杨氏模量 E。

如图 4.17.2 所示,将一均匀棒挂起来,并使之发生横向振动,在一定条件下($l \gg d$),其横振动方程为

$$\frac{\partial^4 y}{\partial x^4}+\frac{\rho S}{EJ}\cdot\frac{\partial^2 y}{\partial t^2}=0 \tag{4.17.1}$$

式中,y 为竖直方向振动位移;x 为横向变量;t 为时间;ρ 为棒的密度;S 为棒的截面面积;E 为试样的杨氏模量;J 称为其截面的惯性矩($J = \int y^2 \mathrm{d}x$)。可用分离变量法求解该方程(具体求解过程参考本实验参考资料),对圆形棒得

$$E=1.606\ 7\,\frac{l^3 m}{d^4}f^2 \tag{4.17.2}$$

式中,l 为棒长;d 为棒直径;m 为棒的质量;f 为棒横向振动的固有频率,记为 $f_{固}$。在国际单位制中杨氏模量的单位为 $\mathrm{N\cdot m^{-2}}$。

由式(4.17.1)可知,测定出试样(棒)在不同温度时的固有频率 $f_{固}$ 及各力学参数,即可计算出它在不同温度时的杨氏模量。测量时可采用如图 4.17.2 所示的装置。本实验只计算室温下的杨氏模量。

值得指出的是,本实验采用基频振动形式,因为该振动形式相对简单,在推导以上两个公式时也是根据基频的对称性振动导出的,同时需要指出,利用动态悬挂法通过共振求出的频率为共振频率 $f_{共}$,其与试样的固有频率 $f_{固}$ 有一定的差别,两者关系如下:

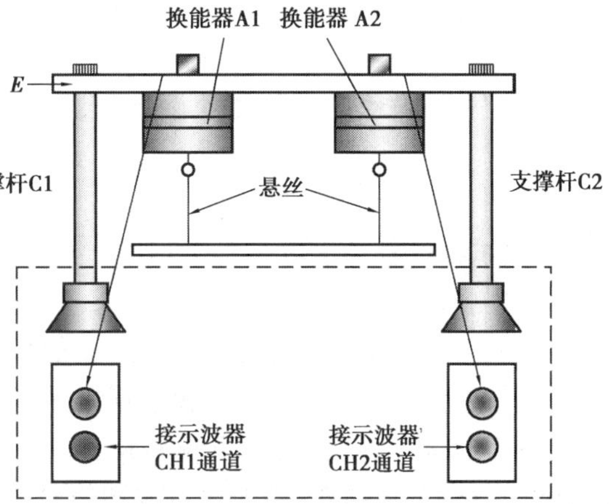

图 4. 17. 2　悬挂式实物

$$f_{固} = f_{共}\sqrt{1 + \frac{1}{4Q^2}} \tag{4.17.3}$$

式中,Q 为试样的机械品质因数。因为用悬挂法测量杨氏模量时,一般 Q 值的最小值为 50,共振频率和固有频率相比只偏低 0. 005%,在本实验中测得的是共振频率,由于两者相差极小,故式(4. 17. 2)中的固有频率 $f_{固}$ 在数值上可用试样的共振频率 $f_{共}$ 代替。

实验中有两个问题需加以注意:

①式(4. 17. 2)给出杨氏模量 E 的计算公式,其中 f 是棒横向振动的基频,在实验中要加以判断。

②从图 4. 17. 2 中看到测试棒横向振动的激发与拾振是通过悬丝与换能器连接的。若连接点不在棒横向振动的波节上,则横向振动的方程不满足。若连接点就在波节上,则不能激发与拾取试样的振动。因此如何测量 f 成为实验的关键,一般可采用外延测量法来计算固有频率。具体做法如下:

按照式(4. 17. 2)的解,测试棒对应基频的横向振动的两个波节分别在 0. 224l 与 0. 776l 处,如图 4. 17. 3 所示。

a. 先将激振与拾振的两悬丝分别连接在棒 0. 1l 与 0. 9l 上,寻找其共振频率 f_1。

b. 将两悬丝逐渐从每间隔 0. 02l 间距向里推进,分别寻找出对应的频率 f_2,f_3,…,直到悬挂点处于 0. 22l 与 0. 78l 的位置上。

c. 以 l 为横坐标,f 为纵坐标作图,将图线延升至 0. 224l 处所对应的 f,即为该棒的共振频率 $f_{共}$。

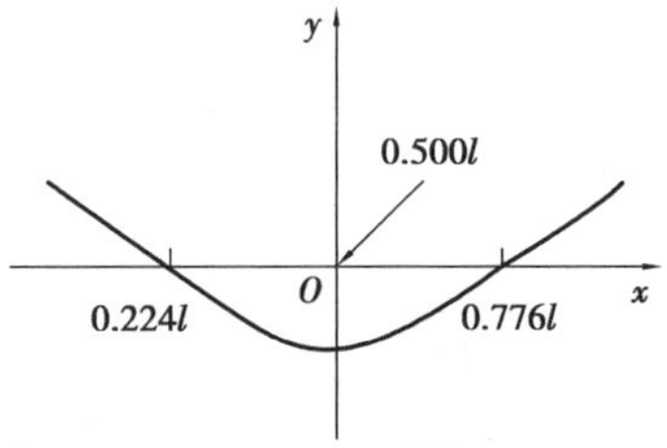

图 4. 17. 3　棒横振动的两个波节

【实验仪器】

电子天平、游标卡尺、信号发生器、悬挂式杨氏模量测试台、示波器等。

【实验内容】

①用游标卡尺分别测量测试棒的各力学量 l、d 各 3 次。

②用电子天平分别测量出测试棒的质量 m。

③按图 4. 17. 2 连接各实验装置,并将悬丝分别连接在测试棒的 $0.1l$ 与 $0.9l$ 处。悬挂测试棒细金属丝要保证竖直向下,并保证测试棒与上方仪器横梁平行。

④将两悬丝以每间隔 $0.02l$ 向里靠拢,分别记下频率 f_2,f_3,…

⑤由小到大逐渐调节信号发生器的频率,并观察示波器信号的变化,通过频率微调,当示波器显示的拾振信号(交流信号)在某一频率处达到极大,则认为信号发生器的激振频率与测试棒共振,并记下该频率 f_1。

⑥作图计算测试棒的固有频率 f。

⑦代入式(4. 17. 2)计算该棒的杨氏模量。

⑧可换取测试样品重复① ~ ⑥的步骤,求出不同试样的杨氏模量 E。数据记录于表 4. 17. 1。

注意:

①关于样品的共振频率 f 的测量方法,可根据实验现场实际情况,由指导教师指导后测量。

②根据实验原理,要使试样自由振动就应把悬线吊扎在试样的节点上,但这样做就不能激发和拾取试样的振动,因此实际吊扎位置要偏离节点。

③仪器频率选择分为三挡:500 Hz ~ 1 kHz,1 ~ 1.5 kHz,1.5 ~ 2 kHz。"频率调节"为频率粗调,"频率微调"为频率的细调,做实验时两者必须配合使用,频率值由 5 位数码管显示。

【数据处理】

①将测量数据记入表 4. 17. 1。

②正确计算出两种不同材料在室温下杨氏模量值 E,通过查阅本书附录,查询室温 20 ℃ 下相关的杨氏模量值,与之比较求其相对误差,并分析其误差产生的原因。

表 4. 17. 1　数据记录表

测试样品	长度 l/mm			直径 d/mm			质量 m/g	共振频率 f/Hz
铜棒								
不锈钢棒								

【注意事项】

①因换能器为厚度为 0.1 ~ 0.3 mm 的压电晶体,用胶粘在 0.1 mm 左右的黄铜片上构成,故极其脆弱,放置测试棒时一定要轻拿轻放,不能用力,也不能敲打。

②两根悬丝必须捆紧，不能松动，且在通过试样轴线的同一截面，测定时应使试样不摆动。

③调节支撑点保证测试棒在竖直方向上振动。

④信号源—换能器（放大器）—示波器均应共“地”。

【思考题】

1. 试样的固有频率等于共振频率吗？

2. 在实验中根据什么方法判断真假共振峰？

3. 还可以用什么方法测定固有频率？

4. 动态悬挂法测杨氏模量实验仪的主要工作原理是，首先主机产生＿＿＿＿＿＿（正弦波、方波）电信号，通过换能器 1 转换为＿＿＿＿＿＿（机械波、电磁波），在被测金属棒中以＿＿＿＿＿＿（纵波、横波）的形式传播，然后通过换能器 2 转换成＿＿＿＿＿＿（机械、电）信号输入示波器中。

5. 动态悬挂法测杨氏模量实验中，当信号发生器的频率等于试样的＿＿＿＿＿＿时，示波器的波形幅度＿＿＿＿＿＿，读出的频率就是试样在该温度下的＿＿＿＿＿＿。

【参考资料】

用分离变量法求解横振动方程

横振动方程$\frac{\partial^4 y}{\partial x^4}+\frac{\rho S}{EJ}\cdot\frac{\partial^2 y}{\partial t^2}=0$，用分离变量法求解过程如下：

令 $y(x,t)=X(x)T(t)$，代入横振动方程，得

$$\frac{1}{X}\frac{\mathrm{d}^4 X}{\mathrm{d}x^4}=-\frac{\rho S}{EJ}\frac{1}{T}\frac{\mathrm{d}^2 T}{\mathrm{d}t^2}$$

等式两边分别是 x 和 t 的函数，这只有等于一个常数才有可能，该常数设为 K^4，得

$$\frac{\mathrm{d}^4 X}{\mathrm{d}x^4}-K^4X=0;\quad \frac{\mathrm{d}^2 T}{\mathrm{d}t^2}+\frac{K^4EJ}{\rho S}T=0$$

这两个线性常微分方程的通解分别为

$$X(x)=B_1\mathrm{ch}Kx+B_2\mathrm{sh}Kx+B_3\cos Kx+B_4\sin Kx$$

$$T(t)=A\cos(\omega t+\varphi)$$

于是解振动方程式的通解为

$$y(x,t)=(B_1\mathrm{ch}Kx+B_2\mathrm{sh}Kx+B_3\cos Kx+B_4\sin Kx)A\cos(\omega t+\varphi)$$

其中，$\omega=\left[\frac{K^4EJ}{\rho S}\right]^{\frac{1}{2}}$称为频率公式。对任意形状的截面，不同边界条件的试样都是成立的。只要用特定的边界条件定出常数 K，并将其代入特定截面的转动惯量 J，就可以得到具体条件下的计算公式了。

如果悬线挂在试样的节点附近，则其边界条件为自用端横向作用力，即

$$F=-\frac{\partial M}{\partial x}=-EJ\frac{\partial^3 X}{\partial x^3}=0$$

弯矩为

$$M=EJ\frac{\partial^2 y}{\partial x^2}=0$$

即

$$\left.\frac{\mathrm{d}^3X}{\mathrm{d}x^3}\right|_{x=0}=0,\left.\frac{\mathrm{d}^3X}{\mathrm{d}x^3}\right|_{x=l}=0,\left.\frac{\mathrm{d}^2X}{\mathrm{d}x^2}\right|_{x=0}=0,\left.\frac{\mathrm{d}^2X}{\mathrm{d}x^2}\right|_{x=l}=0$$

将通解代入边界条件,得到 $\cos Kl \cdot \mathrm{ch}Kl=1$;用数值解法求得本征值 K 和棒长应满足

$$Kl=0,4.730,7.853,10.966,\cdots$$

由于其中一个根"0"对应静态情况,故将第二个根作为第一个根,记作 K_1l。一般将 K_1l 所对应的频率称为基频频率。在上述 K_ml 值中,第 1,3,5,…个数值对应着"对称形振动",第 2,4,6,…个数值对应着"反对称形振动"。可见试样在作基频振动时,存在两个节点,它们的位置距离断面分别为 $0.224l$ 和 $0.776l$。将本征值 $K=\frac{4.730}{l}$ 代入 $\omega=\left[\frac{K^4EJ}{\rho S}\right]^{\frac{1}{2}}$,得到自由振动的固有频率(基频),即

$$\omega=\left[\frac{(4.730)^4EL}{\rho l^4S}\right]^{\frac{1}{2}}$$

解出杨氏模量为

$$E=1.9978\times10^{-3}\frac{\rho l^4S}{J}\omega^2=7.8870\times10^{-2}\frac{l^3m}{J}f^2$$

对于圆棒

$$J=\int y^2\mathrm{d}s=S\left(\frac{d}{4}\right)^2$$

式中,d 为圆棒的直径。

得到

$$E=1.6067\frac{l^3m}{d^4}f^2$$

实验 4.18 激光全息照相

【实验概述与思政要素】

全息照相的物理思想早在 1948 年就由盖伯(D. Gabor)首先提出,但由于当时缺乏相干性好的光源,因而几乎没有引起人们的注意。直到 1960 年激光器问世,才使全息照相技术付诸实施,并得到迅速发展,在很多领域中得到了极其广泛的应用。

全息照相术是一门立体摄影和波阵面再现的新技术,基本原理是以**波的干涉和衍射**为基础。全息照相和常规照相不同,在底片上记录的不是三维物体的平面图像,而是光场本身。常规照相只记录了反映物体表面光强变化的信息,即只记录光的振幅,而全息照相除了振幅外还记录了光波的相位。即把三维物体光波场的全部信息都贮存在记录介质中。在信号记录、形变计量、计算机存储、生物学和医学研究、军事技术等领域得到广泛的应用。由全息照相技术而发展的全息摄影可应用于工业上进行无损探伤、超声全息、全息显微镜、全息摄影存储器、干涉计量、信息存贮与处理、全息电影和电视等许多方面。

由于全息照相技术具有上述独特之处，所以，在许多领域中已得到较广泛的应用，如利用全息图的立体视觉特性，可作三维显示、立体广告、立体电影、立体电视等，利用全息图的可分割性和多重记录特性，可作信息存贮、全息干涉计量、无损检测和测量位移等。

【实验目的】

①了解全息照相的基本原理，熟悉制作全息图的基本条件。
②学习全息照相的实验技术，了解全息照相的基本特性，拍摄合格的全息图。
③掌握全息照相的记录和再现技术。

【实验原理】

照相其实是将物体上各点发射或反射的光记录在感光材料上。根据光的波动理论知道，光是一种电磁波，物体所发射或反射的光波比较复杂，通常可以看成由许多不同频率的单色光波的叠加，即

$$x = \sum_{i=1}^{n} A_i \cos(\omega_i t + \varphi_i - 2\pi r_i / \lambda_i)$$

式中，A_i 为振幅；ω_i 为圆频率；λ_i 为波长；φ_i 为波源的初相位。所以一定频率的光波都包含着振幅 A 和相位 $\omega_i t + \varphi_i - 2\pi r_i / \lambda_i$ 两类信息。光的频率、振幅和相位分别表征物体的颜色、明暗、形状和远近。

普通照相是通过成像系统（照相机系统）使物体成像在感光材料上，它只记录了光波的振幅信息，无法记录物体光波的相位差别。因此，普通照相记录的仅仅是物体的一个二维平面像，从而缺乏立体感。

全息照相不仅记录了物体发出或反射的光波的振幅信息，而且把光波的相位信息也记录下来，所以全息照相技术所记录的并不是普通几何光学方法形成的物体像，而是物体光波的本身。它记录了光波的全部信息，并在一定条件下，能将所记录的全部信息完全再现出来，因而再现的像是一个逼真的三维立体像。

全息照相包含两个过程：第一，把物体光波的全部信息记录在感光材料上，称为记录（拍摄）过程。第二，利用所选定的光源，照明已记录全部信息的感光材料，使其再现原始物体的过程，称为再现过程。通常根据再现光源的不同，又可以将全息照相分为白光再现全息照相（体全息）和激光再现全息照相（面全息）。

（1）**白光再现全息照相**

用于白光再现的全息图通常称为反射全息图。因为它的光路非常简单、容易制作，并且可用白光进行再现，所以特别具有吸引力。

反射全息图实际上是一个三维全息图。如图4.18.1(a)所示，在两束相干光重叠的区域发生干涉现象，形成的条纹平行于两束光的夹角的角平分线。也就是说，在三维空间内产生干涉条纹。如果将具有很厚感光层的全息干板置于干涉区域（其厚度比干涉区域内干涉条纹的间距还大很多），就能在感光层中形成银粒的密度分布，它对应于三维的干涉条纹。这种记录了三维干涉条纹的全息干板，即称为三维全息照片或者体全息照片。

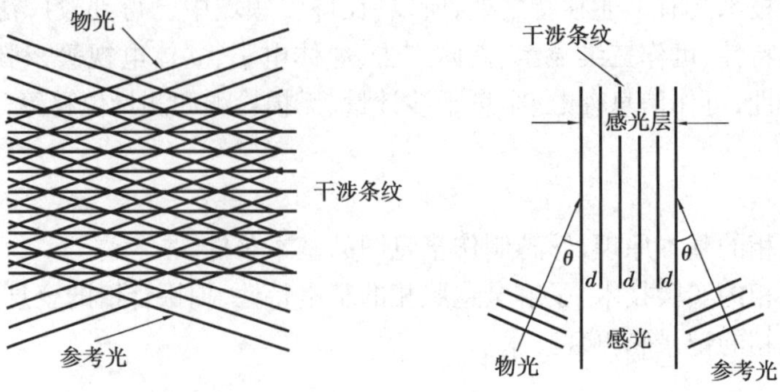

(a) 干涉条纹的产生　　(b) 干涉条纹的记录

图 4.18.1　三维空间内的干涉条纹

在反射全息图制作中，参考光和物光分别从全息干板的正反两面照射，因此在干板感光层中形成平行于感光面的一层一层的干涉面，如图 4.18.1(b) 所示。照相底片经显影后，在干涉极大处银密度较高，形成了高密度的银粒层，也是一个类似镜面的小反射平面，称为布拉格平面。设相邻两布拉格面之间的距离为 d，则由图 4.18.1(b) 的几何关系可得

$$d = \lambda/2\sin\theta \tag{4.18.1}$$

式中，λ 为参考光和物光的波长。

当物体再现时，如图 4.18.2 所示，用一平面波来照射，在含有布拉格平面的厚感光层中，由于布拉格平面反射形成再现光。由图 4.18.2 的几何关系可得

$$d = \lambda/2\sin\varphi \tag{4.18.2}$$

式中，φ 又称为布拉格角；λ 为入射光波长。

式(4.18.2)常称为**布拉格条件**。比较式(4.18.1)和式(4.18.2)可知，如果记录和再现时波长相同，最佳再现角 φ 必须等于拍摄时所用的角度 θ。对于一个给定的角，只有一种波长的反射率是最大的。这种反射具有波长选择性，所以，用这种方法可以从含有几种波长的一个光源中选择一种波长从而得到一个单色的再现像，这就是白光再现全息图的艺术。

由式(4.18.1)可知，当 $\theta = 90°$ 时，布拉格平面间距 d 最小且等于 $\lambda/2$。由于可见光的波长集中于 0.5 μm 附近，而感光层的厚度应该比间距 d 大得多，因此在厚度 d 为 10 ~ 20 μm 的感光层中，就可以记录多达 30 ~ 60 个布拉格平面，这个数目足以记录一张反射全息图并以白光再现。如果用更厚一点的感光层来增加布拉格平面的数量，则可进一步改善再现像的质量。

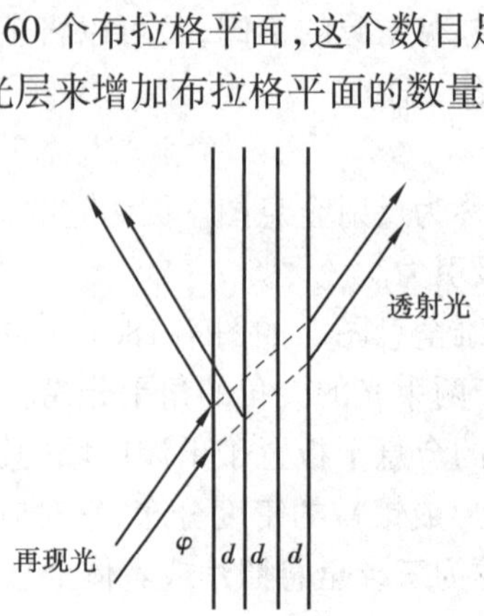

图 4.18.2　布拉格反射

①记录过程。如图4.18.3所示，扩束后的激光束作为入射光透过全息干板玻璃层，照射在感光药物层上作为**参考光**。而透过干板光束照射到被拍摄物体上，经物体漫反射回来的反射光作为**物光**，再次入射到全息干板的前面的感光层上。物光和参考光的夹角为180°，由于常用感光乳剂材料的透过率为30%～50%，因而适合于拍摄表面漫反射强的物体，否则很难满足参考光与物光的分束比要求。观光层与物体之间的距离通常被控制在1 cm以内，且尽量使物面平行于全息干板。

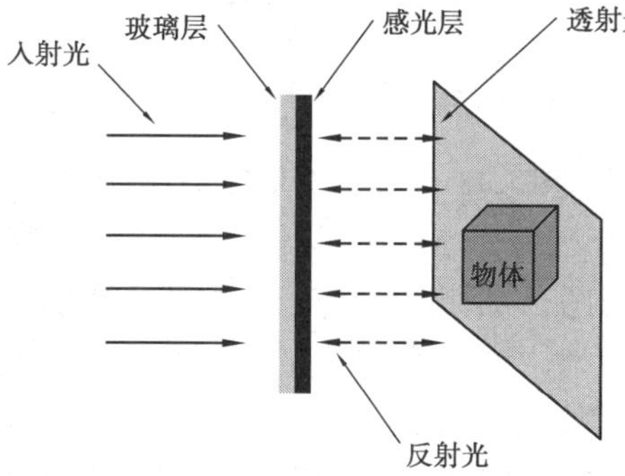

图4.18.3　拍摄反射全息光路

②再现过程。通常处理好的全息干板的感光层，在一般的白光条件就可以再现实像，如果通过背面（玻璃层）在白光下观察，则可以看到再现的虚像。

（2）**激光再现全息照相**

激光再现全息照相须使用一束从特定的方向或与原来参考光方向相同的激光束来再现的全息图常称为面全息图。

①记录过程。由物理光学可知，利用干涉的方法，物体发出的光以干涉条纹的形式记录物体的全部信息。

图4.18.4（a）是激光全息照相记录过程中所使用的光路，利用相干性极好的氦氖激光器发出激光束，通过扩束镜将光束扩大，一部分光束均匀地照射到被摄物体上，经物体表面反射（或透射）后的光再照射到感光材料（全息感光干板）上，称这束光为物光；另一部分光束经平面反射镜反射后，直接均匀地照射到全息感光胶片上，称这束光为参考光。通过参考光和无光在全息干板上的叠加干涉，出现了许多明暗不同的条纹、小环和斑点等干涉图样，这些光信息被记录下来后再经过显影、定影等处理，便形成一张具有干涉条纹的“全息照片”（或称全息图）。通常，干涉图样的形状反映了物光和参考光之间的相位关系，干涉条纹明暗对比程度（称为反差）反映了光的强度，干涉条纹的疏密则反映了物光和参考光的夹角情况。

②再现过程。如果想要从全息图上看原来物体的像，直接观察是不容易看到的，而只能看到复杂的干涉条纹。要看到原来物体的像，必须使全息图再现原来物体发出的光波，这个过程就称为全息图的再现过程，它所利用的是光栅衍射原理。

如图4.18.4（b）所示，利用一束从特定的方向或与原来参考光方向相同的激光束（通常称为再现光）照射全息图。全息图上每一组干涉条纹相当于一个复杂的光栅，按光栅衍射原理，再现光将发生衍射，其+1级衍射光是发散光（其与物体在原来位置时发出的光波完全一样，将形成一个虚像，与原物体完全相同，称为真像）；－1级衍射光是会聚光（其将形成一个共轭实像，称为赝像）。当沿着衍射方向透过全息图朝原来被摄物的方位观察时，就可以看到那个逼真的三维立体图像(真像)。

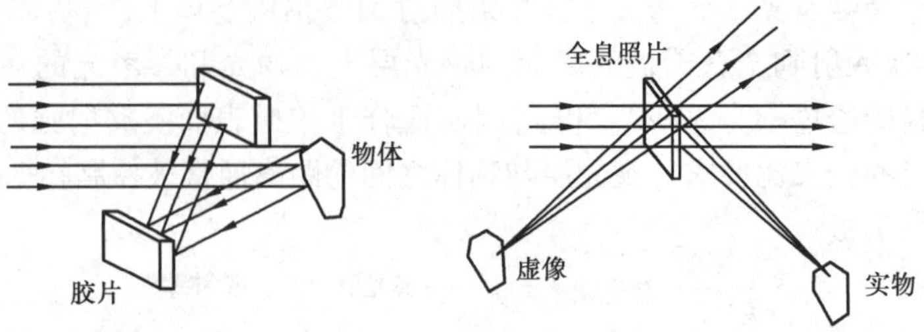

(a)激光全息照相记录光路　　(b)全息图的再现光路

图 4.18.4　激光全息照相与再现

(3)全息照相的技术要求

为了拍摄合乎要求的全息图,对拍摄系统有一定的技术要求,具体如下:

①对于全息照相的光学系统,要求有特别高的机械稳定性。如果物光和参考光的光程稍有不规则的变化,就会使干涉图样模糊不清。地面振动而引起工作台面的振动,光学元件及物体夹得不牢固而引起的抖动,强烈声波振动而引起空气密度的变化等,都会引起干涉条纹的不规则漂移而使图像模糊。因此,拍摄系统必须安装在具有防振装置的平台上,系统中光学元件和各种支架都要用磁钢牢固地吸在钢板上。在曝光过程中,人们不要走动,不要高声说话,以保证干涉条纹无漂移。

②要有好的相干光源,一般实验中常采用氦氖激光器作为光源。同时,物光和参考光的光程差要尽量小,以保证符合相干条件(一般常使两者光程大致相等)。

③要有分辨率较高的全息感光胶片。通常使用分辨率在每毫米 1 500 ~ 2 000 线的感光胶片即可。以激光再现全息照相为例,物光和参考光束间的夹角常常要小于 45°,因为夹角越大,干涉条纹间距越小。条纹越密,对感光材料分辨率的要求也越高。

④物光和参考光的光强比要合适。一般取 1∶4 到 1∶15 的光强比,均能得到较为满意的全息照片。

(4)全息图的主要特点

①全息图的立体视觉特性。全息图再现的被摄物体是一幅完全逼真的三维立体图像,因此,若移动眼睛从不同角度去观察时,就好像面对原物体一样,可看到原来被遮住的侧面。

②全息图的可分割性。全息图上的任一小区域都分别记录了从同一物点发出的不同倾角的物光信息。因此,通过全息图的任一碎片仍能再现出物体完整的像。

③全息图的多重记录性。在一次全息照相拍摄曝光后,只要稍微改变感光胶片的方位,如转过一定角度,或改变参考光的入射方向,就可以再向一张感光胶片上进行第二次、第三次的重叠记录。再现时,只要适当转动全息图即可获得各自独立互不干扰的图像。

【实验仪器】

FD-LHL-A 型激光全息控制主机(包括激光功率计、曝光定时器、氦氖激光器电源)、激光全息减振平台、氦氖激光器、电子快门、反射镜(三维可调)、扩束镜、干板固定架及载物台、激光功率探测器、光屏(含调节激光准直的通光孔)、白炽灯光源、4 个冲洗器皿、异丙醇、量桶、竹夹、电吹风、玻璃刀、全息干板等。

【实验内容】

(1)**体全息照片的拍摄**

①配制药水(异丙醇水溶液,浓度40%,60%,80%,100%各一份),然后分别置于4只器皿中,尽量做好标记,以防止冲洗干板时搞错(实验前通常药水已经配置完毕)。

②如图4.18.5所示,调整各个光学元件,使激光在被反射前后均可以通过白屏上小孔,使光路中各光学元件的光学中心共轴。

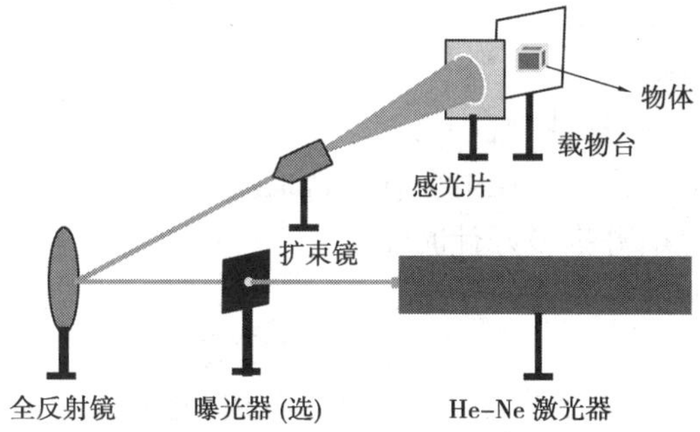

图4.18.5　全息照相光路

③通过调整全反射镜后两个螺钉,使激光通过扩束镜后形成一个完整且均匀高斯圆形光斑,将物体(实验中物体采用一元硬币)固定在载物台上,使照射在物体上的红色均匀的光斑完全覆盖物体。

④用螺钉和内六棱螺丝刀将各光学元件固定在光学平台上,再用白屏检验红色光斑还是否均匀,是否还能完整照射在物体之上,并防止光路振动后被改变。

⑤用玻璃刀裁切感光干板,得到尺寸大小为50 mm×40 mm左右的干板,干板在曝光前禁止与入射红光接触。

⑥为了实验方便,通常采用人工曝光方法,即先用遮光板或白屏在激光器出光口遮挡激光出射(如使用曝光器曝光,则将曝光器关闭即可)。然后将干板放在载物台之上,并用黑色螺钉固定好,同时要保证干板的药物面与物体面对面放置并静置3~5 min。

⑦设置秒表归零,同时撤掉遮光板,使红色激光光斑在照射全息干板90~160 s(照射时间的长短可根据光强去设定),然后再次用遮光板在激光出口遮挡光路,并取下全息干板。

(2)**体全息照片的定影和显影**

①取出曝光后的全息干板,用木夹子将其夹好,同时使感光药物面朝下放入药水中进行冲洗,在冲洗过程中将全息干板在药水中搅动,保证与药水充分接触。

②将拍好的全息干板按40%~100%顺序冲洗:40%溶液—10 s、60%溶液—30 s、80%溶液—15 s、100%溶液—(50~70 s),浸至出现浅绿色的彩色影像。

③此时将干板取出,用吹风机热风晃动着吹干残留药水,并在白炽灯下随时观察。当吹干到某一程度,即可观察到白光再现的立体图像,此时即可停止吹风。

④保存处理。将干净的薄玻璃板紧贴住全息照片药膜面,四周用环氧胶或硅胶封闭,以防干板药膜受潮而使图像消失。(实验室内一般完成立体图像后,即可以交给指导教师检查实验情况,故不加以做保存处理。)

⑤全息再现。从再现角度观察,即可看到所拍摄的立体图虚像,此时的像是由全息图的反射光形成的。

【数据处理】

在报告中完成以下内容:

1. 全息照相是利用光的干涉原理,把物体的反射光的__________信息和__________信息以干涉条纹的形式记录下来。

2. 在全息照相实验中,在对全息干板曝光的操作过程中,其操作顺序为:

①将干板固定在载物台上。

②将要拍摄的物体固定在载物台上。

③调整光路,使激光光束平行反射至载物台上。

④挡住物体前的光线,并准备好计时器。

⑤打开光路,开始曝光。

A. ③②①④⑤　　B. ③①②④⑤

C. ③②④①⑤　　D. ③①④②⑤

【注意事项】

①尽量把反射镜和扩束镜放置在靠近平台边缘,便于为载物台的调节留出较大空间。

②测光强时需要测量硬币所在位置圆斑的最大光强。

③平台静置期间,最好不要干扰平台及桌子。

④40%,60%,80% 3 种异丙醇溶液的冲洗时间严格遵守。

⑤触摸全息干板两面边缘,粗面为药物面,光滑面为玻璃面。

⑥在每种溶液浸泡期间,干板的药物面朝下,悬浮在液体中,并且时刻晃动着,以使反应充分。

⑦用电吹风吹干干板的药物面,并在日光灯下随时观察,要求把影像吹成绿色及吹干干板上的液体,注意电吹风不能直接长时间地对着药物面,应晃动着吹。

⑧氦氖激光器接线的时候,红黑接线柱和导线的颜色要相对应,否则会导致激光器造成损坏。

【思考题】

1. 激光全息照相机再现技术是利用光的什么原理实现的?

2. 如果在曝光过程中光路发生了变化,可能会出现哪些后果?

【参考资料】

FD-LHL-A 型激光全息实验仪

全息照相术是20世纪60年代发展起来的一门立体摄影和波阵面再现的新技术。全息照相作为一种全新的信息记录和显示方法,与传统的照相技术相比是完全不同的概念。传统的照相原理基于几何光学的透镜成像,在感光板(胶片)上记录的是被摄物通过透镜后的光强分布,即振幅分布,显现的是被摄物几何平面图形。全息照相要求在感光板上记录被摄物体的振幅和位相——“全部”信息，这就要用另一束光（参考光）与被摄的物光直接入射到感光板上，使物光和参考光在感光板上发生干涉，产生干涉条纹，条纹的黑白反差记录了被摄物的振幅，条纹的粗细、疏密和形状则反映了被摄物的位相，此即“全息图”。为再现全息图必须使用与参考光相同的相干光，按原参考光方向照明全息图产生衍射，其 ±1 级衍射光形成被摄物的原始像（通常为虚像）和共轭像（通常为实像），全息再现的是被摄物的三维立体图像，具有显著的体视特征。由于全息照相具有可分割、多重记录性等独特特点，在各个领域得到广泛的应用，如利用全息照相的体视特征，可做三维显示、立体广告、立体电视等；利用全息照相的可分割性和多重记录性，可做信息存储、全息干涉计量、振动频谱分析、无损检测和测量位移、应力、应变等。由上海复旦天欣科教仪器有限公司生产的 FD-LHL-A 型激光全息实验仪改进了传统的光学减振平台形式，提高了抗振效果，并且实验仪采用特殊的全息干板，避免了传统的暗室操作全息照相的实验方法，不管是全息干板的切割，还是全息成像以及全息照片的显影定影等操作全部在自然光条件下操作，这样既节省了学校经费开支又提高了实验成功率。通过该实验学生可以了解全息照相的基本原理，学习并掌握全息照相的基本实验技术。该仪器可以用于高等院校基础物理实验和近代物理实验，也可以用于设计性研究性实验。

1）仪器简介

FD-LHL-A 型激光全息实验仪主要由控制主机（包括激光功率计、曝光定时器、氦氖激光器电源）、激光全息减震平台（上面有 7 个可调节底座并配固定螺丝及其扳手）、氦氖激光器、电子快门、反射镜（三维可调）、扩束镜、干板固定架及载物台、激光功率探测器、光屏（含调节激光准直的通光孔）、白炽灯光源、4 个冲洗器皿、异丙醇、量筒、竹夹、电吹风、玻璃刀、全息干板等。

2）技术指标

①激光功率计。4 挡选择 2，20，200 μW，2 mW，表头显示 3 位半数字电压表探测器硅光电池。

②曝光定时器。分辨率 1 s，量程 1 ~ 9 999 s（手动设置）。

③电子快门。通光孔直径 3 mm。

④氦氖激光器。管长 250 mm，功率 2 mW 左右，波长 633 nm。

⑤减振平台。尺寸 800 mm × 600 mm × 1 000 mm，固定螺孔 M6，螺孔位置 25 mm × 25 mm。

⑥扩束镜。入射孔直径 6.2 mm，出射孔直径 1.5 mm。

⑦光电探测器。光阑孔直径 1，1.5，2，2.5，3，3.5，4，4.5，5，6 mm 10 种，探测器，硅光电池。

⑧白色光屏。外形尺寸 120 mm × 80 mm，通光孔直径 2 mm。

实验 4.19　光的偏振现象研究

【实验概述与思政要素】

1809 年法国工程师马吕斯在实验中发现了光的偏振现象。光的偏振性质证实了光波是横波，即光的振动方向垂直于它的传播方向。麦克斯韦在 1865—1873 年建立了光的电磁理论，从本质上说明了光的偏振现象。对于光的偏振现象研究使人们对光的传播（反射、折射、吸收和散射等)规律有了新的认识。特别是近年来利用光的偏振性所开发的各种偏振元件、偏振光和偏振光技术在现代科学中发挥了极其重要的作用。在光调制器、光开关、光学计量、应力分析、光信息处理、光通信、激光和光电子学器件等应用中,都大量使用了偏振技术。

本实验要求学习产生和鉴别各种偏振光的基本方法,并对其进行观察、分析和研究,从而了解和掌握偏振片、1/4 波片和 1/2 波片的作用及应用,加深对光的偏振性质的认识。

【实验目的】

①观察光的偏振现象,加深对光偏振基本规律的认识。

②了解产生和检验偏振光的基本方法。

③验证马吕斯定律。

【实验原理】

(1)偏振光的基本概念

光波是一种电磁波,它的电矢量 $\boldsymbol{E}$ 和磁矢量 $\boldsymbol{H}$ 相互垂直,并垂直于光的传播方向 C。通常人们用电矢量 $\boldsymbol{E}$ 代表光的振动方向,并将电矢量 $\boldsymbol{E}$ 和光的传播方向 C 所构成的平面称为光的振动面。在传播过程中,电矢量的振动方向始终在某一确定方向的光称为平面偏振光或线偏振光,如图 4. 19. 1(a)所示。振动面的取向和光波电矢量的大小随时间做有规律的变化,光波电矢量末端在垂直于传播方向的平面上的轨迹呈椭圆或圆时,称为椭圆偏振光或圆偏振光。通常光源发出的光波有与光波传播方向相垂直的一切可能的振动方向,没有一个方向的振动比其他方向更占优势。这种光源发射的光对外不显现偏振的性质,称为自然光,如图 4. 19. 1(b)所示。将自然光变成偏振光的器件称为起偏器,用来检验偏振光的器件称为检偏器。实际上,起偏器和检偏器是互为通用的。下面介绍几种常用的起偏和检偏方法。

(a)　　(b)　　(c)

图 4. 19. 1　平面偏振光、自然光和部分偏振光

(2)利用偏振片起偏、检验、平面偏振光和马吕斯定律

物质对不同方向的光振动具有选择吸收的性质,称为二向色性,如天然的电气石晶体,硫酸碘奎宁晶体等。它们能吸收某方向的光振动而仅让与此方向垂直的光振动通过,如将硫酸碘奎宁晶粒涂于透明薄片上并使晶粒定向排列,就可制成偏振片。当自然光射到偏振片上时,振动方向与偏振化方向垂直的光被吸收,振动方向与偏振化方向平行的光透过偏振片,从而获得偏振光。自然光透过偏振片后,只剩下沿透光方向的光振动,透射光成为平面偏振光(图 4. 19. 2)。

若在偏振片 P_1 后面再放一偏振片 P_2,P_2 就可以用作检验经 P_1 后的光是否为偏振光,即 P_2 起了检偏器的作用。当起偏器 P_1 和检偏器的偏振化方向间有一夹角,则通过检偏器 P_2 的偏振光强度满足马吕斯定律

$$I = I_0 \cos^2\theta \tag{4.19.1}$$

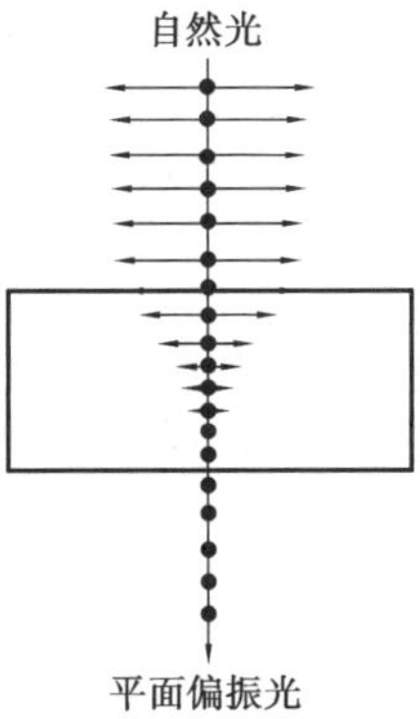

图 4.19.2　二向色性起偏

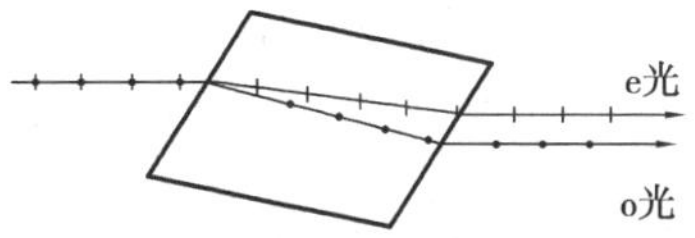

图 4.19.3　双折射起偏原理

当 $\theta = 0$ 时，$I = I_0$，光强最大；当 $\theta = \pi/2$ 时，$I = 0$，出现消光现象；当 θ 为其他值时，透射光强介于 $0 \sim I_0$。

1）双折射起偏

某些单轴晶体（如方解石和石英等）具有双折射现象。当一束自然光射到这些晶体上时，在界面射入晶体内部的折射光常为传播方向不同的两束折射光线，这两束折射光是光矢量振动方向不同的线偏振光。其中一束折射光始终在入射面内，其振动垂直于传播方向，称为寻常光（或 o 光）；另一束折射光一般不在入射面内且不遵守折射定律，其振动在主平面内，称为非常光（或 e 光），如图 4.19.3 所示。

研究发现，这类晶体存在这样一个方向，沿该方向传播的光不发生双折射，该方向称为光轴。

2）反射和折射光的偏振

自然光在两种透明媒质的界面上反射和折射时，反射光和折射光就能成为部分偏振光或平面偏振光，而且反射光中垂直入射面的振动较强，折射光中平行入射面的振动较强（部分偏振光是指光波电矢量只在某一确定的方向上占相对优势）。实验发现，当改变入射角 i 时，反射光的偏振程度也随之改变，当 i 等于特定角 i_0 时，反射光只有垂直于入射面的振动，变成了完全偏振光，如图 4.19.4 所示。此时，入射角 i_0 满足 $\tan i_0 = n_2/n_1$（n_1 和 n_2 为两种媒质的折射率），这个规律称为布儒斯特定律，i_0 称为起偏角或布儒斯特角。可以证明：当入射角为起偏角时，反射光和折射光传播方向是互相垂直的。图 4.19.5 是利用玻璃堆产生平面偏振光。

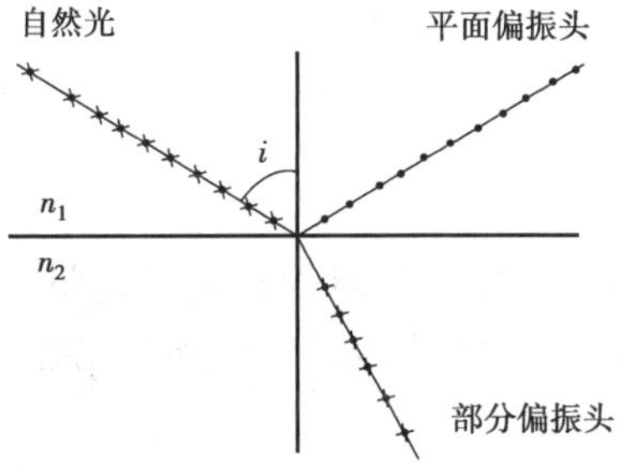

图 4.19.4　用反射和折射起偏

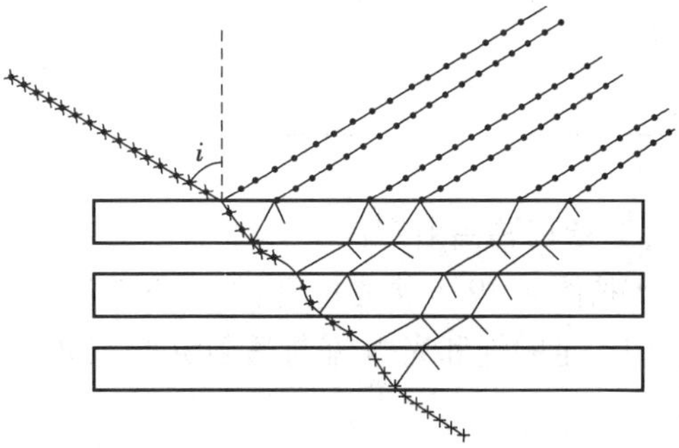

图 4.19.5　用玻璃堆产生平面

(3)1/4 波片、圆偏振光和椭圆偏振光

当平面偏振光垂直入射到厚度为 d,表面平行于自身光轴的单轴晶片时,o 光和 e 光沿同一方向前进,但传播速度不同,因而会产生位相差,在方解石(负晶体)中,e 光速度比 o 光快,而在石英(正晶体)中,o 光速度比 e 光快。因此通过晶片后两束光的光程差和位相差分别为

$$\delta=(n_o-n_e)d, \qquad \Delta=2\pi/\lambda(n_o-n_e)d \tag{4.19.2}$$

式中,λ 为光在真空中的波长;n_o 和 n_e 分别为晶片对 o 光和 e 光的折射率。

由 $\Delta=2\pi/\lambda(n_o-n_e)d$ 可知经晶片射出后,o 光和 e 光合成的振动随位相差的不同,就有不同的偏振方式。(在偏振技术中,常将这种能使互相垂直的光振动产生一定位相差的晶体片叫作波片)。因此晶片厚度不同,对应不同的相位差和光程差

当光程差满足 $\delta=(2k+1)\dfrac{\lambda}{2}(k=0,1,2,,\cdots)$时,为 1/2 波片; (4.19.3)

当光程差满足 $\delta=(2k+1)\dfrac{\lambda}{4}(k=0,1,2,,\cdots)$时,为 1/4 波片。 (4.19.4)

平面偏振光通过 $\lambda/4$ 片后,一般变为椭圆偏振光;但当 $\theta=0$ 或 $\pi/2$ 时,出射的仍为平面偏振光,而当 $\theta=\pi/4$ 时,出射的为圆偏振光。所以,可以用 $\lambda/4$ 波片获得椭圆偏振光和圆偏振光。

【实验仪器】

偏振片(两个)、单色玻片、1/4 波片、光具座、光电管、白色光屏、电源(30 V)、数字万用表和光源等。

【实验内容】

(1)自然光和平面偏振光的检验

①将平行光直接射到偏振片上,以其传播方向为轴转动偏振片一周,用眼睛直接观察透射光强度的变化。

②在第一个偏振片的后面放上第二个偏振片,再转动偏振片一周(转动任意一个都可以),用眼睛直接观察透射光强度变化情况。将两次观察结果记入表 4.19.1 进行比较,并作出结论。

表 4.19.1 观察光波变化表

偏振片	P 转一周,透射光强是否变化?	P 转动一周,出现几次消光?	入射光偏振态
放第一个			
放第二个			

(2)验证马吕斯定律

①按图 4.19.6 将光电管,将灵敏电流计等接入光电检测电路。光电管在透射光照射下,电路中产生的饱和光电流与透射光强成正比,故通过对光电流的测量可反映透射光强度的变化。

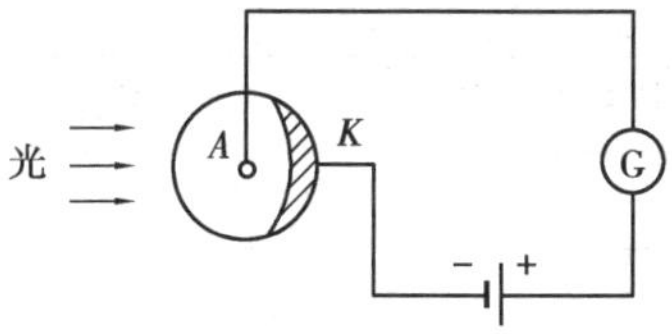

图4.19.6　验证马吕斯定律线路

②如图4.19.7所示实验装置，将检偏器P_2转至90°位置后，转动起偏器P_1到消光位置，固定P_1。实验时，P_1和P_2要尽量靠近，光电管套筒要贴近P_2，以减小杂散光线对实验结果的影响。

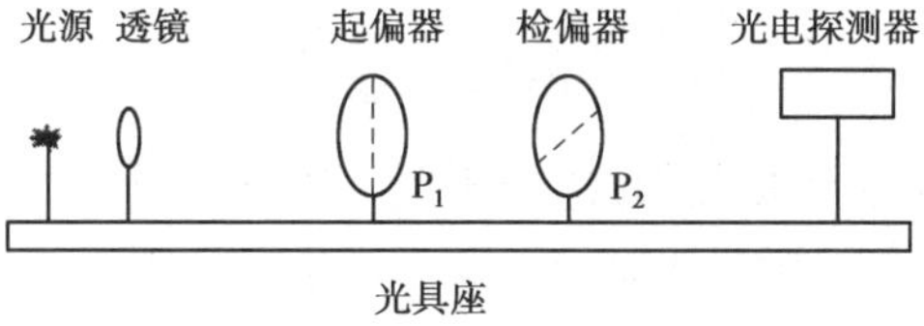

图4.19.7　平面偏振光的产生与检验

③将P_2转到0°(此时光电流为最大值)开始测量，每转15°测量一次光电流的数值。将测量结果记入表4.19.2。

表4.19.2　测量数据表格

I_{max} = ________ I_{min} = ________

θ	0°	15°	30°	45°	60°	75°	90°
I							
$\cos^2\theta$							
$I\text{-}I_{min}$							

④以$I\text{-}I_{min}$为纵坐标，$\cos^2\theta$为横坐标作图。如果图线为通过坐标原点的直线，则表明马吕斯定律已被验证。

(3)圆偏振光和椭圆偏振光的产生与检验

①在光源和P_1间插入一片单色玻片，使入射光成为单色光。转动P_2，用眼睛直接观察光强变化到光斑最暗(这时P_1和P_2透光方向垂直)。

②保持P_1和P_2不动，在P_1和P_2间插入1/4波片。转动波片，再使光斑最暗(用眼睛直接观察)。以此时波片光轴位置为起点，转动1/4波片；使其光轴与起始位置的夹角依次为0°，15°，30°，45°，60°，75°，90°时，分别将P_2转动一周，根据你看到的光斑明暗变化情况，记入表4.19.3中，并对P_2的入射光偏振态分别作出判断。

表4.19.3　用1/4波片观察光强变化表

1/4波片转角	P_2转一周，透射光强是否变化	P_2转一周，出现几次消光	入射光偏振态
0°			
15°			

续表

1/4 波片转角	P_2 转一周，透射光强是否变化	P_2 转一周，出现几次消光	入射光偏振态
30°			
45°			
60°			
75°			
90°			

【数据处理】

①分析表 4.19.1 中两次测量数据，进行比较并作出结论。

②在表 4.19.2 中，以 $I\text{-}I_{min}$ 为纵坐标，$\cos^2\theta$ 为横坐标作图。如果图线为通过坐标原点的直线，则表明马吕斯定律已被验证。

③分析表 4.19.3 中数据，对 P_2 的入射光偏振态分别作出判断。

【思考题】

1. 光的偏振现象说明了什么？一般用哪个矢量表示光的振动方向？

2. 偏振器的特性是什么？何谓起偏器和检偏器？

3. 产生线偏振光的方法有哪些？将线偏振光变成圆偏振光或椭圆偏振光要用何种器件？在什么状态下产生？实验中如何判断线偏振光、圆偏振光和椭圆偏振光？

实验 4.20　音频信号光纤传输实验

【实验概述与思政要素】

声音是一种低频信号，低频信号的传播受周围环境的影响很大，传播的范围有限。在通信中一般是使用一个高频信号作为载波，利用被传输的信号（如音频信号）对载波进行调制。当信号到达传输地点时需对信号进行解调，也就是将高频载波滤掉，最终得到被传输的音频信号。随着通信容量的增加和信息传递速度的加快，电磁通信暴露出一些缺陷，主要有以下几点：①信号间的干扰；②对接收端和发射端阻抗匹配要求较高，不易达到；③由于物理条件的限制造成的与频率相关的损失。解决上述问题的关键是采用光纤通信，即利用光作为信号的载体。

光纤俗称玻璃纤维，是由高纯度的玻璃棒经拉丝工艺制成，又称光导纤维。它以其优良的传输特性成为信息社会主要的信息传输手段。随着光纤通信技术的发展，一个以微电子技术、激光技术、计算机技术和现代通信技术为基础的高速宽带信息网将使远程教育、远程医疗、电子商务、智能居住小区越来越普及。光纤通信以其诸多优点将成为现代通信的主流，未来通信的一项通信技术和手段。

【实验目的】

①了解光纤通信的基本工作原理、音频信号光纤传输系统的结构及各主要部件的作用。

②熟悉半导体发光二极管(LED)和光电二极管(SPD)的基本性能及主要特性的测试方法。

③学习分析音频信号集成运放电路的基本方法和掌握音频信号光纤传输系统的调试技能。

【实验原理】

(1)音频信号光纤传输系统的原理

音频信号光纤传输系统由光信号发送器、光信号接收器和传输光纤三部分组成。其原理(图4.20.1)主要是:先将待传输的音频信号作为源信号供给光信号发送器,从而产生相应的光信号,然后将此光信号经光纤传输后送入光信号接收器,最终解调出原来的音频信号。为了保证系统的传输损耗低,发光器件LED的发光中心波长必须在传输光纤的低损耗窗口之内,使得材料色散较小。低损耗的波长在850 nm、1 300 nm或1 600 nm附近。本实验中仪器LED发光中心波长为850 nm,光信号接收器的光电检测器峰值响应波长也与此接近。

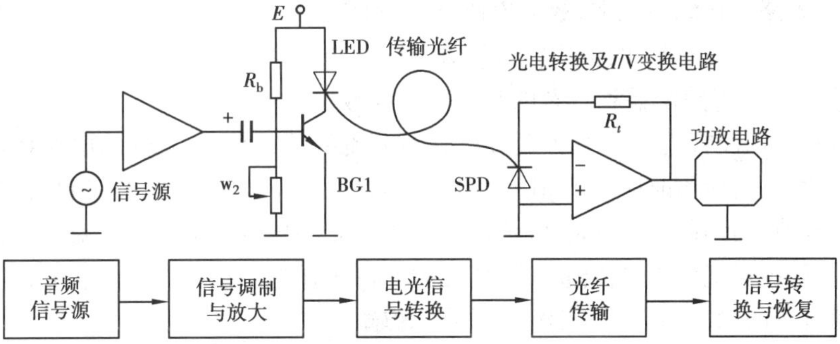

图4.20.1　音频信号光纤传输实验系统原理

为了避免或减少波形失真,要求整个传输系统的频带宽度能覆盖被传输信号的频率范围。由于光纤对光信号具有很宽的频带,故在音频范围内,整个系统频带宽度主要决定于发射端的调制信号放大电路和接收端的功放电路的幅频特性。

(2)半导体发光二极管的驱动及调制电路

光纤通信系统中对光源器件在发光波长、电光功率、工作寿命、光谱宽度和调制性能等许多方面均有特殊要求,所以不是随便哪种光源器件都能胜任光纤通信的任务,目前在以上各方面都能较好满足要求的光源器件主要有半导体发光二极管(Light Emitting Diode,LED)和半导体激光器(Laser Diode,LD)。

本实验采用半导体发光二极管LED作为光源器件,音频信号光纤传输系统发送端LED的驱动和调制电路如图4.20.2所示,以BG1为主构成的电路是LED的驱动电路,调节这一电路中的w_2可使LED的偏置电流在0~50 mA的范围内变化。被传音频信号由IC1为主构成的音频放大电路放大后经电容器C_4耦合到BG1基极,对LED的工作电流进行调制,从而使LED发送出光强随音频信号变化的光信号,并经光导纤维把这一信号传至接收端。

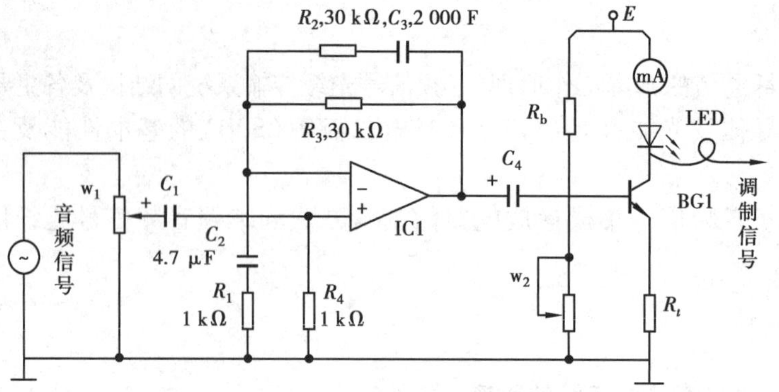

图 4.20.2　LED 的驱动和调制电路

根据运放电路理论,图 4.20.2 中音频放大电路的闭环增益为

$$G(j\omega)=1+\frac{Z_2}{Z_1}$$

其中,Z_2、Z_1 分别为放大器反馈阻抗和反相输入端的接地阻抗,只要 C_3 选得足够小,C_2 选得足够大,则在要求带宽的中频范围内,C_3 的阻抗很大,它所在支路可视为开路,而 C_2 的阻抗很小,它可视为短路。在此情况下,放大电路的闭环增益 $G(j\omega)=1+R_3/R_1$。C_3 的大小决定了高频端的截止频率 f_2,而 C_2 的值决定着低频端的截止频率 f_1。故该电路中的 R_1、R_2、R_3 和 C_2、C_3 是决定音频放大电路增益和带宽的几个重要参数。

半导体发光二极管输出的光功率与其驱动电流的关系称为 LED 的电光特性。为了避免和减小非线性失真,使用时应给 LED 一个适当偏置电流 I,其值等于这一特性曲线线性部分中点对应的电流值,而调制信号的峰-峰值也应位于电光特性线性范围内。对于非线性失真要求不高的情况下,也可把偏置电流选为 LED 最大允许工作电流的一半,这样可使 LED 获得无截止畸变幅度最大的调制,有利于信号的远距离传输。

(3)光纤的传光原理

衡量光纤性能好坏有两个重要指标:一是看它的传输信息的距离有多远;二是看它携带的信息量有多大。前者决定于光纤的损耗特性,后者决定于光纤的脉冲响应或基带频率特性。

经过人们对光纤的提纯,目前已经使得光纤的损耗做到 20 dB/km 以下。光纤的损耗与工作波长有关,所以在工作波长的选用上,应该尽量选用低损耗的工作波长,光纤通信最早是用短波长 850 nm,近年来发展至用 1 300 ~ 1 550 nm 范围的波长,因为在这一波长范围内光纤不仅损耗低,而且“色散”小。

光纤的脉冲响应或它的基带频率特性又主要取决于光纤的模式性质。光纤按照其模式性质通常可以分为两大类,即单模光纤和多模光纤。无论单模或者多模光纤,其结构均由纤芯和包层两部分组成。纤芯的折射率比包层的折射率大,对于单模光纤,纤芯直径只有 5 ~ 10 μm,包层直径为 125 μm,在一定条件下,只允许一种电磁场形态的光波在纤芯内传播,多模光纤的纤芯直径为 20 ~ 2 000μm,包层厚度为 3 ~ 5 μm,允许多种电磁场形态的光波传播。按照折射率沿光纤截面的径向分布又可以分成阶跃型和渐变型两种光纤,对于阶跃型光纤,在纤芯和包层中折射率均为常数,但纤芯折射率略大于包层折射率,所以对阶跃型多模光纤,可以用几何光学的全反射理论解释它的导光原理。在渐变型光纤中,纤芯折射率随离开光纤轴线距离的增加而逐渐减小,直到在纤芯和包层界面处减到某一值后,在包层的范围内折射率保持这一值不变。根据光线在非均匀介质中的传播理论分析可知:经光源耦合到渐变型光纤中的某些射线,在纤芯内是沿周期性的弯向光纤轴线的曲线传播(其传播几何光学理论详见实验参考资料介绍)。

(4)**半导体光电二极管的工作原理及特性**

本仪器的光信号接收采用硅光电二极管(Silicon Photo Diode,SPD),与普通的半导体二极管一样,SPD 也是一个 P-N 结,但 SPD 的管壳上有一个能让光射入其光敏区的窗口。此外,与普通半导体二极管不同,它经常工作在反向偏置电压状态或无偏压状态,因此 SPD 的光电特性线性度好。

本仪器 SPD 的峰值响应波长在 820 nm 左右,工作时 SPD 把经光纤出射端输出的光信号转化为与之光功率成正比的光电流,经过 *I-V* 转换电路,再把光电流转换成与之成正比的电压信号。

【实验仪器】

本实验使用的实验仪器装置主要由 FD-OFT-A 型音频信号光纤传输实验仪和实验主机(包括音频信号发生器、光功率计、LED 放射器、SPD 接收器等)、多模光纤(装于骨架上)、半导体收音机、示波器组成,如图 4.20.3 所示。

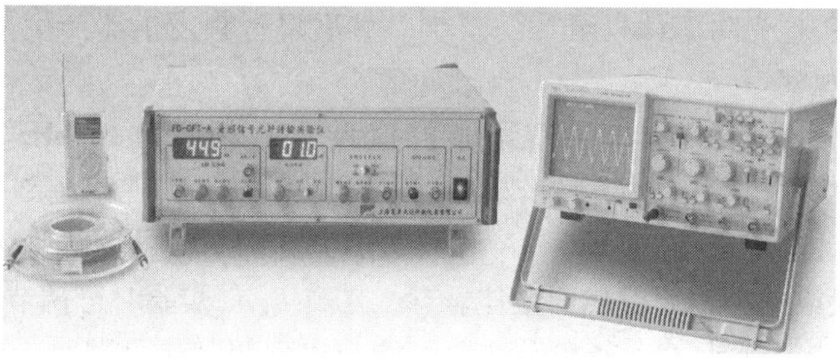

图 4.20.3 音频信号光纤传输实验仪器装置

(1)FD-OFT-A **型音频信号光纤传输实验仪的特点**

①一体式仪器,音频信号发生器、光功率计、LED 发射器、SPD 接收器全部整合在一台主机中,这样用户购买该仪器后,不用另配光功率计以及信号发生器即可以完成实验。

②集光电子技术、光纤传输技术、应用电子技术于一体的综合实验教学仪器,对于扩大学生知识面和培养学生综合运用已学知识解决实际问题的能力十分有益。

③实验内容丰富、实验数据稳定可靠,通过该仪器可以让学生了解光波是怎样被调制、传输和解调的,使学生对光纤通信有一个初步的认识。

(2)**技术指标**

①电源输入:220 V、50 Hz。

②音频信号发生器频率调节范围:100 Hz ~ 10 kHz 连续调节,10 ~ 20 kHz 连续调节,幅度调节范围:0 ~ 3 V(峰-峰值),连续调节。

③光功率计量程:0 ~ 200.0 μW,分辨率 0.1 μW。

④LED 驱动电流:$I \leqslant 100$ mA。

【实验内容】

(1)LED 传输光纤组件电光特性的测定

本实验内容是要在不加音频信号的情况下,研究通过 LED 的直流偏置电流 I_D 与 LED 输出光功率 P_0 之间的关系,即 LED 的电光特性。实验时先打开主机电源,将光纤一端接至"LED 发射器"中"信号输出"端,一端接至"SPD 接收器"中的"信号输入"端,将光功率计波段开关打至"测量"挡。调节"偏流调节"旋钮,使面板上电流表读数为零,此时将光功率表也调零,然后分别把偏流大小调至 5,10,15,20,25,30,35,40,45,50 mA,记录对应的光功率值于表 4.20.1。

表 4.20.1　偏置电流与光功率数据记录

I_D/mA	0.0	5.0	10.0	15.0	20.0	25.0	30.0	35.0	40.0	45.0	50.0
P_0/μW											

(2)LED 直流偏流与最大不失真调制幅度的关系测定

本实验要找出在不同的直流偏流 I_D 下电路能加载的不失真调制幅度的大小,同时找到 LED 发光电路最佳工作点和在此工作点下能加载的最大不失真信号幅度。实验时先接好音频信号通道、光通道,把光功率计打至"实验"挡。然后将音频发生器产生信号和 LED 调制信号输入双综示波器观察。

调节音频信号发生器,使其输出信号峰-峰值为 1 V,频率为 10 kHz。接着把偏流加至 20 mA,调节"LED 发射器"中的幅度调节旋钮,把音频信号放大,观察调制信号的波形及失真情况。在表 4.20.2 中,记录偏流为 20 mA 时最大不失真调制信号的峰-峰值。分析观察到的现象,然后决定增大或减小偏流以找到最佳静态工作点 I_{DQ}。实验时可调节音频信号的放大幅度来检验新的工作点是否为 I_{DQ},若在示波器上能观察到调制信号同时出现截止和饱和失真(这时的偏置电流约为 66 mA),则此时正处于最佳工作点。记录刚要同时出现两种失真现象时的偏流值 I_{DQ} 和调制信号峰-峰值 V_{DQ},则从电路方面考虑,通过 LED 的最佳工作电流和最大不失真交流幅度分别为 I_{DQ} 和 $\frac{V_{DQ}}{R_e}$(本仪器 $R_e=50\ \Omega$)。

表 4.20.2　LED 直流偏流与最大不失真调制幅度的关系

直流偏流 I_D/mA	20	25	30	35	40	$I_{DQ}=$
最大不失真调制信号峰-峰值/V						
不失真电流范围/mA						

(3)音频信号光纤传输系统幅频特性的测定

本实验是要在光信号发送器处于正常工作状态下,研究音频信号光纤传输系统的幅频特性。实验前应先确定光信号发送器的正常工作范围。从实验原理和前两个实验内容可知:光信号发送器的正常工作是由 LED 的电光特性和 LED 发光电路工作特性决定。若 LED 电光线性转化,发光电路信号传输无非线性失真,则光信号发送器已处于正常工作状态。利用前两个实验测得的实验结果,便可知道在不同直流偏流 I_D 下,要使光信号发送器正常工作,加载在电路中的调制幅度可取范围。

实验时,先将音频发生器输出信号峰-峰值调为1 V,偏流和调制信号幅度调节适当,以确保光信号发送器正常工作。然后,将音频发生器输出信号频率依次调为0.1,0.5,1,5,10,15,20 kHz,用示波器观测由光纤传输的光信号转化成的音频电信号的波形和峰-峰值,并将测量数据填入表4.20.3。由观测结果绘出音频信号光纤传输系统幅频特性曲线。

表4.20.3　光纤传输系统幅频特性关系

f/kHz	0.1	0.5	1	5	10	15	20
V_{pp}/V							

(4)**光信号的接收实验**

1)接收器允许的最小光电信号幅值的测定(选做)

把信号源频率选为1 kHz,在保持实验系统以上连接不变的情况下,逐渐减小LED的偏置电流,并适当减小调制信号源的幅度,使接收器 I-V 变换输出端电压的交流分量的波形为无截止畸变的最大幅值;继续减小LED的偏流,随着LED偏置电流的减小,用示波器观察到的以上交流信号的最大幅值也越来越小,当LED的偏流小到某一值时,这一交流信号的幅值就可能与系统存在的干扰信号(在本实验系统中,主要是50 Hz的工频干扰)的幅值可比较,对应于这一状态的光信号的幅值就是本实验系统接收器允许的最小光电信号的幅值。知道系统接收端允许的最小光电信号的幅值和LED的电光特性后,就可根据光纤损耗计算出本实验系统的最大传输距离。

2)语言信号的传输

将半导体收音机的信号接入发送器的输入端(在后面板上),通过后面板上的转换开关接上功放输出端的扬声器,试验整个音频信号光纤传输系统的音响效果。实验时可适当调节发送器LED的偏置电流和调制输入信号幅度,考察传输系统的听觉效果并用示波器监测接收器功放电路输出端信号的波形变化。

【数据处理】

①根据测量结果描绘LED传输光纤组件的电光特性曲线,即描绘 P_0-I_D 关系图,分析其线性范围,并确定出其线性度较好的线段。

②用示波器观测由光纤传输的光信号转化成的音频电信号的波形和峰-峰值。由观测结果绘出音频信号光纤传输系统幅频特性曲线,并分析结果。

【注意事项】

①光纤出厂前已经固定在骨架上,学生实验时务必小心,不要随意弯曲,以免光纤折断,更不要将光纤全部从骨架上取下来。

②实验开始前以及实验结束时,应把LED发射器中的"幅度调节"和"偏流调节"电位器逆时针旋至最小。为了LED的安全使用,LED的偏置电流不要大于25 mA,调制信号的幅度也不要过大,否则会使LED的发光性能迅速下降。

③实验中,光纤与发射器以及光纤与接收器接头插拔时应该注意不要用力过猛,以免损坏。保护好传输光纤的输出端面和光电二极管的入照窗口,使它们不受异物损伤及灰尘遮盖。

【思考题】

1. 本实验中 LED 偏置电流是如何影响信号传输质量的?
2. 本实验中光传输系统哪几个环节可能引起光信号的衰减?
3. 光传输系统中如何合理选择光源与探测器?

【参考资料】

音频信息光纤传输原理

(1)光导纤维的结构及传光原理

衡量光导纤维性能好坏有两条重要指标:一是看它传输信息的距离有多远,二是看它携带信息的容量有多大,前者取定于光纤的损耗特性,后者取定于光纤的脉冲响应或基带频率特性。

光纤的损耗与工作波长有关,所以在工作波长的选用上,应尽量选用低损耗的工作波长,光纤通讯最早是用短波长 0.85 μm,近来发展至用 1.3 ~ 1.55 μm 范围的波长,因为在这一波长范围内光纤不仅损耗低,而且“色散”也小。

光纤的脉冲响应或它的基带频率特性又主要取决于光纤的模式性质。光纤按其模式性质通常可以分成两大类即单模光纤和多模光纤。无论单模或多模光纤,其结构均由纤芯和包层两部分组成。纤芯的折射率较包层折射率大,对于单模光纤,纤芯直径只有 5 ~ 10 μm,在一定条件下,只允许一种电磁场形态的光波在纤芯内传播,多模光纤的纤芯直径为 50 μm 或 62.5 μm,允许多种电磁场形态的光波传播;以上两种光纤的包层直径均为 125 μm。按其折射率沿光纤截面的径向分布状况又分成阶跃型和渐变型两种光纤,对于阶跃型光纤,在纤芯和包层中折射率均为常数,但纤芯折射率 n_1 略大于包层折射率 n_2。所以对于阶跃型多模光纤,可用几何光学的全反射理论解释它的导光原理。在渐变型光纤中,纤芯折射率随离开光纤轴线距离的增加而逐渐减小,直到在纤芯—包层界面处减到某一值后,在包层的范围内折射率保持这一值不变,根据光射线在非均匀介质中的传播理论分析可知:经光源耦合到渐变型光纤中的某些光射线,在纤芯内是沿周期性地弯向光纤轴线的曲线传播。

本实验采用阶跃型多模光纤作为信道,现应用几何光学理论进一步说明这种光纤的传光原理。阶跃型多模光纤的结构如图 4.20.4 所示,它由纤芯和包层两部分组成,芯子的半径为 a,折射率为 n_1,包层的外径为 b,折射率为 n_2,且 $n_1 > n_2$。

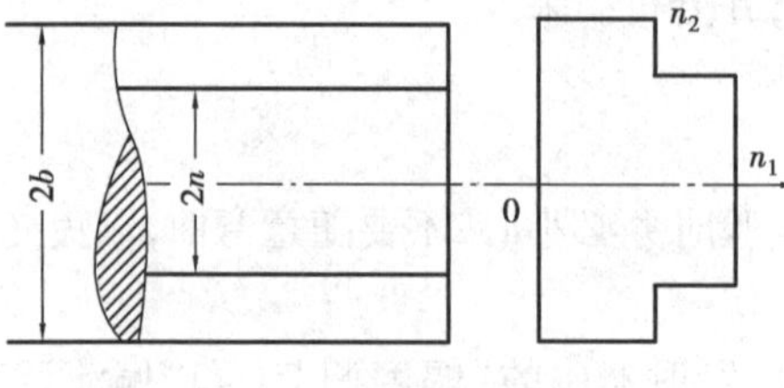

图 4.20.4　阶跃型多模光纤的结构

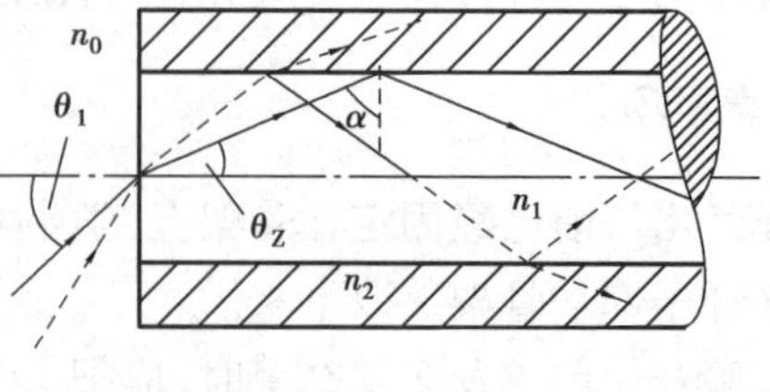

图 4.20.5　子午传导射线和漏射线

当一光束投射到光纤端面时,进入光纤内部的光射线在光纤入射端面处的入射面包含光纤轴线的称为子午射线,这类射线在光纤内部的行径,是一条与光纤轴线相交、呈"Z"字形前进的平面折线;若耦合到光纤内部的光射线在光纤入射端面处的入射面不包含光纤轴线,称为偏射线,偏射线在光纤内部不与光纤轴线相交,其行径是一条空间折线。以下只对子午射线的传播特性进行分析。

参见图4.20.5,假设光纤端面与其轴线垂直,如前所述,当一光线射到光纤入射端面时的入射面包含了光纤的轴线,则这条射线在光纤内就会按子午射线的方式传播。根据Snell定律及图4.20.5所示的几何关系有

$$n_0 \sin \theta_i = n_1 \sin \theta_z \tag{4.20.1}$$

$$\theta_z = \pi/2 - \alpha$$

$$n_0 \sin \theta_i = n_1 \cos \alpha \tag{4.20.2}$$

其中,n_0 是光纤入射端面左侧介质的折射率。通常,光纤端面处于空气介质中,故 $n_0 = 1$。

由式(4.20.2)可知,如果所论光纤在光纤端面处的入射角 θ_i 较小,则它折射到光纤内部后投射到芯子一包层界面处的入射角 α 有可能大于由芯子和包层材料的折射率 n_1 和 n_2 按下式决定的临结角 α_c

$$\alpha_c = \arcsin(n_2/n_1) \tag{4.20.3}$$

在此情形下光射线在芯子一包层界面处发生全内反射。该射线所携带的光能就被局限在纤芯内部而不外溢,满足这一条件的射线称为传导射线。

随着图4.20.5中入射角 θ_i 的增加,α 角就会逐渐减小,直到 $\alpha = \alpha_c$ 时,子午射线携带的光能均可被局限在纤芯内。在此之后,若继续增加 θ_i,则 α 角就会变得小于 α_c,这时子午射线在芯子一包层界面处的全内反射条件受到破坏,致使光射线在芯子一包层界面的每次反射均有部分能量溢出纤芯外,于是,光导纤维再也不能把光能有效地约束在纤芯内部,这类射线称为漏射线。

设与 $\alpha = \alpha_c$ 对应的 θ_i 为 θ_{imax},由上所述,凡是以 θ_{imax} 为张角的锥体内入射的子午线,射到光纤端面上时,均能被光纤有效地接收而约束在纤芯内。根据式(4.20.2)有

$$n_0 \sin \theta_{imax} = n_1 \cos \alpha_c$$

因其中 n_0 表示光纤入射端面空气一侧的折射率,其值为1,故

$$\sin \theta_{imax} = n_1 (1 - \sin^2 \alpha_c)^{1/2} = (n_1^2 - n_2^2)^{1/2}$$

通常把 $\sin \theta_{imax} = (n_1^2 - n_2^2)^{1/2}$ 定义为光纤的理论数值孔径(Numerical Aperture),用英文字符 NA 表示,即

$$NA = \sin \theta_{imax} = (n_1^2 - n_2^2)^{1/2} = n_1 (2\Delta)^{1/2} \tag{4.20.4}$$

它是一个表征光纤对子午射线捕获能力的参数,其值只与纤芯和包层的折射率 n_1 和 n_2 有关,与光纤的半径 a 无关。式中

$$\Delta = (n_1^2 - n_2^2)/2n_1^2 \approx (n_1 - n_2)/n_1$$

称为纤芯一包层之间的相对折射率差,Δ 越大,光纤的理论数值孔径 NA 越大,表明光纤对子午线捕获的能力越强,即由光源发出的光功率更易于耦合到光纤的纤芯内,这对于作传光用途的光纤来说是有利的,但对于通信用的光纤,数值孔径越大,模式色效也相应增加,这不利于传输容量的提高。对于通信用的多模光纤 Δ 值一般限制在1%左右。由于常用石英多模光纤的纤芯折射率 n_1 的值处于1.50附近的范围内,故理论数值孔径的值在0.21左右。

(2)**半导体发光二极管的结构和工作原理**

半导体发光二极管是低速短距离光通信中常用的非相干光源,它是如图 4.20.6 所示的 NPP 三层结构的半导体器件,中间层通常是由直接带隙的 GaAs 的 P 型半导体材料组成,称为有源层,其带隙宽度较窄,两侧分别由 AlGaAs 的 N 型和 P 型半导体材料组成,与有源层相比,它们都具有较宽的带隙。具有不同带隙宽度的两种半导体单晶之间的结构称为异质结,在图 4.20.6 中,有源层与左侧的 N 层之间形成的是 PN 异质结,而与右侧 P 层之间形成的是 PP 异质结,所以这种结构又称为 NPP 双异质结构,简称 DH 结构。

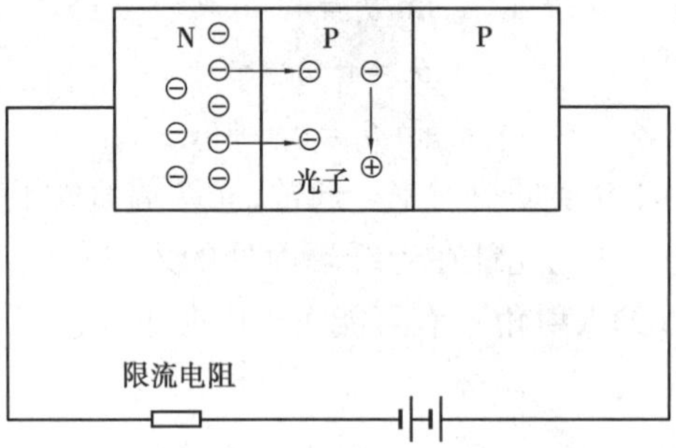

图 4.20.6　半导体发光二极管的结构及工作原理

当在 NPP 双异质结两端加上偏压时,就能使 N 层向有源层注入导电电子,这些导电电子一旦进入有源层后,因受到 P-P 异质结的阻挡作用不能再进入右侧 P 层,它们只能被限制在有源层内与空穴复合,同时释放能量产生光子,发出的光子满足以下关系

$$h\nu = E_1 - E_2 = E_g \tag{4.20.5}$$

式中,h 是普朗克常数;ν 是光波频率;E_1 是有源层内导电电子的激发态能级;E_2 是导电电子与空穴复合后处于价键状态时的束缚态能级。两者的差值 E_g 与 DH 结构中各层材料及其组分的选取等多种因素有关,制作 LED 时只要这些材料的选取和组分的控制适当,就可以使 LED 的发光中心波长与传输光纤的低损耗波长一致。

(3)**光电二极管的伏安特性**

光电二极管的伏安特性可表示为

$$I = I_0[1 - \exp(qV/kT)] + I_L \tag{4.20.6}$$

式中,I_0 是无光照的反向饱和电流;V 是二极管的端电压(正向电压为正,反向电压为负);q 为电子电荷;k 为玻耳兹曼常数;T 是结温,单位为 K,I_L 是无偏压状态下光照时的短路电流,它与光照时的光功率成正比。式(4.20.6)中的 I_0 和 I_L 均是反向电流,即从光电二极管负极流向正极的电流。根据式(4.20.6),光电二极管的伏安特性曲线如图 4.20.7 所示的反偏工作状态,光电二极管的工作点由负载线与第三象限的伏安特性曲线交点确定。

①光电二极管即使在无偏压的工作状态下,也有反向电流流过,这与普通二极管只具有单向导电性相比有着本质的差别,认识和熟悉光电二极管的这一特点对于在光电转换技术中正确使用光电器件具有十分重要意义。

②反向偏压工作状态下,在外加电压 E 和负载电阻 R_L 的很大变化范围内,光电流与入照的光功率均具有很好的线性关系,无偏压工作状态下,只有 R_L 较小时光电流才与入照光功率成正比,R_L 增大时,光电流与光功率呈非线性关系。无偏压状态下,短路电流与入照光功率的

关系称为光电二极管的光电特性，这一特性在 I-P 坐标系中表现为斜率 R 为光电二极管的响应度，这是一个宏观上表征光电二极管光电转换效率的一个重要参数。

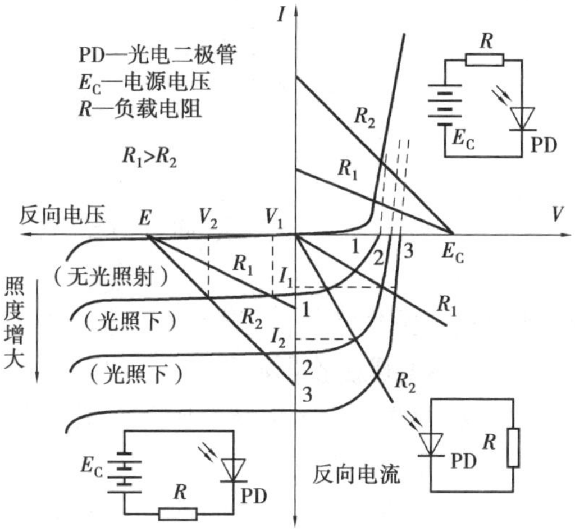

图 4.20.7　光电二极管的伏安特性曲线及工作点的确定

$$R \equiv \Delta I/\Delta P(\mu A/\mu W) \tag{4.20.7}$$

③在光电二极管处于开路状态情况下，光照时产生的光生载流子不能形成闭合光电流，它们只能在 PN 结空间电荷区的内电场作用下，分别堆积在 PN 结空间电荷区两侧的 N 层和 P 层内，产生外电场，此时光电二极管表现出具有一定的开路电压。不同光照情况下的开路电压就是伏安特性曲线与横坐标轴交点所对应的电压值，由图 4.20.7 可见，光电二极管开路电压与入照光功率也是呈非线性关系。

④反向偏压状态下的光电二极管，由于在很大的动态范围内其光电流与偏压和负载电阻几乎无关，故在入照光功率一定时可视为一个恒流源；而在无偏压工作状态下光电二极管的光电流随负载电阻变化很大，此时它不具有恒流源性质，只起光电池作用。

光电二极管的响应度 R 与入照光波的波长有关。本实验中采用的硅光电二极管，其光谱响应波长在 0.4～1.1 μm、峰值响应波长在 0.8～0.9 μm 范围内。在峰值响应波长下，响应度 R 的典型值在 0.25～0.5 μA/μW 的范围内。

实验 4.21　半导体 PN 结的物理特性及弱电流测量

【实验概述与思政要素】

半导体是一项核心技术，也是一个巨大的产业。现代社会人们生产生活所使用的各种智能化工具，比如电脑、手机、传感器等都离不开半导体。当前国际上在半导体这个领域的竞争也是异常激烈，国外先发国家的优势依然很大。半导体这样一门核心技术，需要掌握在我们自己手里。同学们，需要认识到这一点，努力学习科学知识，将来在工作岗位上努力实现关键核心技术的突破，提升我们国家的核心竞争力。

半导体 PN 结的物理特性是物理学和电子学的重要基础内容之一。本实验用物理实验方法,测量得到 PN 结扩散电流与电压的关系,证明此关系遵循指数分布规律,并较精确地测出玻尔兹曼常数(物理学重要常数之一),使学生学会测量弱电流的新方法。同时提供干井变温恒温器和铂金电阻测温电桥,测量得到 PN 结结电压 U_{be} 与热力学温度 T 的关系,求得该传感器的灵敏度,并近似求得 0 K 时硅材料的禁带宽度。

【实验目的】

①在室温时,测量 PN 结扩散电流与结电压关系,通过数据处理证明此关系遵循指数分布规律。

②在不同温度条件下,测量玻尔兹曼常数。(误差一般小于 2%。)

③学习用运算放大器组成电流-电压变换器测量 $10^{-6} \sim 10^{-8}$ A 的弱电流。

④测量 PN 结结电压 U_{be} 与温度的关系,求出结电压随温度变化的灵敏度。

⑤近似求得 0 K 时半导体(硅)材料的禁带宽度。

⑥学会用铂电阻测量温度的实验方法和直流电桥测电阻的方法。

【实验原理】

(1)PN 结伏安特性及玻尔兹曼常数测量

由半导体物理学可知,PN 结的正向电流-电压关系满足

$$I = I_0\left[\exp\left(\frac{eU}{kT}\right) - 1\right] \tag{4.21.1}$$

式中,I 是通过 PN 结的正向电流;I_0 是反向饱和电流;T 是热力学温度;e 是电子的电荷量;U 为 PN 结正向压降。由于在常温(300 K)时,$kT/e \approx 0.026$ V,而 PN 结正向压降约为十分之几伏,则 $\exp(eU/kT) \gg 1$,式中括号内 -1 项完全可以忽略,于是有

$$I = I_0\left[\exp\left(\frac{eU}{kT}\right)\right] \tag{4.21.2}$$

也即 PN 结正向电流随正向电压按指数规律变化。若测得 PN 结 I-U 关系值,则利用式(4.21.1)可以求出 e/kT。在测得温度 T 后,就可以得到 e/k 常数,把电子电量作为已知值代入,即可求得玻尔兹曼常数 k。二极管的伏安特性如图 4.21.1 所示。

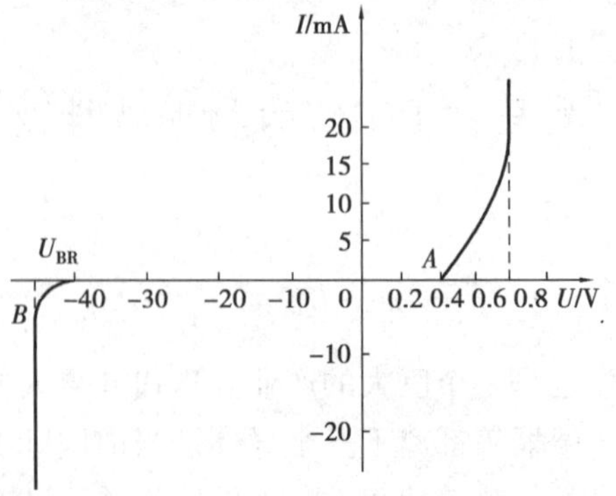

图 4.21.1 二极管的伏安特性

在实际测量中,二极管的正向 I-U 关系虽然能较好满足指数关系,但求得的常数 k 往往偏

小。这是因为通过二极管电流不只是扩散电流,还有其他电流。它一般包括3个部分:

①扩散电流。它严格遵循式(4.21.2)。

②耗尽层复合电流。它正比于 $\exp(eU/2kT)$。

③表面电流。它是由 Si 和 SiO_2 界面中杂质引起的,其值正比于 $\exp(eU/2kT)$,一般 $m > 2$。因此,为了验证式(4.21.2)及求出准确的 e/k 常数,不宜采用硅二极管,而应采用硅三极管接成共基极线路,因为此时集电极与基极短接,集电极电流中仅仅是扩散电流。复合电流主要在基极出现,测量集电极电流时,将不包括它。本实验中选取性能良好的硅三极管(TIP31型),实验中又处于较低的正向偏置,这样表面电流影响也完全可以忽略,所以此时集电极电流与结电压将满足式(4.21.2)。实验线路如图4.21.2所示。

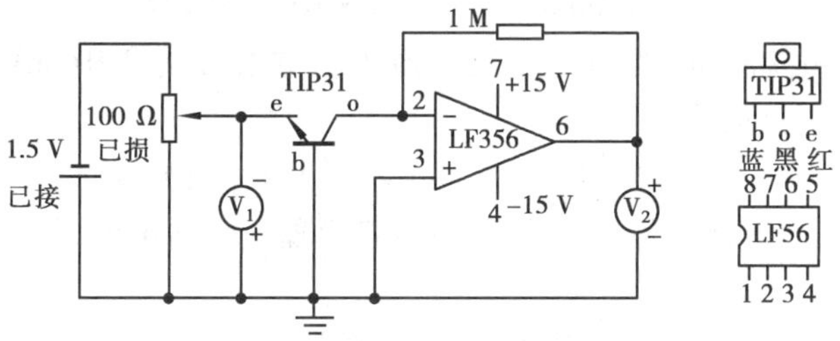

图4.21.2　PN结扩散电流与结电压关系测量线路

(2)**弱电流测量**

过去实验中,$10^{-6} \sim 10^{-11}$ A量级弱电流采用光点反射式检流计测量,该仪器灵敏度较高,约 10^{-9} A/分度,但有许多不足之处,如十分怕震,挂丝易断;使用时稍有不慎,光标易偏出满度,瞬间过载引起挂丝疲劳变形产生不回零点及指示差变大。使用和维修极不方便。近年来,集成电路与数字化显示技术越来越普及。高输入阻抗运算放大器性能优良,价格低廉,用它组成电流-电压变换器测量弱电流信号,具有输入阻抗低、电流灵敏度高、温漂小、线性好、设计制作简单、结构牢靠等优点,因而被广泛应用于物理测量中。

LF356是一个高输入阻抗集成运算放大器,用它组成电流-电压变换器(弱电流放大器),如图4.21.3所示。其中虚线框内电阻 Z_r 为电流-电压变换器等效输入阻抗。

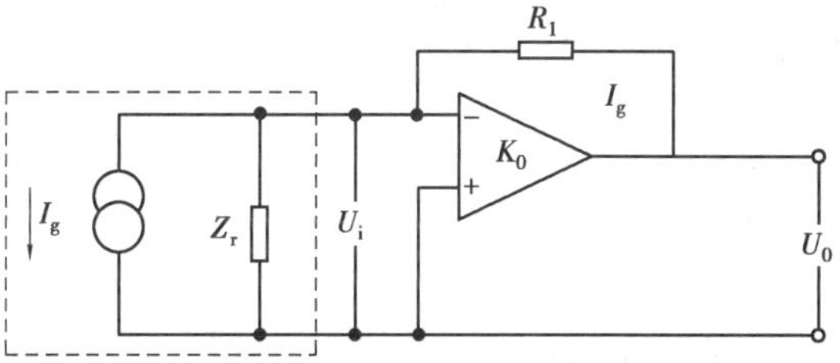

图4.21.3　电流-电压变换器

由图4.21.3可知,运算放大器的输出电压 U_0 为

$$U_0 = -K_0 U_i \qquad (4.21.3)$$

式中,U_i 为输入电压;K_0 为运算放大器的开环电压增益,即图4.21.3中电阻 $R_f \to \infty$ 时的电压增益;R_f 称为反馈电阻。因为理想运算放大器的输入阻抗 $r_i \to \infty$,所以信号源输入电流只流经反馈网络构成的通路,因而有

$$I_s = (U_i - U_0)/R_f = U_i(I + K_0)/R_f \qquad (4.21.4)$$

由式(4.21.4)可得电流-电压变换器等效输入阻抗 Z_r 为

$$Z_r = U_i/I_s = R_f/(1+K_0) \approx R_f/K_0 \tag{4.21.5}$$

由式(4.21.3)和式(4.21.4)可得电流-电压变换器输入电流 I_s 与输出电压 U_0 之间的关系式,即

$$I_s = -\frac{U_0}{K_0}(1+K_0)/R_f = -U_0(1+1/K_0)/R_f = -U_0/R_f \tag{4.21.6}$$

由式(4.21.6)只要测得输出电压 U_0 和已知 R_f 值,即可求得 I_s 值。以高输入阻抗集成运算放大器 LF356 为例来讨论 Z_r 和 I_s 值的大小。对 LF356 运放的开环增益 $K_0 = 2\times10^5$,输入阻抗 $r_i \approx 10^{12}\ \Omega$。若取 R_f 为 1.00 MΩ,则由(4.21.5)式可得

$$Z_r = 1.00\times10^6/(1+2\times10^5) = 5(\Omega) \tag{4.21.7}$$

若选用四位半量程 200 mV 数字电压表,它最后一位变化为 0.01 mV,那么用上述电流-电压变换器能显示最小电流值为

$$(I_s)_{min} = 0.01\times10^{-3}/(1\times10^6) = 1\times10^{-11}(\text{A}) \tag{4.21.8}$$

由此说明,用集成运算放大器组成电流-电压变换器测量弱电流,具有输入阻抗小、灵敏度高的优点。

(3)PN 结的结电压 U_{be} 与热力学温度 T 关系测量

当 PN 结通过恒定小电流(通常电流 $I = 1\ 000\ \mu$A),由半导体理论可得 U_{be} 与 T 的近似关系

$$U_{be} = ST + U_{go} \tag{4.21.9}$$

式中,$S \approx -2.3$ mV/℃为 PN 结温度传感器灵敏度。由 U_{go} 可求出温度为 0 K 时半导体材料的近似禁带宽度 $E_{go} = qU_{go}$。硅材料的 E_{go} 约为 1.20 eV。

【实验仪器】

实验仪器包括 PN 结物理特性测定仪(见图 4.21.4)等,具体如下:

(1)直流电源

±15 V 直流电源一组,即[+15 V—0 V(地)— −15 V]。

1.5 V 直流电源一组,3.0 V 直流电源一组。

(2)数字电压表

三位半数字电压表 0~2 V 一只。

四位半数字电压表 0~20 V 一只。

(3)实验板

由运算放大器 LF356、印刷引线、接线柱、多圈电位器组成。TIP31 型三极管外接。

(4)恒温装置

干井式铜质可调节恒温,恒温控制器控温范围,室温至 80 ℃;控温精度为 0.01 ℃。

(5)测温装置

PT100 型铂电阻及电阻组成直流电桥测温(t = 100 ℃时,R_0 = 100.00 Ω)。

(6)附件

①TIP31 型三极管(带 3 根引线)1 个,3DG 三极管 1 个。

②LF356 运算放大器 1 块,TIP31 型三极管 1 只,引线 9 根,ZX21 型电阻箱 1 只。

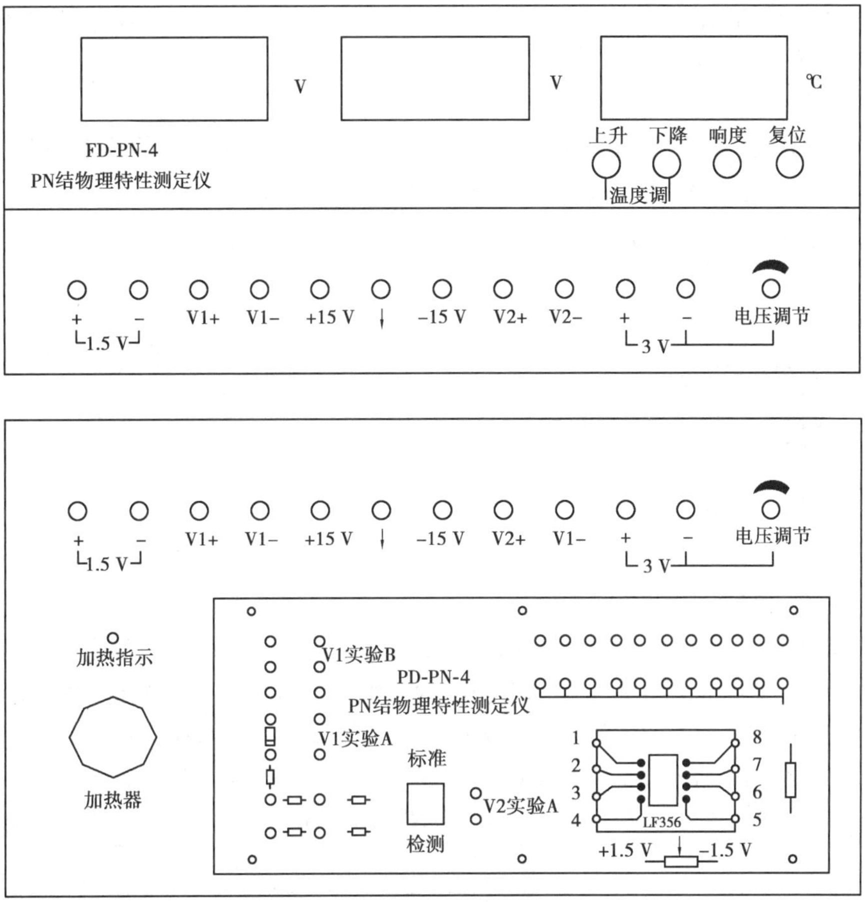

图 4.21.4　PN 结物理特性测定仪

【实验内容】

(1)**实验** A

I_c-U_{be}关系测定,并进行曲线拟合求经验公式,计算玻尔兹曼常数($U_{be}=U_1$)。

①实验线路如图 4.21.2 所示(图中 100 Ω 的滑动变阻器和 1.5 V 电源已经接入电路)。图中 V_1 为三位半数字电压表,V_2 为四位半数字电压表,TIP31 型为带散热板的功率三极管,调节电压的可变电阻对应仪器上的电压调节旋钮,为保持 PN 结温度恒定,把 TIP31 型三极管浸没在盛有变压器油的干井槽中。

②在室温情况下,测量三极管发射极与基极之间电压 U_1 和相应电压 U_2,并记录数据于表 4.21.1。在常温下 U_1 的值约从 0.3 ~0.42 V 每隔 0.01 V 测一点数据,约测 10 多数据点,至 U_2 值达到饱和时(U_2 值变化较小或基本不变),结束测量。在记数据开始和记数据结束都要同时记录变压器油的温度 θ,取温度平均值$\bar{\theta}$。

表 4.21.1　实验数据记录表

U_1																
U_2																

③改变干井恒温器温度，待PN结与油温度一致时，重复测量 U_1 和 U_2 的关系数据，并与室温测得的结果进行比较。

(2)**实验B**

U_{be}-T 关系测定，求PN结温度传感器灵敏度 S，计算硅材料为0 K时的近似禁带宽度 E_{go} 值。

①实验线路如图4.21.5所示，测温电路如图4.21.6所示。其中数字电压表 V_2 通过双刀双向开关，既作测温电桥指零用，又作监测PN结电流用，保持电流 $I=100\ \mu A$。

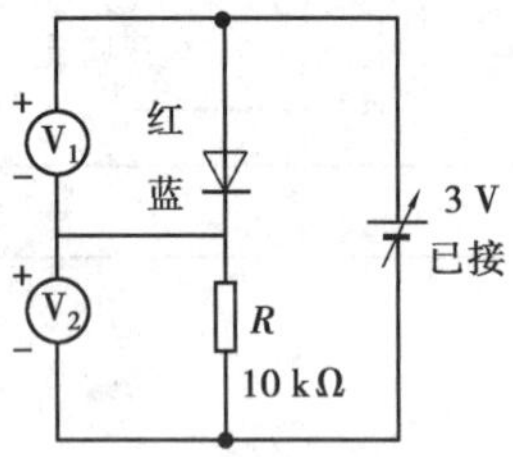

图4.21.5　实验路线

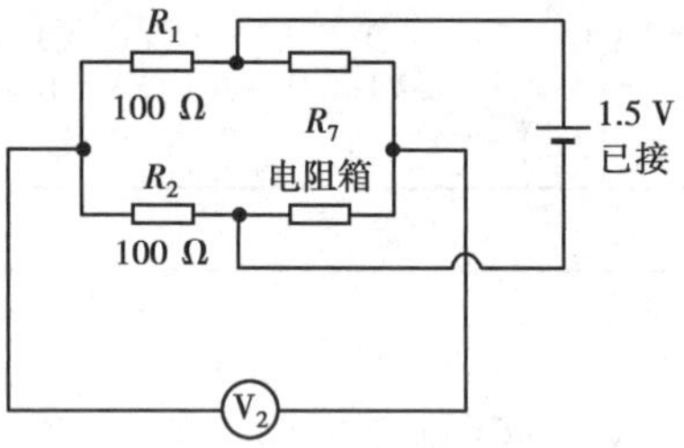

图4.21.6　测温电路

②把二极管和铂电阻都插在加热井中。

③通过调节图4.21.5电路中电源电压(仪器上3 V电源旁的电压调节旋钮)，使上电阻两端电压保持不变，即电流 $I=100\ \mu A$。同时用电桥测量铂电阻 R_T 的电阻值，通过查铂电阻值与温度关系表，可得恒温器的实际温度。从室温开始每隔5~10 ℃测 U_{be} 值(即 V_1)和温度 θ (℃)，记录实验数据于表4.21.2，求得 U_{be}-T 关系。(至少测6点以上数据)

表4.21.2　实验数据记录表

R_T/Ω						
U_{be}/V						

【数据处理】

①根据实验A所测得数据把式(4.21.2)改为 $U_2=RI_0e^{eU_1/kT}$，把两组 $U_2\sim U_1$ 数据分别代入此式，求得玻尔兹曼常数 k。

②根据实验B测得数据画图，拟合成直线，求出直线的斜率(即PN结测温灵敏度 S)和截距(即:温度为0 K时硅材料的禁带宽度 E_{go})。

【注意事项】

①数据处理时，对于扩散电流太小(起始状态)及扩散电流接近或达到饱和时的数据，在处理数据时应删去，因为这些数据可能偏离式(4.21.2)。

②必须观测恒温装置上温度计读数，待TIP31三极管温度处于恒定时(即处于热平衡时)，才能记录 U_1 和 U_2 数据。

③用本装置做实验，TIP31型三极管温度可采用的范围为0~50 ℃。若要在-120~0 ℃温度范围内做实验，必须有低温恒温装置。

④由于各公司的运算放大器(LF356)性能有些差异，在换用LF356时，有可能同台仪器达

到饱和电压 U_2 值不相同。

⑤本仪器电源具有短路自动保护,运算放大器若 15 V 接反或地线漏接,本仪器也有保护装置,一般情况集成电路不易损坏。勿将二极管保护装置拆除。

⑥接 ±12 V 或 ±15 V,但不可接大于 15 V 的电源。±15 V 的电源只供运算放大器使用,勿作其他用途。

⑦运算放大器 7 脚和 4 脚分别接 +15 V 和 −15 V,不能反接,地线必须与电源 0 V(地)相接(接触要良好)。否则有可能损坏运算放大器,并引起电源短路。一旦发现电源短路(电压明显下降),立即切断电源。

⑧陶瓷介质铂电阻请勿取出,以免损坏陶瓷介质及拉断引线。

⑨必须经指导教师检查线路接线正确,才能开启电源,实验结束应先关电源,才能拆除接线。

【思考题】

1. 实验 A 中:试运用最小二乘法,将实验数据分别代入线性回归、指数回归、乘幂回归这 3 种常用的基本函数(它们是物理学中最常用的基本函数),然后求出衡量各回归程序好坏的标准差 δ。对已测得的 U_1 和 U_2 各对数据,以 U_1 为自变量,U_2 作因变量,分别代入:①线性函数 $U_2 = aU_1 + b$;②乘幂函数 $U_2 = aU_1^b$;③指数函数 $U_2 = a\ \exp(bU_1)$。求出各函数相应的 a 和 b 值,得出 3 种函数式,究竟哪一种函数符合物理规律必须用标准差来检验。办法是:把实验测得的各个自变量 U_1 分别代入 3 个基本函数,得到相应因变量的预期值 U_2^*,并由此求出各函数拟合的标准差

$$\delta = \sqrt{\left[\sum_{i=1}^{n}(U_i - U_i^*)^2/n\right]}$$

式中,n 为测量数据个数;U_i 为实验测得的因变量;U_i^* 为将自变量代入基本函数的因变量预期值,最后比较哪一种基本函数为标准差最小,说明该函数拟合得最好。

2. 实验 B 中试用最小二乘法对 U_{be}-T 关系进行直线拟合,求出 PN 结测温灵敏度 S 及近似求得温度为 0 K 时硅材料的禁带宽度 E_{go}。

【附录】

铂电阻 PT100 的温度阻值对应关系表

温度/℃	0	1	2	3	4	5	6	7	8	9
	电阻值/Ω									
−30	88.04	87.64	87.24	86.84	86.44	86.04	85.63	85.23	84.83	84.43
−20	92.04	91.64	91.24	90.84	90.44	90.04	89.64	89.24	88.84	88.44
−10	98.03	95.63	95.23	94.83	94.43	94.03	93.63	93.24	92.84	92.44
−0	100.00	99.60	99.21	98.81	98.41	98.01	97.62	97.22	96.82	96.42
0	100.00	100.40	100.79	101.19	101.59	101.98	102.38	102.78	103.17	103.57

续表

温度/℃	0	1	2	3	4	5	6	7	8	9
	电阻值/Ω									
10	103.96	104.36	104.75	105.15	105.54	105.94	106.33	106.73	107.12	107.52
20	107.91	108.31	108.70	109.10	109.49	109.88	110.28	110.67	111.07	111.46
30	111.85	112.25	112.64	113.03	113.43	113.82	114.21	114.60	115.00	115.39
40	115.78	116.17	116.57	116.96	117.35	117.74	118.13	118.52	118.91	119.31
50	119.70	120.09	120.48	120.87	121.26	121.65	122.04	122.43	122.82	124.21
60	123.60	123.99	124.38	124.77	125.16	125.55	125.94	126.33	126.72	127.10
70	127.49	127.88	128.27	128.66	129.05	129.44	129.82	130.21	130.60	130.99
80	131.37	131.76	132.15	132.54	132.92	133.31	133.70	134.08	134.47	134.88
90	135.24	135.63	136.02	136.40	136.79	137.17	137.56	137.94	138.32	138.72
100	139.10	139.49	139.87	140.26	140.64	141.02	141.41	141.79	142.18	142.66
110	142.95	143.33	143.71	144.10	144.48	144.86	145.25	145.63	146.01	146.40
120	146.78	147.16	147.55	147.93	148.31	148.69	149.07	149.46	149.84	150.22
130	150.60	150.98	151.37	151.75	152.13	152.51	152.89	153.27	153.65	154.03
140	154.41	154.79	155.17	155.55	155.93	156.31	156.69	157.07	157.45	157.83
150	158.21	158.59	158.97	159.35	159.73	160.11	160.49	160.86	161.25	161.62
160	162.00	162.38	152.76	133.13	163.51	163.89	164.27	164.64	165.0	165.40
170	165.78	166.16	166.53	136.91	167.28	167.65	168.03	168.41	168.7	169.10
180	169.54	169.91	170.29	170.57	171.04	171.42	171.79	172.17	172.5	172.92
190	173.29	173.67	174.04	174.41	174.79	175.16	175.54	175.91	176.2	176.66
200	177.03	177.40	177.78	178.15	178.52	178.90	179.27	179.64	180.0	180.39
210	180.76	181.13	181.51	131.88	182.25	182.62	182.99	183.36	183.7	184.11
220	184.48	184.85	185.22	135.59	185.96	186.33	185.70	187.07	187.4	187.81
230	188.18	188.55	188.92	139.29	189.66	190.03	190.40	190.77	191.1	191.51
240	191.88	192.24	192.61	132.98	193.35	193.72	194.09	194.45	194.8	195.19
250	195.56	195.92	196.29	136.66	197.03	197.39	197.76	198.13	198.5	198.86
260	199.23	199.50	199.90	200.33	200.69	201.06	201.42	201.79	202.1	202.52
270	202.89	203.25	203.62	203.98	204.35	204.71	205.08	205.44	205.8	206.11
280	206.53	206.90	207.26	207.63	207.99	208.35	208.72	209.08	209.4	209.81
290	210.17	210.53	210.89	211.26	211.62	211.98	212.34	212.71	213.0	213.43
300	213.79	214.15	214.51	214.88	215.24	215.60	215.96	216.32	216.6	217.04

续表

温度/℃	0	1	2	3	4	5	6	7	8	9
	电阻值/Ω									
310	217.40	217.76	218.12	218.49	218.85	219.21	219.57	219.93	220.2	220.64
320	221.00	221.36	221.72	222.08	222.44	222.80	223.16	223.52	223.8	224.23
330	224.59	224.95	225.31	225.67	226.02	226.38	226.74	227.10	227.46	227.81
340	228.17	228.53	228.88	229.24	229.60	229.95	230.31	230.67	231.02	231.38
350	231.73	232.09	232.45	232.80	233.16	233.51	233.87	234.22	234.5	234.93

实验4.22 核磁共振

【实验概述与思政要素】

磁矩是由许多原子核所具有的内部角动量或自旋引起的。受到强磁场加速的原子束当加以一个已知频率的弱振荡磁场时,原子核就要吸收某些频率的能量,同时跃迁到较高的磁场亚层中。通过测定原子束在频率逐渐变化的磁场中的强度,就可测定原子核吸收频率的大小。

核磁共振是指具有磁矩的原子核在恒定磁场中由电磁波引起的共振跃迁现象。1945年12月,美国哈佛大学的伯塞尔等人,报道了他们在石蜡样品中观察到质子的核磁共振吸收信号;1946年1月,美国斯坦福大学布洛赫等人也报道了他们在水样品中观察到质子的核感应信号。两个研究小组用了稍微不同的方法,几乎同时在凝聚物质中发现了核磁共振。因此,布洛赫和伯塞尔荣获了1952年的诺贝尔物理学奖。

自从1946年进行这些研究以来,由于核磁共振的方法和技术可以深入物质内部而不破坏样品,并且具有迅速、准确、分辨率高等优点,所以得到迅速发展和广泛应用,现今已从物理学渗透到化学、生物、地质、医疗以及材料等学科,在科研和生产中发挥了巨大的作用。它是测定原子的核磁矩和研究核结构的直接而又准确的方法,也是精确测量磁场的重要方法之一。

【实验目的】

①通过研究氢核,了解核磁共振原理。

②学习核磁共振的观测方法。

③观察水中质子的核磁共振现象,并比较纯水样品(5#)、水中加入少量顺磁离子的样品(如1#,2#,6#样品)以及4#有机物丙三醇样品核磁共振信号的变化。

④已知质子的旋磁比 $\gamma_H = 2.675\,2 \times 10^8$ Hz/T,首先放入1#或者2#、5#、6#等样品,调节并观察核磁共振信号,从频率计读出共振频率,根据共振条件 $\omega_0 = \gamma B_0$,求出此时的磁感应强度 B_0,不改变磁场,将样品换为3#氟碳样品,调节并观察氟的共振信号(注意:氟的核磁共振信号较小,应仔细调节),然后根据刚才得到的 B_0,计算氟核的旋磁比 γ_F,朗德因子 g_F 和核磁矩 μ_{ZF}。

⑤放入共振信号较明显的样品，如1#和2#样品，观察信号尾波，移动探头在磁场中的空间位置，了解磁场均匀性对尾波的影响。

【实验原理】

对于处于恒定外磁场中的原子核，如果同时再在与恒定外磁场垂直的方向上加一交变电磁场，就有可能引起原子核在子能级间的跃迁，跃迁的选择定则是，磁量子数 m 的改变为 $\Delta m = \pm 1$，也即只有在相邻的两子能级间的跃迁才是允许的。

这样，当交变电磁场的频率 ν_0 所相应的能量 $h\nu_0$ 刚好等于原子核两相邻子能级的能量差时，即

$$h\nu_0 = g_N \mu_N B_0 = \gamma \cdot \hbar B_0 \tag{4.22.1}$$

处于低子能级的原子核就可以从交变电磁场吸收能量而跃迁到高子能级。这就是前面提到的，原子核系统在恒定和交变磁场同时作用下，并且满足一定条件时所发生的共振吸收现象——核磁共振现象。

由式(4.22.1)可以得到发生核磁共振的条件是

$$\nu_0 = \frac{\gamma B_0}{2\pi} \tag{4.22.2}$$

满足式(4.22.2)的频率 ν_0 称为共振频率。如果用圆频率 $\omega_0 = 2\pi\nu_0$ 表示，则共振条件可以表示为

$$\omega_0 = \gamma B_0 \tag{4.22.3}$$

由式(4.22.3)可知，对固定的原子核，旋磁比 γ 一定，调节共振频率 ν_0 和恒定磁场 B_0 两者或者固定其一调节另一个就可以满足共振条件，从而观察核磁共振现象。

实验所用的 FD-CNMR-I 型核磁共振实验仪采用永磁铁，B_0 是定值，所以对不同的样品，调节射频场的频率使之达到共振频率 ν_0，满足共振条件，核即从低能态跃迁至高能态，同时吸收射频场的能量，使得线圈的 Q 值降低产生共振信号。

由于示波器只能观察交变信号，所以必须使核磁共振信号交替出现，FD-CNMR-I 型核磁共振实验仪采用扫场法满足这一要求。在稳恒磁场 B_0 上叠加一个低频调制磁场 $B_m \sin(\omega' t)$，这个调制磁场实际是由一对亥姆霍兹线圈产生，此时样品所在区域的实际磁场为 $B_0 + B_m \sin(\omega' t)$。

由于调制场的幅值 B_m 很小，总磁场的方向保持不变，只是磁场的幅值按调制频率发生周期性变化，拉摩尔进动频率 ω 也相应地发生周期性变化，即

$$\omega = \gamma(B_0 + B_m \sin(\omega' t)) \tag{4.22.4}$$

这时只要射频场的角频率调在 ω 变化范围之内，同时调制磁场扫过共振区域，即 $B_0 - B_m \leqslant B_0 \leqslant B_0 + B_m$，则共振条件在调制场的一个周期内被满足两次，所以在示波器上观察到如图4.22.1(b)所示的共振吸收信号。此时若调节射频场的频率，则吸收曲线上的吸收峰将左右移动。当这些吸收峰间距相等时，如图4.22.1(a)所示，则说明在这个频率下的共振磁场为 B_0。

如果扫场速度很快，也就是通过共振点的时间比弛豫时间小得多，这时共振吸收信号的形状会发生很大的变化。在通过共振点后，会出现衰减振荡，这个衰减的振荡称为“尾波”，尾波越大，说明磁场越均匀。

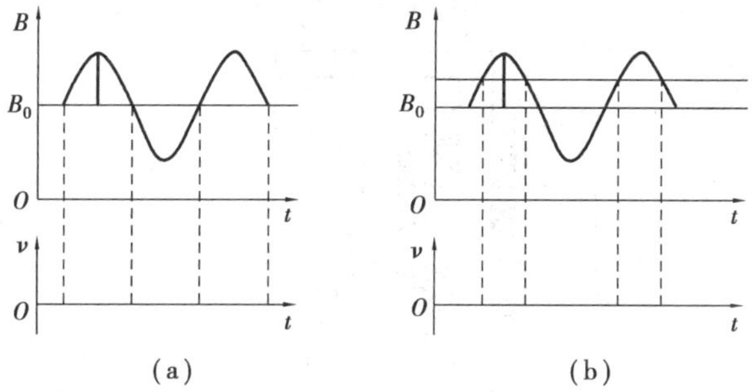

图 4.22.1　扫场法检测共振吸收信号

【实验仪器】

核磁共振实验仪主要包括:磁铁及调场线圈、磁场扫描电源、边限振荡器、探头与样品、频率计、示波器。

实验装置图如图 4.22.2 所示。

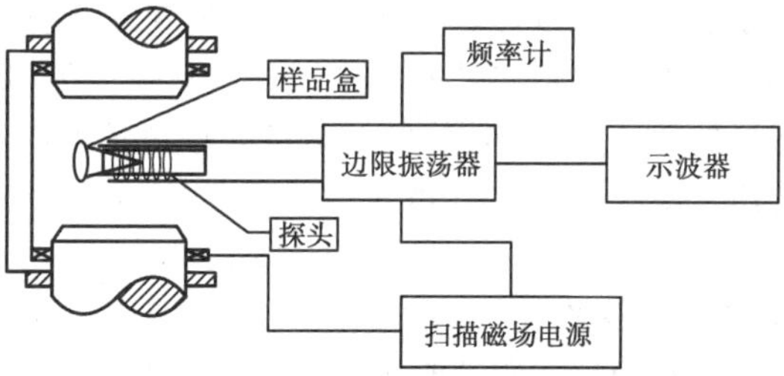

图 4.22.2　核磁共振实验装置

(1)**磁铁**

磁铁的作用是产生稳恒磁场 $\boldsymbol{B}_0$,它是核磁共振实验装置的核心,要求磁铁能够产生尽量强的、非常稳定、非常均匀的磁场。首先,强磁场有利于更好地观察核磁共振信号;其次,磁场空间分布均匀性和稳定性越好则核磁共振实验仪的分辨率越高。核磁共振实验装置中的磁铁有 3 类:永久磁铁、电磁铁和超导磁铁。永久磁铁的优点是,不需要磁铁电源和冷却装置,运行费用低,而且稳定度高。电磁铁的优点是通过改变励磁电流可以在较大范围内改变磁场的大小。为了产生所需要的磁场,电磁铁需要很稳定的大功率直流电源和冷却系统,另外还要保持电磁铁温度恒定。超导磁铁最大的优点是能够产生高达十几特斯拉的强磁场,对大幅度提高核磁共振谱仪的灵敏度和分辨率极为有益,同时磁场的均匀性和稳定性也很好,是现代谱仪较理想的磁铁,但仪器使用液氮或液氦给实验带来了不便。FD-CNMR-I 型核磁共振教学仪采用永磁铁,磁场均匀度高于 5×10^{-6}。磁铁结构如图 4.22.3 所示。

(2)**磁场扫描电源**

观察核磁共振信号最好的手段是使用示波器,但是示波器只能观察交变信号,所以必须想办法使核磁共振信号交替出现。有两种方法可以达到这一目的。一种是扫频法,即让磁场 $\boldsymbol{B}_0$ 固定,使射频场 $\boldsymbol{B}_1$ 的频率 ω 连续变化,通过共振区域,当 $\omega=\omega_0=\gamma B_0$ 时出现共振峰。另一种方法是扫频法,即把射频场 $\boldsymbol{B}_1$ 的频率 ω 固定,而让磁场 B_0 连续变化,通过共振区域。这两种方法是完全等效的,显示的都是共振吸收信号 ν 与频率差$(\omega-\omega_0)$之间的关系曲线。

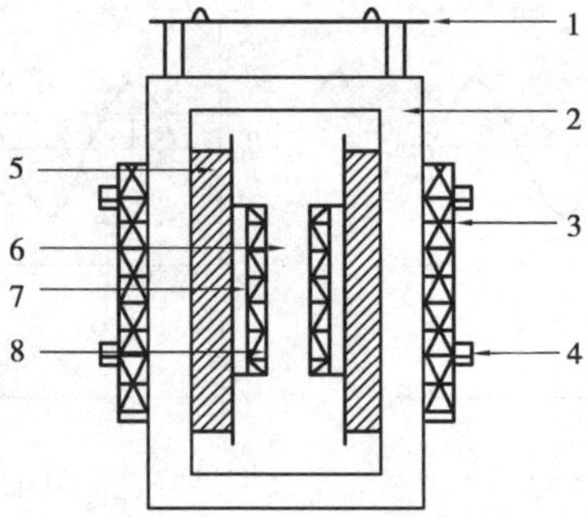

图 4.22.3　磁铁结构

1—面板：上有线圈引线的 4 组接线柱，实验时，可以任选其中一组；2—主体：起支撑线圈和磁钢以及形成磁回路的作用；3—外板：用于调节磁隙及中间磁场均匀度；4—螺丝：一面有 6 个，通过其调节；5—线圈：通过其施加一个扫描磁场；6—间隙：有效的工作区，样品置于其中；7—磁钢：钕铁硼稀土永磁铁；8—纯铁：主要用于提高磁场均匀度

由于扫场法简单易行，确定共振频率比较准确，所以现在通常采用大调制场技术；在稳恒磁场 B_0 上叠加一个低频调制磁场 $B_m\sin(\omega' t)$，这个低频调制磁场就是由扫场单元（实际上是一对亥姆霍兹线圈）产生的。那么此时样品所在区域的实际磁场为 $B_0+B_m\sin(\omega' t)$。由于调制场的幅度 B_m 很小，总磁场的方向保持不变，只是磁场的幅值按调制频率发生周期性变化（其最大值为 B_0+B_m，最小值 B_0-B_m），相应的拉摩尔进动频率 ω_0 也相应地发生周期性变化，即

$$\omega_0=\gamma[B_0+B_m\sin(\omega' t)] \tag{4.22.5}$$

这时只要射频场的角频率 ω 调在 ω_0 变化范围之内，同时调制磁场扫过共振区域，即 $B_0-B_m\leqslant B_0\leqslant B_0+B_m$，则共振条件在调制场的一个周期内被满足两次，所以在示波器上观察到如图 4.22.1(b)所示的共振吸收信号。此时若调节射频场的频率，则吸收曲线上的吸收峰将左右移动。当这些吸收峰间距相等时，如图 4.22.1(a)所示，则说明在这个频率下的共振磁场为 B_0。

值得指出的是，如果扫场速度很快，也就是通过共振点的时间比弛豫时间小得多，这时共振吸收信号的形状会发生很大的变化。在通过共振点之后，会出现衰减振荡。这个衰减的振荡称为“尾波”，这种尾波非常有用，因为磁场越均匀，尾波越大，所以应调节匀场线圈使尾波达到最大。磁场扫描电源如图 4.22.4 所示。

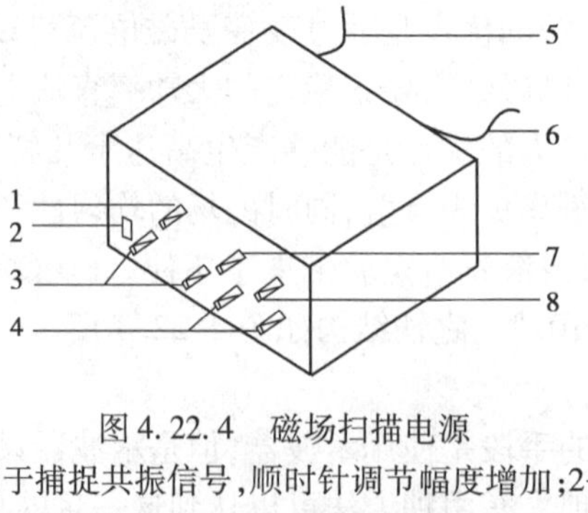

图 4.22.4　磁场扫描电源

1—扫描幅度调节旋钮：用于捕捉共振信号，顺时针调节幅度增加；2—电源开关：整个磁场扫描电源的通断电控制；3—扫描输出接线柱：用叉片连接线连至磁铁面板接线柱；4—*X* 轴幅度输出接线柱：用 Q9 叉片连接线接至示波器 *X* 轴输出，观察李萨如图形；5—电源线：接 AC 220 V 50 Hz 输入；6—边限振荡器电源输出：五芯航空插头，为边限振荡器提供工作电源；7—*X* 轴幅度调节旋钮：用于扫描幅度的调节，顺时针调节幅度增大；8—*X* 轴相位调节旋钮：用于信号相位的调节

(3)**边限振荡器**

边限振荡器具有与一般振荡器不同的输出特性,其输出幅度随外界吸收能量的轻微增加而明显下降,当吸收能量大于某一阈值时即停振,因此通常被调整在振荡和不振荡的边缘状态,故称为边限振荡器。

如图4.22.2所示,样品放在边限振荡器的振荡线圈中,振荡线圈放在固定磁场 $\boldsymbol{B}_0$ 中,由于边限振荡器是处于振荡与不振荡的边缘,当样品吸收的能量不同(即线圈的 Q 值发生变化)时,振荡器的振幅将有较大的变化。当发生共振时,样品吸收增强,振荡变弱,经过二极管的倍压检波,就可以把反映振荡器振幅大小变化的共振吸收信号检测出来,进而用示波器显示。由于采用边限振荡器,所以射频场 B_1 很弱,饱和的影响很小。但如果电路调节得不好,偏离边限振荡器状态很远,一方面射频场 B_1 很强,出现饱和效应,另一方面,样品中少量的能量吸收对振幅的影响很小,这时就有可能观察不到共振吸收信号。这种把发射线圈兼做接收线圈的探测方法称为单线圈法。边限振荡器如图4.22.5所示。

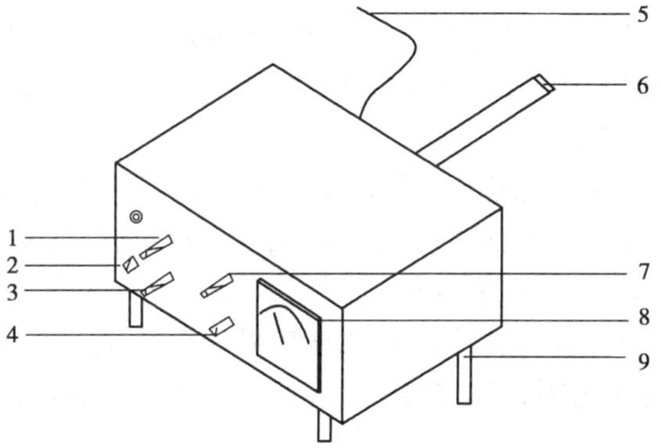

图4.22.5　边限振荡器

1—频率粗调旋钮:用于共振频率的粗调,顺时针频率增加;2—频率输出:接频率计,显示共振频率;3—频率微调旋钮:用于共振频率的微调,顺时针频率增加;4—共振信号输出:接示波器,观测共振信号;5—电源输入:接磁场扫描电源的后面板"边限振荡器电源输出";6—探头:内有产生射频场的线圈,外部是起屏蔽作用的铜管,前面装测量样品;7—幅度调节旋钮:用于调节射频场幅度,顺时针调节幅度增加;8—幅度显示表:表头指示射频场幅度;9—高度调节螺丝:用于调节探头在磁场中的空间位置

【实验内容】

(1)**熟悉各仪器的性能并用相关线连接**

实验中,FD-CNMR-I型核磁共振仪器连线如图4.22.6所示。

①将测量样品插入探头内。

②将磁场扫描电源上"扫描输出"的两个输出端接磁铁面板中的一组接线柱(磁铁面板上共有四组,是等同的,实验中可以任选一组),并将磁场扫描电源机箱后面板上的接头与边限振荡器后面板上的接头用相关线连接。

③将边限振荡器的"共振信号输出"用Q9线接示波器"CH1通道"或者"CH2通道","频率输出"用Q9线接频率计的A通道(频率计的通道选择A通道,即10 Hz～100 MHz;FUNCTION选择100 MHz(FA);GATE TIME选择1 s)。

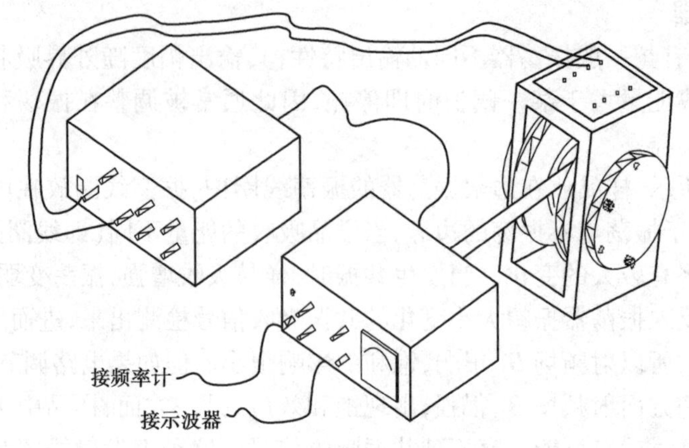

图 4. 22. 6　核磁共振仪器连线

④移动边限振荡器将探头连同样品放入磁场中，并调节边限振荡器机箱底部 4 个调节螺丝，探头放置的位置应保证使内部线圈产生的射频磁场方向与稳恒磁场方向垂直。

⑤打开磁场扫描电源、边限振荡器、频率计和示波器的电源，准备后面的仪器调试。

(2)核磁共振信号的调节方法

FD-CNMR-I 型核磁共振仪配备了六种样品：1#-硫酸铜、2#-三氯化铁、3#-氟碳、4#-丙三醇、5#-纯水、6#-硫酸锰。实验中，因为硫酸铜的共振信号比较明显，所以开始时应该用 1#样品，熟悉了实验操作之后，再选用其他样品调节。

①将磁场扫描电源的“扫描输出”旋钮顺时针调节至接近最大(旋至最大后，再往回旋半圈，因为最大时电位器电阻为零，输出短路，因而对仪器有一定的损伤)，这样可以加大捕捉信号的范围。

②调节边限振荡器的频率“粗调”电位器，将频率调节至磁铁标志的 H 共振频率附近，然后旋动频率调节“细调”旋钮，在此附近捕捉信号，当满足共振条件 $\omega=\gamma B_0$ 时，可以观察到如图 4. 22. 7 所示的共振信号。调节旋钮时要尽量慢，因为共振范围非常小，很容易跳过。

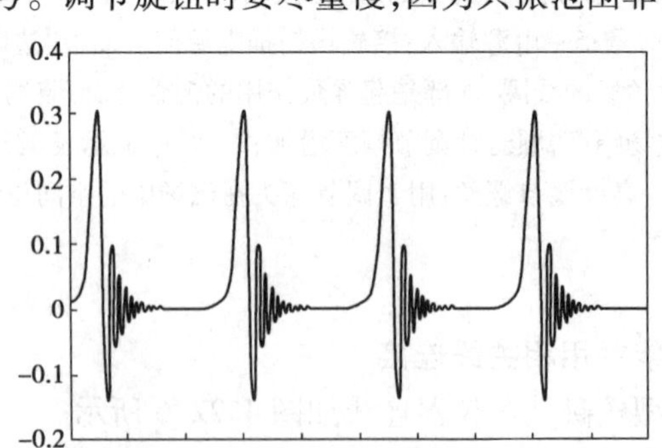

图 4. 22. 7　示波器观察核磁共振信号

注意：因为磁铁的磁感应强度随温度的变化而变化(成反比关系)，所以应在标志频率附近 ±1 MHz 的范围内进行信号的捕捉。

③调出大致共振信号后，降低扫描幅度，调节频率“微调”至信号等宽，同时调节样品在磁铁中的空间位置以得到微波最多的共振信号。

④测量氟碳样品时,将测得的氢核的共振频率除以 42.577 再乘以 40.055,即得到氟的共振频率[如测量得到氢核的共振频率为 20.000 MHz,则氟的共振频率为 20.000 ÷ 42.577 × 40.055 = 18.815(MHz)]。将氟碳样品放入探头中,将频率调节至磁铁上标志的氟的共振频率值,并仔细调节得到共振信号。由于氟的共振信号比较小,故此时应适当降低扫描幅度(一般不大于 3 V),这是因为样品的弛豫时间过长导致饱和现象而引起信号变小。射频幅度随样品而异。表 4.22.1 列举了部分样品的最佳射频幅度,在初次调试时应注意,否则信号太小不容易观测。

表 4.22.1　部分样品的弛豫时间及最佳射频幅度范围

样品	弛豫时间 T_1	最佳射频幅度范围
硫酸铜	约 0.1 ms	3 ~ 4 V
甘油	约 25 ms	0.5 ~ 2 V
纯水	约 2 s	0.1 ~ 1 V
三氯化铁	约 0.1 ms	3 ~ 4 V
氟碳	约 0.1 ms	0.5 ~ 3 V

(3)李萨如图形的观测

接线图如图 4.22.8 所示。将 1#样品插入探头内。在前面共振信号调节的基础上,将磁场扫描电源前面板上的"X 轴输出"经 Q9 叉片连接线接至示波器的 CH1 通道,将边限振荡器前面板上"共振信号输出"用 Q9 线接至示波器的 CH2 通道,按下示波器上的"X-Y"按钮,观测李萨如图形,调节磁场扫描电源上的"X 轴幅度"及"X 轴相位"旋钮,可以观察到信号有一定的变化。

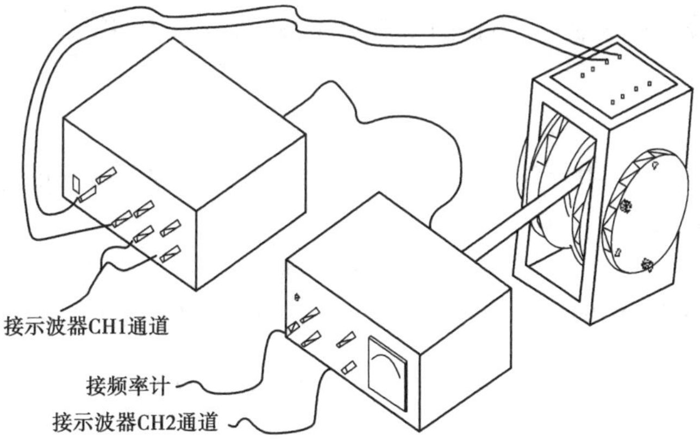

图 4.22.8　李萨如图形观测时仪器的连接

【数据处理】

①记录 1# ~ 6#样品的共振频率,观察 1#样品时的李萨如图。

②已知氢核的旋磁比 $\gamma_H = 2.6752 \times 10^8$ Hz/T,氟核的旋磁比 $\gamma_F = 2.5171 \times 10^8$ Hz/T,由 $\omega_0 = \gamma B_0$ 计算 B_0。

【思考题】

①核磁共振产生的条件是什么?

②观察核磁共振信号为什么要用扫场,它和旋转磁场是一回事吗?

【参考资料】

核磁共振原理

下面以氢核为主要研究对象,以此来介绍核磁共振的基本原理和观测方法。氢核虽然是最简单的原子核,但同时也是目前在核磁共振应用中最常见和最有用的核。

(1)核磁共振的量子力学描述

1)单个核的磁共振

通常将原子核的总磁矩在其角动量 $\boldsymbol{P}$ 方向上的投影 $\boldsymbol{\mu}$ 称为核磁矩,它们之间的关系通常写成

$$\boldsymbol{\mu}=\gamma\boldsymbol{P}$$

或

$$\boldsymbol{\mu}=g_{\mathrm{N}}\frac{e}{2m_{\mathrm{p}}}\boldsymbol{P} \tag{4.22.6}$$

式中,$\gamma==g_{\mathrm{N}}\frac{e}{2m_{\mathrm{p}}}$称为旋磁比;$e$ 为电子电荷;m_{p} 为质子质量;g_{N} 为朗德因子。对氢核来说,$g_{\mathrm{N}}=5.585\ 1$。

按照量子力学,原子核角动量的大小由式(4.22.7)决定

$$P=\sqrt{I(I+1)}\,\hbar \tag{4.22.7}$$

式中,$\hbar=\frac{h}{2\pi}$,h 为普朗克常数。I 为核的自旋量子数,可以取 $I=0,\frac{1}{2},1,\frac{3}{2},\cdots$,对氢核来说,$I=\frac{1}{2}$。

把氢核放入外磁场 $\boldsymbol{B}$ 中,可以取坐标轴 z 方向为 $\boldsymbol{B}$ 的方向。核的角动量在 $\boldsymbol{B}$ 方向上的投影值由式(4.22.8)决定

$$P_{\mathrm{B}}=m\cdot\hbar \tag{4.22.8}$$

式中,m 称为磁量子数,可以取 $m=I,I-1,\cdots,-(I-1),-I$。核磁矩在 $\boldsymbol{B}$ 方向上的投影值为

$$\mu_{\mathrm{B}}=g_{\mathrm{N}}\frac{e}{2m_{\mathrm{p}}}P_{\mathrm{B}}=g_{\mathrm{N}}\left(\frac{eh}{2m_{\mathrm{p}}}\right)m$$

将它写为

$$\mu_{\mathrm{B}}=g_{\mathrm{N}}\mu_{\mathrm{N}}m \tag{4.22.9}$$

式中,$\mu_{\mathrm{N}}=5.050\ 787\times10^{-27}$ J/T 称为核磁子,是核磁矩的单位。

磁矩为 $\boldsymbol{\mu}$ 的原子核在恒定磁场 $\boldsymbol{B}$ 中具有的势能为

$$E=-\boldsymbol{\mu}\cdot\boldsymbol{B}=-\mu_{\mathrm{B}}B=-g_{\mathrm{N}}\mu_{\mathrm{N}}mB$$

任何两个能级之间的能量差为

$$\Delta E=E_{m1}-E_{m2}=-g_{\mathrm{N}}\mu_{\mathrm{N}}B(m_1-m_2) \tag{4.22.10}$$

考虑最简单的情况,对氢核而言,自旋量子数 $I=\frac{1}{2}$,所以磁量子数 m 只能取两个值,即 $m=\frac{1}{2}$ 和 $m=-\frac{1}{2}$。磁矩在外场方向上的投影也只能取两个值,如图 4.22.9(a)所示,与此相对应的能级如图 4.22.9(b)所示。

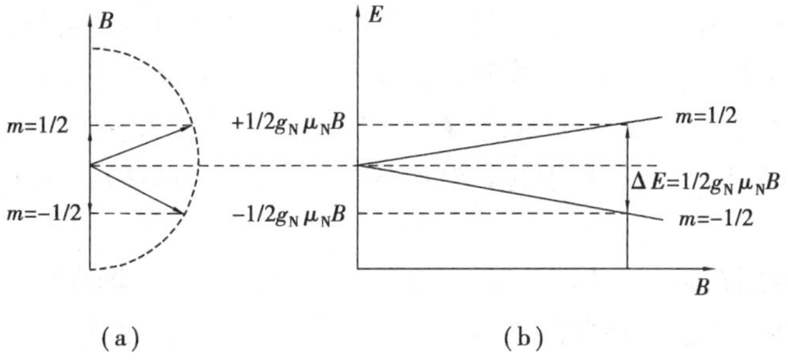

图 4.22.9 磁矩在外场方向上的投影与对应的能级

根据量子力学中的选择定则,只有 $\Delta m=\pm 1$ 的两个能级之间才能发生跃迁,这两个跃迁能级之间的能量差为

$$\Delta E=g_N\cdot\mu_N\cdot B \tag{4.22.11}$$

由式(4.22.11)可知,相邻两个能级之间的能量差 ΔE 与外磁场 $\boldsymbol{B}$ 的大小成正比,磁场越强,则两个能级分裂也越大。

如果实验时外磁场为 $\boldsymbol{B}_0$,在该稳恒磁场区域又叠加一个电磁波作用于氢核,如果电磁波的能量 $h\nu_0$ 恰好等于这时氢核两能级的能量差 $g_N\mu_N B_0$,即

$$h\nu_0=g_N\mu_N B_0 \tag{4.22.12}$$

则氢核就会吸收电磁波的能量,由 $m=\frac{1}{2}$ 的能级跃迁到 $m=-\frac{1}{2}$ 的能级,这就是核磁共振吸收现象。式(4.22.12)就是核磁共振条件。为了应用上的方便,常写成

$$\nu_0=\left(\frac{g_N\mu_N}{h}\right)B_0,即\ \omega_0=\gamma B_0 \tag{4.22.13}$$

2)核磁共振信号的强度

上面讨论的是单个的核放在外磁场中的核磁共振理论。但实验中所用的样品是大量同类核的集合。如果处于高能级上的核数目与处于低能级上的核数目没有差别,则在电磁波的激发下,上下能级上的核都要发生跃迁,并且跃迁概率是相等的,吸收能量等于辐射能量,就观察不到任何核磁共振信号。只有当低能级上的原子核数目大于高能级上的核数目,吸收能量比辐射能量多,这样才能观察到核磁共振信号。在热平衡状态下,核数目在两个能级上的相对分布由玻尔兹曼因子决定

$$\frac{N_2}{N_1}=\exp\left(-\frac{\Delta E}{kT}\right)=\exp\left(-\frac{g_N\mu_N B_0}{kT}\right) \tag{4.22.14}$$

式中,N_1 为低能级上的核数目;N_2 为高能级上的核数目;ΔE 为上下能级间的能量差;k 为玻尔兹曼常数;T 为绝对温度。当 $g_N\mu_N B_0\ll kT$ 时,上式可以近似写成

$$\frac{N_2}{N_1}=1-\frac{g_N\mu_N B_0}{kT} \tag{4.22.15}$$

上式说明,低能级上的核数目比高能级上的核数目略微多一点。对氢核来说,如果实验温度 $T = 300$ K,外磁场 $B_0 = 1$ T,则

$$\frac{N_2}{N_1} = 1 - 6.75 \times 10^{-6} \text{或} \frac{N_1 - N_2}{N_1} \approx 7 \times 10^{-6}$$

这说明,在室温下,每百万个低能级上的核比高能级上的核大约只多出7个。这就是说,在低能级上参与核磁共振吸收的每一百万个核中只有7个核的核磁共振吸收未被共振辐射所抵消。所以核磁共振信号非常微弱,检测如此微弱的信号,需要高质量的接收器。

由式(4.22.15)可以看出,温度越高,粒子差数越小,对观察核磁共振信号越不利。外磁场 B_0 越强,粒子差数越大,越有利于观察核磁共振信号。一般核磁共振实验要求磁场强一些,其原因就在这里。

另外,要想观察到核磁共振信号,仅仅磁场强一些还不够,磁场在样品范围内还应高度均匀,否则磁场多么强也观察不到核磁共振信号。原因之一是,核磁共振信号由式(4.22.12)决定,如果磁场不均匀,则样品内各部分的共振频率不同。对某个频率的电磁波,将只有少数核参与共振,结果信号被噪声所淹没,难以观察到核磁共振信号。

(2)**核磁共振的经典力学描述**

以下从经典理论观点来讨论核磁共振问题。把经典理论核矢量模型用于微观粒子是不严格的,但是它对某些问题可以做一定的解释。数值上不一定正确,但可以给出一个清晰的物理图像,帮助了解问题的实质。

1)单个核的拉摩尔进动

如果陀螺不旋转,当它的轴线偏离竖直方向时,在重力作用下,它就会倒下来。但是如果陀螺本身做自转运动,它就不会倒下而会绕着重力方向做进动,如图4.22.10所示。

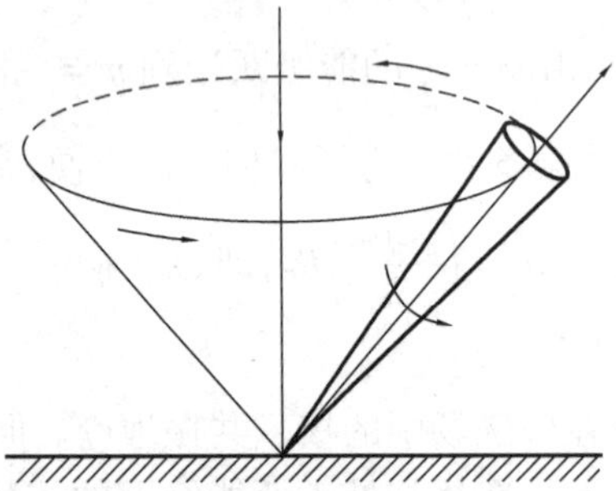

图4.22.10 螺旋自转运动

由于原子核具有自旋和磁矩,所以它在外磁场中的行为同陀螺在重力场中的行为是完全一样的。设核的角动量为 $\boldsymbol{P}$,磁矩为 $\boldsymbol{\mu}$,外磁场为 $\boldsymbol{B}$,由经典理论可知

$$\frac{\mathrm{d}\boldsymbol{P}}{\mathrm{d}t} = \boldsymbol{\mu} \cdot \boldsymbol{B} \tag{4.22.16}$$

由于 $\boldsymbol{\mu} = \gamma \boldsymbol{P}$,所以有

$$\frac{\mathrm{d}\boldsymbol{\mu}}{\mathrm{d}t} = \lambda \boldsymbol{\mu} \cdot \boldsymbol{B} \tag{4.22.17}$$

写成分量的形式则为

$$\begin{cases}\dfrac{d\mu_x}{dt}=\gamma(\mu_yB_z-\mu_zB_y)\\ \dfrac{d\mu_y}{dt}=\gamma(\mu_zB_x-\mu_xB_z)\\ \dfrac{d\mu_z}{dt}=\gamma(\mu_xB_y-\mu_yB_x)\end{cases} \tag{4.22.18}$$

若设稳恒磁场为 $\boldsymbol{B}_0$，且 z 轴沿 $\boldsymbol{B}_0$ 方向，即 $B_x=B_y=0$，$B_z=B_0$，则上式将变为

$$\begin{cases}\dfrac{d\mu_x}{dt}=\gamma\mu_yB_0\\ \dfrac{d\mu_y}{dt}=-\gamma\mu_xB_0\\ \dfrac{d\mu_z}{dt}=0\end{cases} \tag{4.22.19}$$

由此可见，磁矩分量 μ_z 是一个常数，即磁矩 $\boldsymbol{\mu}$ 在 $\boldsymbol{B}_0$ 方向上的投影将保持不变。将式(4.22.19)的第一式对 t 求导，并把第二式代入有

$$\frac{d^2\mu_x}{dt^2}=\gamma B_0\frac{d\mu_y}{dt}=-\gamma^2B_0^2\mu_x$$

或

$$\frac{d^2\mu_x}{dt^2}+\gamma^2B_0^2\mu_x=0 \tag{4.22.20}$$

这是一个简谐运动方程，其解为 $\mu_x=A\cos(\gamma B_0t+\varphi)$，由式(4.22.19)第一式得到

$$\mu_y=\frac{1}{\gamma B_0}\frac{d\mu_x}{dt}=-\frac{1}{\gamma B_0}\gamma B_0A\sin(\gamma B_0t+\varphi)=-A\sin(\gamma B_0t+\varphi)$$

以 $\omega_0=\gamma B_0$ 代入，有

$$\begin{cases}\mu_x=A\cos(\omega_0t+\varphi)\\ \mu_y=-A\sin(\omega_0t+\varphi)\\ \mu_L=\sqrt{(\mu_x+\mu_y)^2}=A=\text{常数}\end{cases} \tag{4.22.21}$$

由此可知，核磁矩 $\boldsymbol{\mu}$ 在稳恒磁场中的运动特点是：

①它围绕外磁场 $\boldsymbol{B}_0$ 做进动，进动的角频率为 $\omega_0=\gamma B_0$，和 $\boldsymbol{\mu}$ 与 $\boldsymbol{B}_0$ 之间的夹角 θ 无关。

②它在 xy 平面上的投影 μ_L 是常数。

③它在外磁场 $\boldsymbol{B}_0$ 方向上的投影 μ_z 为常数。

其运动图像如图 4.22.11 所示。

现在来研究如果在与 $\boldsymbol{B}_0$ 垂直的方向上加一个旋转磁场 $\boldsymbol{B}_1$，且 $B_1\ll B_0$，会出现什么情况。如果这时再在垂直于 $\boldsymbol{B}_0$ 的平面内加上一个弱的旋转磁场 $\boldsymbol{B}_1$，$\boldsymbol{B}_1$ 的角频率和转动方向与磁矩 $\boldsymbol{\mu}$ 的进动角频率和进动方向都相同，如图 4.22.12 所示。这时，和核磁矩 $\boldsymbol{\mu}$ 除了受到 $\boldsymbol{B}_0$ 的作用之外，还要受到旋转磁场 $\boldsymbol{B}_1$ 的影响。也就是说 $\boldsymbol{\mu}$ 除了要围绕 $\boldsymbol{B}_0$ 进动之外，还要绕 $\boldsymbol{B}_1$ 进动。所以 μ 与 $\boldsymbol{B}_0$ 之间的夹角 θ 将发生变化。由核磁矩的势能

$$E=-\boldsymbol{\mu}\cdot\boldsymbol{B}=-\mu B_0\cos\theta \tag{4.22.22}$$

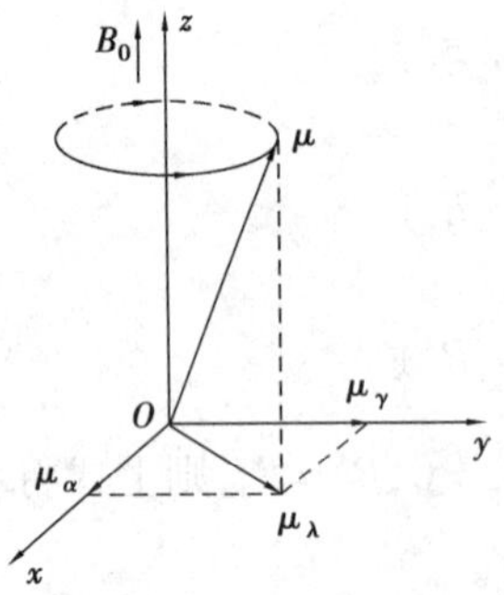

图 4.22.11 磁矩在外磁场中的进动

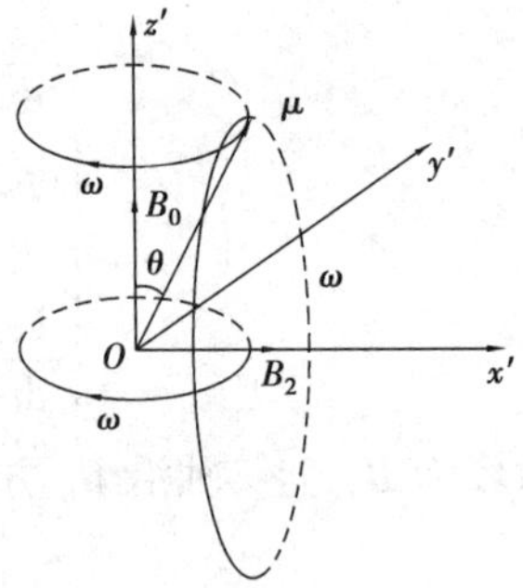

图 4.22.12 转动坐标系中的磁矩

可知,θ 的变化意味着核的能量状态变化。当 θ 值增加时,核要从旋转磁场 $\boldsymbol{B}_1$ 中吸收能量。这就是核磁共振。产生共振的条件为

$$\omega = \omega_0 = \gamma B_0 \tag{4.22.23}$$

这一结论与量子力学得出的结论完全一致。

如果旋转磁场 $\boldsymbol{B}_1$ 的转动角频率 ω 与核磁矩 μ 的进动角频率 ω_0 不相等,即 $\omega \neq \omega_0$,则角度 θ 的变化不显著。平均说来,θ 角的变化为零。原子核没有吸收磁场的能量,因此就观察不到核磁共振信号。

2)布洛赫方程

上面讨论的是单个核的核磁共振,但在实验中研究的样品不是单个核磁矩,而是由这些磁矩构成的磁化强度矢量 $\boldsymbol{M}$。另外,研究的系统并不是孤立的,而是与周围物质有一定的相互作用。只有全面考虑了这些问题,才能建立起核磁共振的理论。

因为磁化强度矢量 $\boldsymbol{M}$ 是单位体积内核磁矩 $\boldsymbol{\mu}$ 的矢量和,所以有

$$\frac{\mathrm{d}\boldsymbol{M}}{\mathrm{d}t} = \gamma(\boldsymbol{M} \times \boldsymbol{B}) \tag{4.22.24}$$

它表明磁化强度矢量 $\boldsymbol{M}$ 围绕着外磁场 $\boldsymbol{B}_0$ 做进动,进动的角频率 $\omega = \gamma \cdot B$;现在假定外磁场 $\boldsymbol{B}_0$ 沿着 z 轴方向,再沿着 x 轴方向加上一射频场

$$\boldsymbol{B}_1 = 2B_1\cos(\omega t)\boldsymbol{e}_x \tag{4.22.25}$$

式中,$\boldsymbol{e}_x$ 为 x 轴上的单位矢量;$2B_1$ 为振幅。这个线偏振场可以看作左旋圆偏振场和右旋圆偏振场的叠加,如图 4.22.13 所示。在这两个圆偏振场中,只有当圆偏振场的旋转方向与进动方向相同时才起作用。所以对于 γ 为正的系统,起作用的是顺时针方向的圆偏振场,即

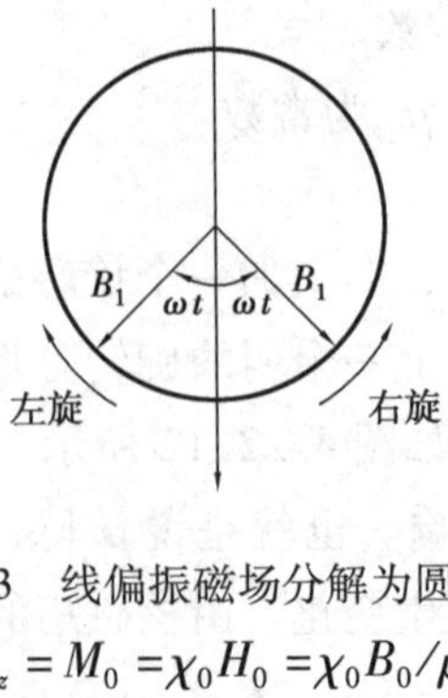

图 4.22.13 线偏振磁场分解为圆偏振磁场

$$M_z = M_0 = \chi_0 H_0 = \chi_0 B_0/\mu_0$$

式中,χ_0 是静磁化率;μ_0 为真空中的磁导率;M_0 是自旋系统与晶格达到热平衡时自旋系统的磁化强度。

原子核系统吸收了射频场能量之后,处于高能态的粒子数目增多,亦使得 $M_z < M_0$,偏离了热平衡状态。由于自旋与晶格的相互作用,晶格将吸收核的能量,使原子核跃迁到低能态而向热平衡过渡。表示这个过渡的特征时间称为纵向弛豫时间,用 T_1 表示(它反映了沿外磁场方向上磁化强度矢量 M_z 恢复到平衡值 M_0 所需时间的大小)。考虑了纵向弛豫作用后,假定 M_z 向平衡值 M_0 过渡的速度与 M_z 偏离 M_0 的程度($M_0 - M_z$)成正比,即有

$$\frac{\mathrm{d}M_z}{\mathrm{d}t} = -\frac{M_z - M_0}{T_1} \tag{4.22.26}$$

此外,自旋与自旋之间也存在相互作用,M 的横向分量也要由非平衡态时的 M_x 和 M_y 向平衡态时的值 $M_x = M_y = 0$ 过渡,表征这个过程的特征时间为横向弛豫时间,用 T_2 表示。与 M_z 类似,可以假定

$$\begin{cases} \dfrac{\mathrm{d}M_x}{\mathrm{d}t} = \dfrac{M_x}{T_2} \\ \dfrac{\mathrm{d}M_y}{\mathrm{d}t} = -\dfrac{M_y}{T_2} \end{cases} \tag{4.22.27}$$

前面分别分析了外磁场和弛豫过程对核磁化强度矢量 $\boldsymbol{M}$ 的作用。当上述两种作用同时存在时,描述核磁共振现象的基本运动方程为

$$\frac{\mathrm{d}\boldsymbol{M}}{\mathrm{d}t} = \gamma(\boldsymbol{M} \cdot \boldsymbol{B}) - \frac{1}{T_2}(M_x\boldsymbol{i} + M_y\boldsymbol{j}) - \frac{M_z - M_0}{T_1}\boldsymbol{k} \tag{4.22.28}$$

该方程称为布洛赫方程。式中,$\boldsymbol{i},\boldsymbol{j},\boldsymbol{k}$ 分别是 x,y,z 方向上的单位矢量。

值得注意的是,式中 $\boldsymbol{B}$ 是外磁场 $\boldsymbol{B}_0$ 与线偏振场 $\boldsymbol{B}_1$ 的叠加。其中,$\boldsymbol{B}_0 = B_0\boldsymbol{k}$,$\boldsymbol{B}_1 = B_1\cos(\omega t)\boldsymbol{i} - B_1\sin(\omega t)\boldsymbol{j}$,$\boldsymbol{M} \cdot \boldsymbol{B}$ 的 3 个分量是

$$\begin{cases} [M_yB_0 + M_zB_1\sin(\omega t)]\boldsymbol{i} \\ [M_zB_1\cos(\omega t) - M_xB_0]\boldsymbol{j} \\ [-M_xB_1\sin(\omega t) - M_yB_1\cos(\omega t)]\boldsymbol{k} \end{cases} \tag{4.22.29}$$

这样布洛赫方程写成分量形式即为

$$\begin{cases} \dfrac{\mathrm{d}M_x}{\mathrm{d}t} = \gamma[M_yB_0 + M_zB_1\sin(\omega t)] - \dfrac{M_x}{T_2} \\ \dfrac{\mathrm{d}M_y}{\mathrm{d}t} = \gamma[M_zB_1\cos(\omega t) - M_xB_0] - \dfrac{M_y}{T_2} \\ \dfrac{\mathrm{d}M_z}{\mathrm{d}t} = -\gamma[M_xB_1\sin(\omega t) + M_yB_1\cos(\omega t)] - \dfrac{M_z - M_0}{T_1} \end{cases} \tag{4.22.30}$$

在各种条件下来解布洛赫方程,可以解释各种核磁共振现象。一般来说,布洛赫方程中含有 $\cos(\omega t)$,$\sin(\omega t)$ 这些高频振荡项,解起来很麻烦。如果能对它作一坐标变换,把它变换到旋转坐标系中去,解起来就容易得多。

如图 4.22.14 所示,取新坐标系 $x'y'z'$,z' 与原来的实验室坐标系中的 z 重合,旋转磁场 $\boldsymbol{B}_1$ 与 x' 重合。显然,新坐标系是与旋转磁场以同一频率 ω 转动的旋转坐标系。图中 $\boldsymbol{M}_\perp$ 是 $\boldsymbol{M}$ 在垂直于恒定磁场方向上的分量,即 $\boldsymbol{M}$ 在 xy 平面内的分量,设 μ 和 ν 是 $M_\perp$ 在 x' 和 y' 方向上的

分量，则

$$\begin{cases} M_x = \mu\cos(\omega t) - \nu\sin(\omega t) \\ M_y = -\nu\cos(\omega t) - \mu\sin(\omega t) \end{cases} \tag{4.22.31}$$

将它们代入式(4.22.30)即得

$$\begin{cases} \dfrac{d\mu}{dt} = -(\omega_0 - \omega)\nu - \dfrac{u}{T_2} \\ \dfrac{d\nu}{dt} = (\omega_0 - \omega)\mu - \dfrac{\nu}{T_2} - \gamma B_1 M_z \\ \dfrac{dM_z}{dt} = \dfrac{M_0 - M_z}{T_1} + \gamma B_1 \nu \end{cases} \tag{4.22.32}$$

式中，$\omega_0 = \gamma B_0$，上式表明 M_z 的变化是 ν 的函数而不是 μ 的函数。而 M_z 的变化表示核磁化强度矢量的能量变化，所以 ν 的变化反映了系统能量的变化。

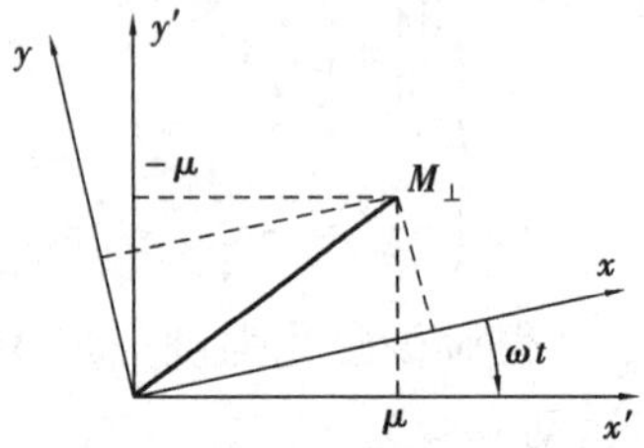

图 4.22.14　旋转坐标系

从式 4.22.32 可以看出，它们已经不包括 $\cos(\omega t)$，$\sin(\omega t)$ 这些高频振荡项了，但要严格求解仍是相当困难的。通常根据实验条件来进行简化。如果磁场或频率的变化十分缓慢，则可以认为 μ，ν，M_z 都不随时间发生变化，$\dfrac{d\mu}{dt} = 0$，$\dfrac{d\nu}{dt} = 0$，$\dfrac{dM_z}{dt} = 0$，即系统达到稳定状态，此时上式的解称为稳态解

$$\begin{cases} \mu = \dfrac{\gamma B_1 T_2^2(\omega_0 - \omega) M_0}{1 + T_2^2(\omega_0 - \omega)^2 + \gamma^2 B_1^2 T_1 T_2} \\ \nu = \dfrac{\gamma B_1 M_0 T_2}{1 + T_2^2(\omega_0 - \omega)^2 + \gamma^2 B_1^2 T_1 T_2} \\ M_z = \dfrac{[1 + T_2^2(\omega_0 - \omega)] M_0}{1 + T_2^2(\omega_0 - \omega)^2 + \gamma^2 B_1^2 T_1 T_2} \end{cases} \tag{4.22.33}$$

根据式(4.22.33)中前两式可以画出 μ 和 ν 随 ω 而变化的函数关系曲线。根据曲线知道，当外加旋转磁场 $\boldsymbol{B}_1$ 的角频率 ω 等于 $\boldsymbol{M}$ 在磁场 $\boldsymbol{B}_0$ 中的进动角频率 ω_0 时，吸收信号最强，即出现共振吸收现象。

3）结果分析

由上面得到的布洛赫方程的稳态解可以看出，稳态共振吸收信号有几个重要特点：

当 $\omega = \omega_0$ 时，ν 值为极大，可以表示为 $\nu_{极大} = \dfrac{\gamma B_1 T_2 M_0}{1 + \gamma^2 B_1^2 T_1 T_2}$，可见，$B_1 = \dfrac{1}{\gamma(T_1 T_2)^{1/2}}$时，$\nu$ 达到最大值 $\nu_{max} = \dfrac{1}{2}\sqrt{\dfrac{T_2}{T_1}} M_0$，由此表明，吸收信号的最大值并不是要求 B_1 无限地弱，而是要求它有

一定的大小。

共振时 $\Delta\omega = \omega_0 - \omega = 0$，则吸收信号的表示式中包含有 $S = \dfrac{1}{1 + \gamma B_1^2 T_1 T_2}$ 项，也就是说，B_1 增加时，S 值减小，这意味着自旋系统吸收的能量减少，相当于高能级部分被饱和，所以称 S 为饱和因子。

实际的核磁共振吸收不是只发生在由式(4.22.7)所决定的单一频率上，而是发生在一定的频率范围内，即谱线有一定的宽度。通常把吸收曲线半高度的宽度所对应的频率间隔称为共振线宽。由于弛豫过程造成的线宽称为本征线宽。外磁场 $\boldsymbol{B}_0$ 不均匀也会使吸收谱线加宽。由式(4.22.28)可以看出，吸收曲线半宽度为

$$\omega_0 - \omega = \frac{1}{T_2(1 - \gamma^2 B_1^2 T_1 T_2^{1/2})} \tag{4.22.34}$$

可见，线宽主要由 T_2 值决定，所以横向弛豫时间是线宽的主要参数。

附录　国际单位制与常用物理数据

1. **国际单位制**(SI)

鉴于国际上使用的单位制种类繁多,换算十分复杂,给科学与技术交流带来许多困难,1948 年召开的第九届国际计量大会作出了决定,要求国际计量委员会创立一种简单而科学的、供所有米制公约组织成员国使用的实用单位制。1954 年第十届国际计量大会决定采用米(m)、千克(kg)、秒(s)、安[培](A)、开[尔文](K)和坎[德拉](cd)作为基本单位。1960 年第十一届国际计量大会决定将以这 6 个单位为基本单位的实用计量单位制命名为"国际单位制",并规定其符号为"SI"。之后 1974 年的第十四届国际计量大会又决定将物质的量的单位摩[尔](mol)增加为基本单位。因此,目前国际单位制共有 7 个基本单位。另外还规定了两个辅助单位,即弧度([平面]角单位)、球面度(立体角单位)。其他单位均由这些基本单位和辅助单位导出。

根据 1954 年国际度量衡会议的决定,自 1978 年 1 月 1 日起实行国际单位制,简称国际制,国际制代号为 SI。我国国务院于 1977 年 5 月 27 日颁发《中华人民共和国计量管理条例(试行)》,其中第三条规定:"我国的基本计量制度是米制,逐步采用国际单位制"。这样做不仅有利于加强同世界各国人民的经济文化交流,而且可以使我国的计量制度进一步统一。

2. **国际单位制的基本单位**

量的名称	单位名称	单位符号	定义
长度	米	m	米是光在真空中于 1/299 792 458 s 时间间隔内所经路径的长度
质量	千克/公斤	kg	千克是质量单位,等于国际千克原器的质量
时间	秒	s	秒是铯-133 原子基态的两个超精细能级之间跃迁所对应的辐射的 9 192 631 770个周期的持续时间
电流	安[培]	A	在两条置于真空中的,相互平行,相距 1 m 的无限长而圆截面可以忽略的导线中,通以强度相同的恒定电流,若导线每米长所受的力为 2×10^{-7} N,则导线中的电流强度为 1 A

续表

量的名称	单位名称	单位符号	定义
热力学温度	开[尔文]	K	热力学温度单位开尔文是水三相点热力学温度的1/273.16，简称开
物质的量	摩[尔]	mol	摩尔简称摩，是一系统的物质的量，该系统中所包含的基本单元数与0.012 kg 碳-12的原子数目相等
发光强度	坎[德拉]	cd	简称坎，一个光源在给定方向上的发光强度。该光源发出的频率为 540×10^{12} 赫兹的单色辐射，且在此方向上的辐射强度为瓦特每球面度

3. 国际单位制的辅助单位

量的名称	单位名称	单位符号	定义
[平面]角	弧度	rad	弧度是一个圆内两条半径在圆周上截取的弧长与半径相等
立体角	球面度	sr	球面度是一个立体角，其顶点位于球心，而他在球面上所截取的面积等于以球半径为边长的正方形面积

4. 国际单位制词头

因数	词头名称	符号	因数	词头名称	符号
10^{18}	艾[可萨](exa)	E	10^{-1}	分(deci)	d
10^{15}	拍[它](peta)	P	10^{-2}	厘(centi)	c
10^{12}	太[拉](tera)	T	10^{-3}	毫(milli)	m
10^{9}	吉[咖](giga)	G	10^{-6}	微(micro)	μ
10^{6}	兆(mega)	M	10^{-9}	纳[诺](nano)	n
10^{3}	千(kilo)	k	10^{-12}	皮[可](pico)	p
10^{2}	百(hecto)	h	10^{-15}	飞[母托](femto)	f
10^{1}	十(deca)	da	10^{-18}	阿[托](atto)	a

5. 基本物理常量

物理量	符号	数值		不确定度 (10^{-6})
		计算用值	最佳值	
真空中的光速	c	3.0×10^{8} m/s	299 792 458 m/s	(精确)
真空磁导率	μ_0	$4\pi\times10^{-7}$ N/A^2	$4\pi\times10^{-7}$ N/A^2 $1.256\ 637\ 061\ 4\times10^{-6}$ N/A^2	(精确)

续表

物理量	符号	数值		不确定度(10^{-6})
		计算用值	最佳值	
真空电容率	ε_0	8.85×10^{-12}F/m	$8.854\ 187\ 817\times10^{-12}$ F/m	(精确)
万有引力常量	G	$6.67\times10^{-11}m^3/(kg\cdot s^2)$	$6.672\ 59(85)\times10^{-11}\ m^3/(kg\cdot s^2)$	128
普朗克常量	h	$6.63\times10^{-34}J\cdot s$	$6.626\ 075\ 5(40)\times10^{-34}J\cdot s$	0.60
	$\hbar$	$1.05\times10^{-34}J\cdot s$	$1.054\ 572\ 66(63)\times10^{-34}J\cdot s$	0.60
阿伏伽德罗常量	N_A	$6.022\times10^{23}mol^{-1}$	$6.022\ 136\ 7(36)\times10^{23}mol^{-1}$	0.59
摩尔气体常量	R	$8.31J/(mol\cdot K)$	$8.314\ 510(70)J/(mol\cdot K)$	8.4
玻耳兹曼常量	k_B	$1.38\times10^{-23}J/K$	$1.380\ 658(12)\times10^{-23}J/K$	8.4
斯忒蕃-玻耳兹曼常量	σ	$5.67\times10^{-8}W/(m^2\cdot K^4)$	$5.670\ 51(19)\times10^{-8}W/(m^2\cdot K^4)$	34
维恩位移定律常量	b	$2.897\times10^{-3}m\cdot K^4$	$2.897\ 756(24)\times10^{-3}m\cdot K^4$	8.4
摩尔体积(理想气体,$T=273.15K$,$p=101\ 325Pa$)	V_m	$22.4\times10^{-3}m^3/mol$	$22.414\ 10(19)\times10^{-3}m^3/mol$	8.4
元电荷	e	$1.60\times10^{-19}C$	$1.602\ 177\ 33(49)\times10^{-19}C$	0.30
电子质量	m_e	$9.11\times10^{-31}kg$	$9.109\ 389\ 7(49)\times10^{-31}kg$	0.59
质子质量	m_p	$1.67\times10^{-27}kg$	$1.672\ 623\ 1(10)\times10^{-27}kg$	0.59
中子质量	m_n	$1.67\times10^{-27}kg$	$1.674\ 928\ 6(10)\times10^{-27}kg$	0.59
经典电子半径	r_e	2.82×10^{-15} kg	$2.817\ 940\ 92(38)\times10^{-15}$ kg	0.13
玻尔半径	a_0	$5.29\times10^{-11}m$	$5.291\ 772\ 49(24)\times10^{-11}m$	0.045
电子比荷	e/m	$1.76\times10^{11}C/kg$	$1.758\ 819\ 62(53)\times10^{11}C/kg$	0.30
电子磁矩	μ_e	$9.28\times10^{-24}J/T$	$9.284\ 770\ 1(31)\times10^{-24}J/T$	0.34
质子磁矩	μ_p	1.41×10^{-26} J/T	$1.410\ 607\ 61(47)\times10^{-26}$ J/T	0.34
中子磁矩	μ_n	$0.966\times10^{-26}J/T$	$0.966\ 237\ 07(40)\times10^{-26}J/T$	0.41
康普顿波长	λ_C	$2.43\times10^{-12}m$	$2.426\ 310\ 58(22)\times10^{-12}m$	0.089
磁通量子,$h/2e$	Φ	$2.07\times10^{-15}Wb$	$2.067\ 834\ 61(61)\times10^{-15}Wb$	0.30
玻尔磁子,$(e\hbar)/(2m_e)$	μ_B	$9.27\times10^{-24}J/T$	$9.274\ 015\ 4(31)\times10^{-24}J/T$	0.34
核磁子,$(e\hbar)/(2m_e)$	μ_N	5.05×10^{-27} J/T	$5.050\ 786\ 6(17)\times10^{-27}$ J/T	0.34
里德伯常量	R_∞	$1.097\times10^7/m$	$1.097\ 373\ 153\ 4(13)\times10^7/m$	0.001 2
原子(统一)质量单位,原子质量常量	m_u	$1.66\times10^{-27}kg$ $931.5MeV/c^2$	$1.660\ 540\ 2(10)\times10^{-27}kg$	0.59

续表

物理量	符号	数值		不确定度(10^{-6})
		计算用值	最佳值	
1 埃	Å	1 Å = 1×10^{-10} m		
1 光年	l. y.	1 l. y = 9.46×10^{15} m		
1 电子伏[特]	eV	1 eV = 1.602×10^{-19} J		0.30
1 特[斯拉]	T	1 T = 1×10^{-4} G		
热功当量	J	4.186 J/cal		
标准大气压	P_0	101 325 Pa $\times10^{-3}$		
冰点绝对温度	T_0	273.15 K		
标准状态下声音在空气中的传播速度	v_0	331.46 m/s		
钠光谱中黄线波长	D	589.3×10^{-9} m		
镉光谱中红线波长	λ_{Cd}	$643.846\ 96\times10^{-9}$ m		

6. 在 20 ℃时固体和液体的密度

物质	密度 ρ/(kg · m^{-3})	物质	密度 ρ/(kg · m^{-3})
铝	2 698.9	石英	2 500 ~ 2 800
铜	8 960	水晶玻璃	2 900 ~ 3 000
铁	7 874	冰(0 ℃)	880 ~ 920
银	10 500	乙醇	789.4
金	19 320	乙醚	714
钨	19 300	汽车用汽油	710 ~ 720
铂	21 450	氟利昂-12(氟氯烷-12)	1 329
铅	11 350	变压器油	840 ~ 890
锡	7 298	甘油	1 260
水银	13 546.2		
钢	7 600 ~ 7 900		

7. 在标准大气压下不同温度时水的密度

温度 t/℃	密度 ρ/(kg·m^{-3})	温度 t/℃	密度 ρ/(kg·m^{-3})	温度 t/℃	密度 ρ/(kg·m^{-3})
0	999.841	16	998.943	32	995.025
1	999.900	17	998.774	33	994.702
2	999.941	18	998.595	34	994.371
3	999.965	19	998.405	35	994.031
4	999.973	20	998.203	36	993.68
5	999.965	21	997.992	37	993.33
6	999.941	22	997.770	38	992.96
7	999.902	23	997.538	39	992.59
8	999.849	24	997.296	40	992.21
9	999.781	25	997.044	50	988.04
10	999.700	26	996.783	60	983.21
11	999.605	27	996.512	70	977.78
12	999.498	28	996.232	80	971.80
13	999.377	29	995.944	90	965.31
14	999.244	30	995.646	100	958.35
15	999.099	31	995.340		

8. 在海平面上不同纬度处的重力加速度①

纬度 ϕ/(°)	g/(m·s^{-2})	纬度 ϕ/(°)	g/(m·s^{-2})
0	9.780 49	50	9.810 79
5	9.780 88	55	9.815 15
10	9.782 04	60	9.819 24
15	9.783 94	65	9.822 94
20	9.786 52	70	9.826 14
25	9.789 69	75	9.828 73
30	9.783 38	80	9.830 65
35	9.797 46	85	9.831 82
40	9.801 80	90	9.832 21
45	9.806 29		

① 表中所列数值是根据公式 $g=9.780\ 49(1+0.005\ 288\ \sin^2\phi-0.000\ 006\ \sin^2\phi)$ 算出的，其中 ϕ 为纬度。

9. **固体的线膨胀系数**

物质	温度或温度范围/℃	$\alpha/(\times 10^{-6}℃^{-1})$
铝	0～100	23.8
铜	0～100	17.1
铁	0～100	12.2
金	0～100	14.3
银	0～100	19.6
钢(0.05%碳)	0～100	12.0
康铜	0～100	15.2
铅	0～100	29.2
锌	0～100	32
铂	0～100	9.1
钨	0～100	4.5
石英玻璃	20～200	0.56
窗玻璃	20～200	9.5
花岗石	20	6～9
瓷器	20～700	3.4～4.1

10. **在 20 ℃时某些金属的弹性模量(杨氏模量)**[①]

金属	杨氏模量 Y	
	GPa	kgf/mm^2
铝	69～70	7 000～7 100
钨	407	41 500
铁	186～206	19 000～21 000
铜	103～127	10 500～13 000
金	77	7 900
银	69～80	7 000～8 200
锌	78	8 000
镍	203	20 500
铬	235～245	24 000～25 000
合金钢	206～216	21 000～22 000
碳钢	196～206	20 000～21 000
康铜	160	16 300

① 杨氏弹性模量的值与材料的结构、化学成分及其加工制造方法有关。因此,在某些情况下,Y 的值可能与表中所列的平均值不同,表中:1 kgf = 1 gN,g 为万有引力。

11.1 在 20 ℃时与空气接触的液体的表面张力系数

液体	$\sigma/(\times10^{-3}N\cdot m^{-1})$	液体	$\sigma/(\times10^{-3}N\cdot m^{-1})$
石油	30	甘油	63
煤油	24	水银	513
松节油	28.8	蓖麻	36.4
水	72.75	乙醇	22.0
肥皂溶液	40	乙醇(在 60 ℃时)	18.4
氟利昂-12	9.0	乙醇(在 0 ℃时)	24.1

11.2 在不同温度下与空气接触的水的表面张力系数

温度/℃	$\sigma/(\times10^{-3}N\cdot m^{-1})$	温度/℃	$\sigma/(\times10^{-3}N\cdot m^{-1})$	温度/℃	$\sigma/(\times10^{-3}N\cdot m^{-1})$
0	75.62	16	73.34	30	71.15
5	74.90	17	73.20	40	69.55
6	74.76	18	73.05	50	67.90
8	74.48	19	72.89	60	66.17
10	74.20	20	72.75	70	64.41
11	74.07	21	72.60	80	62.60
12	73.92	22	72.44	90	60.74
13	73.78	23	72.28	100	58.84
14	73.64	24	72.12		
15	73.48	25	71.96		

12. 不同温度时水的黏滞系数

温度/℃	黏滞系数 η		温度/℃	黏滞系数 η	
	μPa·s	$\times10^{-6}$ kgf·s·mm^{-2}		μPa·s	$\times10^{-6}$ kgf·s·mm^{-2}
0	1 787.8	182.3	60	469.7	47.9
10	1 305.3	133.1	70	406.0	41.4
20	1 004.2	102.4	80	355.0	36.2
30	801.2	81.7	90	314.8	32.1
40	653.1	66.6	100	282.5	28.8
50	549.2	56.0			

13. 某些液体的黏滞系数

液体	温度/℃	η/(μPa·s)	液体	温度/℃	η/(μPa·s)
汽油	0	1 788	甘油	-20	134×10^6
	18	530		0	121×10^5
甲醇	0	817		20	$1\,499\times10^3$
	20	584		100	12 945
乙醇	-20	2 780	蜂蜜	20	650×10^4
	0	1 780		80	100×10^3
	20	1 190	鱼肝油	20	45 600
乙醚	0	296		80	4 600
	20	243	水银	-20	1 855
变压器	20	19 800		0	1 685
蓖麻油	10	242×10^4		20	1 554
葵花子油	20	50 000		100	1 224

14. 不同温度时干燥空气中的声速

单位:m/s

温度/℃	0	1	2	3	4	5	6	7	8	9
60	366.05	366.60	367.14	367.69	368.24	368.78	369.33	369.87	370.42	370.96
50	360.51	361.07	361.62	362.18	362.74	363.29	363.84	364.39	364.95	365.50
40	354.89	355.46	356.02	356.58	357.15	357.71	358.27	358.83	359.39	359.95
30	349.18	349.75	350.33	350.90	351.47	352.04	352.62	353.19	353.75	354.32
20	343.37	343.95	344.54	345.12	345.70	346.29	346.87	347.44	348.02	348.60
10	337.46	338.06	338.65	339.25	339.84	340.43	341.02	341.61	342.20	342.58
0	331.45	332.06	332.66	333.27	333.87	334.47	335.07	335.67	336.27	336.87
-10	325.33	324.71	324.09	323.47	322.84	322.22	321.60	320.97	320.34	319.52
-20	319.09	318.45	317.82	317.19	316.55	315.92	315.28	314.64	314.00	313.36
-30	312.72	312.08	311.43	310.78	310.14	309.49	308.84	308.19	307.53	306.88
-40	306.22	305.56	304.91	304.25	303.58	302.92	302.26	301.59	300.92	300.25
-50	299.58	298.91	298.24	397.56	296.89	296.21	295.53	294.85	294.16	293.48
-60	292.79	292.11	291.42	290.73	290.03	289.34	288.64	287.95	287.25	286.55
-70	285.84	285.14	284.43	283.73	283.02	282.30	281.59	280.88	280.16	279.44
-80	278.72	278.00	277.27	276.55	275.82	275.09	274.36	273.62	272.89	272.15
-90	271.41	270.67	269.92	269.18	268.43	267.68	266.93	266.17	265.42	264.66

15. 固体导热系数 λ

物质	温度/K	$\lambda/(\times10^2 W\cdot m^{-1}\cdot K^{-1})$	物质	温度/K	$\lambda/(\times10^2 W\cdot m^{-1}\cdot K^{-1})$
银	273	4.18	康铜	273	0.22
铝	273	2.38	不锈钢	273	0.14
金	273	3.11	镍铬合金	273	0.11
铜	273	4.0	软木	273	0.3×10^{-3}
铁	273	0.82	橡胶	298	1.6×10^{-3}
黄铜	273	1.2	玻璃纤维	323	0.4×10^{-3}

16.1 某些固体的比热容

固体	比热容/$(J\cdot kg^{-1}\cdot K^{-1})$	固体	比热容/$(J\cdot kg^{-1}\cdot K^{-1})$
铝	908	铁	460
黄铜	389	钢	450
铜	385	玻璃	670
康铜	420	冰	2 090

16.2 某些液体的比热容

液体	比热容/$(J\cdot kg^{-1}\cdot K^{-1})$	温度/℃	液体	比热容/$(J\cdot kg^{-1}\cdot K^{-1})$	温度/℃
乙醇	2 300	0	水银	146.5	0
	2 470	20		139.3	20

16.3 不同温度时水的比热容

温度/℃	0	5	10	15	20	25	30
比热容/$(J\cdot kg^{-1}\cdot K^{-1})$	4 217	4 202	4 192	4 186	4 182	4 179	4 178
温度/℃	40	50	60	70	80	90	99
比热容/$(J\cdot kg^{-1}\cdot K^{-1})$	4 178	4 180	4 184	4 189	4 196	4 205	4 215

17. 某些金属和合金的电阻率及其温度系数①

金属或合金	电阻率/$(\times10^{-6}\Omega\cdot m)$	温度系数/℃$^{-1}$	金属或合金	电阻率/$(\times10^{-6}\Omega\cdot m)$	温度系数/℃$^{-1}$
铝	0.028	42×10^{-4}	锌	0.059	42×10^{-4}
铜	0.017 2	43×10^{-4}	锡	0.12	44×10^{-4}

① 电阻率与金属中的杂质有关,因此表中列出的只是 20 ℃时电阻率的平均值。

续表

金属或合金	电阻率/($\times10^{-6}\Omega\cdot m$)	温度系数/$℃^{-1}$	金属或合金	电阻率/($\times10^{-6}\Omega\cdot m$)	温度系数/$℃^{-1}$
银	0.016	40×10^{-4}	水银	0.958	10×10^{-4}
金	0.024	40×10^{-4}	武德合金	0.52	37×10^{-4}
铁	0.098	60×10^{-4}	钢(0.10%～0.15%碳)	0.10～0.14	6×10^{-3}
铅	0.205	37×10^{-4}	康铜	0.47～0.51	$(-0.04\sim+0.01)\times10^{-3}$
铂	0.105	39×10^{-4}	铜锰镍合金	0.34～1.00	$(-0.03\sim+0.02)\times10^{-3}$
钨	0.055	48×10^{-4}	镍铬合金	0.98～1.10	$(0.03\sim0.4)\times10^{-3}$

18.1 不同金属或合金与铂(化学纯)构成热电偶的热电动势

热端在 100 ℃,冷端在 0 ℃时①

金属或合金	热电动势/mV	连续使用温度/℃	短时使用最后温度/℃
95% Ni + 5% (Al, Si, Mn)	−1.38	1 000	1 250
钨	+0.79	2 000	2 500
手工制造的铁	+1.87	600	800
康铜(60% Cu + 40% Ni)	−3.5	600	800
56% Cu + 44% Ni	−4.0	600	800
制导线用铜	+0.75	350	500
镍	−1.5	1 000	1 100
80% Ni + 20% Cr	+2.5	1 000	1 100
90% Ni + 10% Cr	+2.71	1 000	1 250
90% Pt + 10% Ir	+1.3	1 000	1 200
90% Pt + 10% Rh	+0.64	1 300	1 600
银	+0.72②	600	700

18.2 几种标准温差电偶

名称	分度号	100 ℃时的电动势/mV	使用温度范围/℃
铜-康铜(Cu55Ni45)	CK	4.26	−200～300
镍铬(Cr9～10Si0.4Ni90)-康铜(Cu56～57Ni43～44)	EA-2	6.95	−200～800

① 表中的“+”或“−”表示该电极与铂组成热电偶时,其热电动势是正或负。当热电动势为正时,在处于 0 ℃的热电偶一端电流由金属(或合金)流向铂。

② 为了确定用表中所列任何两种材料构成的热电偶的热电动势,应当取这两种材料的热电动势的差值。例如:铜-康铜热电偶的热电动势等于 +0.75 − (−3.5) = 4.25(mV)

续表

名称	分度号	100 ℃时的电动势/mV	使用温度范围/℃
镍铬(Cr9～10Si0.4Ni90)-镍硅(Si2.5～3Co<0.6Ni97)	EV-2	4.10	1 200
铂铑(Pt90Rh10)-铂	LB-3	0.643	1 600
铂铑(Pt70Rh30)-铂铑(Pt94Rh6)	LL-2	0.034	1 800

18.3 铜-康铜热电偶的温差电动势(自由端温度0 ℃)

单位:mV

康铜的温度/℃	铜的温度/℃										
	0	10	20	30	40	50	60	70	80	90	100
0	0.000	0.389	0.787	1.194	1.610	2.035	2.468	2.909	3.357	3.813	4.277
100	4.227	4.749	5.227	5.712	6.204	6.702	7.207	7.719	8.236	8.759	9.288
200	9.288	9.823	10.363	10.909	11.459	12.014	12.575	13.140	13.710	14.285	14.864
300	14.864	15.448	16.035	16.627	17.222	17.821	18.424	19.031	19.642	20.256	20.873

19. 在常温下某些物质相对于空气的光的折射率

物质	H_α 线(656.3 nm)	D线(589.3 nm)	H_β 线(486.1 nm)
水(18 ℃)	1.331 4	1.333 2	1.337 3
乙醇(18℃)	1.360 9	1.362 5	1.366 5
二硫化碳(18℃)	1.619 9	1.629 1	1.654 1
冕玻璃(轻)	1.512 7	1.515 3	1.521 4
冕玻璃(重)	1.612 6	1.615 2	1.621 3
燧石玻璃(轻)	1.603 8	1.608 5	1.620 0
燧石玻璃(重)	1.743 4	1.751 5	1.772 3
方解石(寻常光)	1.654 5	1.658 5	1.667 9
方解石(非常光)	1.484 6	1.486 4	1.490 8
水晶(寻常光)	1.541 8	1.544 2	1.549 6
水晶(非常光)	1.550 9	1.553 3	1.558 9

20. 常用光源的谱线波长表

单位：nm

H(氢)	He(氦)	Ne(氖)	Na(钠)	Hg(汞)	He-Ne 激光
656.28 红	706.52 红	650.65 红	589.592(D_1)黄	623.44 橙	32.8 橙
486.13 绿蓝	667.82 红	640.23 橙	588.995(D_2)黄	579.07 黄	
434.05 蓝	587.56(D_3)黄	638.30 橙		576.96 黄	
410.17 蓝紫	501.57 绿	626.25 橙		546.07 绿	
397.01 蓝紫	492.19 绿蓝	621.73 橙		491.60 绿蓝	
	471.31 蓝	614.31 橙		435.83 蓝	
	447.15 蓝	588.19 黄		407.78 蓝紫	
	402.62 蓝紫	585.25 黄		404.66 蓝紫	
	388.87 蓝紫				

参考文献

[1] 刘小廷. 大学物理实验[M]. 苏州:苏州大学出版社,2005.
[2] 黄金华,刘凤智,赵杰. 大学物理实验[M]. 北京:化学工业出版社 2008.
[3] 赵凯华,罗蔚茵. 力学[M]. 2 版. 北京:高等教育出版社,2004.
[4] 梁昆淼. 数学物理方法[M]. 3 版. 北京:人民教育出版社,1998.
[5] 潘人培. 大学物理实验[M]. 南京:东南大学出版社,1986.
[6] 朱世国,付克祥. 光纤光学——原理及实验研究[M]. 成都:四川大学出版社,1992.
[7] 方利广. 大学物理实验[M]. 上海:同济大学出版社,2006.
[8] 张映辉. 大学物理实验[M]. 北京:机械工业出版社,2010.
[9] 梁铨延. 物理光学[M]. 北京:机械工业出版社,1980.
[10] 龙作友,戴亚文,杨应萍,等. 大学物理实验[M]. 武汉:武汉理工大学出版社,2006.
[11] 潘人培,董宝昌. 物理实验[M]. 北京:高等教育出版社,1990.